土地区画整理事業の換地制度

土地区画整理事業の換地制度

下村郁夫 著

信 山 社

序　文

　本書は土地区画整理事業の換地制度に関する論文である。土地区画整理事業は日本の都市計画を現実化する上で重要な役割を担ってきた。土地区画整理事業に類する市街地整備事業は明治時代の前から存在したが、近代的な土地区画整理事業は文明開化後にドイツから受容された耕地整理に起点を発している。それ以来、土地区画整理事業はさまざまな種類の市街地を整備するために使われてきた。近年においても施行中の土地区画整理事業の数は2000を超えている。

　土地区画整理事業は宅地の物理的な状態に変化をもたらすが、それに伴って宅地に関連する権利を変化させる。それゆえ土地区画整理事業は都市計画を実現する物理的な過程であると同時に宅地にかかわる権利関係を再編成する法的な過程である。この過程には制度や制度の運用に関する多くの問題が含まれている。そこには計画と事業の仕訳の問題があり、制度と施行者の裁量の問題がある。また地権者の意思の反映と公益の追求の問題があり、財産権の保護と公平性の問題がある。

　これらの問題は制度の設計者や運用者にとっては現実的な問題であるが、そこには学問的な意味でも重要な、また興味深い論点が含まれている。だが都市計画のどの分野でも制度を対象とする研究は限られており、これは特に事業制度について顕著である。土地区画整理事業の事業制度もその例外ではない。近年には土地区画整理事業にかかわる論文の数が増えてきたが、その多くは土地区画整理事業がもたらす土地利用の変化や事業施行上の工夫をテーマに取り上げている。法律の分野においても個別の争点を対象とする研究は少なくないものの、土地区画整理事業の制度そのものを取り上げる研究はまれである。しかしながら市街地整備を行う事業に占める土地区画整理事業の割合は相当に大きいこと、土地区画整理事業の制度は土地利用計画を現実

化する上で大きな効果を持つとともに大きな制約条件にもなっていることを考えると、土地区画整理事業の制度には都市計画上の観点からも法制度上の観点からももっと注意が払われるべきである。そこで本書では換地制度の設計にさかのぼってその含意と問題点を検討し、現行の換地制度に代わる新たな制度のいくつかを提案した。本書が土地区画整理事業の換地制度について理解を深める上で、また換地制度を改善する上で一助になれば幸いである。

私は1986年から1988年にかけて建設省区画整理課の法規担当課長補佐として土地区画整理法の運用と改正を担当した。この期間を通じて同課の法規担当者のもっとも重要な課題は換地制度の改正であったが、その一部は1988年の土地区画整理法の改正に結実している。この法律改正の強力な推進者は小川裕章建設省区画整理課長（当時、現(財)首都圏ケーブルメディア理事長）であり、内閣法制局における審査担当者は第二部の石井正弘参事官（当時、現岡山県知事）であった。内閣法制局における議論は数カ月に及んだが、それ以来、私は土地区画整理事業の法制度的なおもしろさに魅せられてきた。本書はその後の探求の成果の一部である。本書の元になっているのは東京大学大学院工学系研究科に提出した学位請求論文である。学位請求論文の多くの章は1998年から1999年にかけて学会誌などに発表した論文を元にしている。これらの論文の初出は目次の末尾に掲載した。本書の出版に当たっては学位請求論文にさらに手を加えると同時に、複数の土地区画整理事業の結び付けに関する論文を第9章として、清算に関する論文を第10章として追加した。

これらの論文を書き上げる過程では㈱ミチモトコンサルタント（豊田市）の道本修社長に換地設計の実態と震災復興事業に関する文献その他の歴史的な文献をご教示いただいたほか、資料の収集と作成についてお世話になった。都市基盤整備公団の簗瀬範彦氏からは博士論文をちょうだいし、換地設計式についてご教示をいただいた。元大阪市都市再開発局長の小寺稔氏には博士論文を、ランドマーク㈱（東京都）の山本芳明氏には申出換地に関する資料

　　　　　　　　　　　　　　　　　　　　　　　　序　　文

をちょうだいした。私が建設省に在職した当時、建設省区画整理課へ研修生として派遣されていた呉市の西岡伸一氏と川口市の上栗芳幸氏には土地区画整理事業の実態について教示を乞うた。このほかいくつかの県の匿名の実務担当者から資料をちょうだいしたほか、土地区画整理事業の実態について教えを得た。日本土地区画整理協会の石田泰次常務理事には資料室の利用に便宜を図っていただき、建設省都市局区画整理課の歴代の担当者にはさまざまな点で便宜を図っていただいた。

　東京大学への学位請求に際しては東京大学大学院工学系研究科の岡部篤行教授、太田勝敏教授、大方潤一郎教授、東京大学空間情報科学センターの浅見泰司教授、東京大学先端科学技術研究センターの大西隆教授、横浜国立大学大学院国際経済法学研究科の西谷剛教授に指導を受けた。審査の主査は岡部篤行教授に、学位取得の実質的なお世話は浅見泰司教授にお願いした。岡部篤行教授、太田勝敏教授、大方潤一郎教授、浅見泰司教授、大西隆教授からは都市工学にかかわるコメントを、西谷剛教授からは制度にかかわる詳細なコメントをいただいた。すべてのコメントが有用であったが、それらのコメントへの対応は何らかの形で本書の中に取り入れられている。学位請求論文の指導は時間のかかる、いらだたしい仕事であるが、これらの先生方にはていねいにお相手をいただいたことにお礼を申し上げる。学位審査に関するすべての手続き事務についてご面倒をおかけした浅見泰司教授のご親切には深い謝意を表さなければならない。学位請求に当たってこれらの先生方に直接にお目にかかったのは非公式の予備審査会と公式の審査会の2回である。対面審査は2回で足りるとする東京大学工学部のプラグマティズムにも敬意を表すべきであろう。

　このほか政策研究大学院大学の吉村融学長と西野文雄教授、立命館大学理工学部の村橋正武教授、東京大学大学院工学系研究科の家田仁教授には論文の執筆に励ましをいただいた。国土交通省の小前繁市街地整備課長と日本土地区画整理協会の下田公一専務理事には推薦の辞をちょうだいした。古くからの友人である法政大学社会学部の福井秀夫教授には信山社をご紹介いただき、信山社の袖山貴社長には本書の出版を引き受けていただいた。また同社

の戸ヶ崎由美子さんには編集のお世話をかけた。なお本書の出版に際しては平成13年度科学研究費補助金（研究成果公開促進費）の交付を受けている。関係者の方々にお礼を申し上げる。

2000年10月　　　　　　　　　　　　　　　　　　　下　村　郁　夫

目　次

目　次

序　文

第1章　土地区画整理事業の換地手法とその問題点 ……………1

1.1　はじめに（*1*）
1.2　本書の構成（*1*）
1.3　換地手法の経緯と議論（*4*）
1.4　土地区画整理法の変遷と特別法の制定（*4*）
1.5　換地手法にかかわる従前の議論（*6*）
1.6　土地区画整理事業の換地手法の問題（*17*）
1.7　本書の意義（*19*）

第2章　土地区画整理事業の換地手法 …………………………25

2.1　土地区画整理事業の概要（*25*）
2.2　換地設計と上位計画（*28*）
2.3　換地設計（*29*）
2.4　換地交付の根拠（*33*）
2.5　換地設計の前提（*34*）
2.6　換地制度と換地設計（*34*）
2.7　換地制度の法的構造（*34*）
2.8　地権者との関係（*50*）
2.9　換地割付（*54*）
2.10　終わりに（*56*）

第3章　照応原則と照応項目 ……………………………………57

3.1　問題と背景（*57*）

- 3.2 照応原則の目的 *(57)*
- 3.3 照応の意味 *(58)*
- 3.4 照応項目の必要性 *(59)*
- 3.5 照応項目の問題 *(60)*
- 3.6 照応項目の含意のあいまいさ *(61)*
- 3.7 照応項目の複合性 *(61)*
- 3.8 照応項目の状況依存性 *(66)*
- 3.9 評価者によるウェイトの差異 *(68)*
- 3.10 その他項目 *(68)*
- 3.11 個別照応と総合照応 *(69)*
- 3.12 照応原則と換地割付の実際 *(74)*
- 3.13 終わりに *(75)*

第4章 照応原則とそれに代わる換地割付基準 …………………… 77

- 4.1 問題と背景 *(77)*
- 4.2 照応原則と財産的価値の照応 *(77)*
- 4.3 照応原則の変遷 *(81)*
- 4.4 現行法の照応規定 *(82)*
- 4.5 自由換地の正当性 *(86)*
- 4.6 換地設計の変異 *(89)*
- 4.7 自由換地と換地割付の基準 *(91)*
- 4.8 照応原則に代わる換地割付基準とその適用手続き *(92)*
- 4.9 自由換地と建築物の移転・除却補償 *(94)*
- 4.10 終わりに *(95)*

第5章 照応原則と申出換地 ………………………………………… 97

- 5.1 問題と背景 *(97)*
- 5.2 申出換地制度 *(97)*
- 5.3 申出換地の一般的な効果 *(100)*

5.4　法律上の申出換地 (*101*)

5.5　運用上の申出換地 (*102*)

5.6　申出換地がもたらす影響 (*107*)

5.7　申出換地の正当性 (*108*)

5.8　運用上の申出換地と照応原則 (*111*)

5.9　運用上の申出換地の問題点 (*113*)

5.10　一般化した申出換地制度の必要性 (*114*)

5.11　制度導入の前提 (*116*)

5.12　一般化した申出換地制度の要件 (*117*)

5.13　終わりに (*119*)

第6章　小規模宅地対策 ·· *121*

6.1　問題と背景 (*121*)

6.2　小規模宅地対策の種類 (*122*)

6.3　小規模宅地対策の背景 (*126*)

6.4　小規模宅地対策の現状 (*127*)

6.5　法律上の小規模宅地対策 (*128*)

6.6　運用上の小規模宅地対策（減歩緩和）(*131*)

6.7　法律上の小規模宅地対策と運用上の小規模宅地対策の違い (*134*)

6.8　小規模宅地対策の拡充：その根拠と課題 (*136*)

6.9　財産権の保護と地権者間の公平 (*137*)

6.10　小規模宅地対策が与える影響 (*138*)

6.11　施行者の種類と小規模宅地対策 (*139*)

6.12　小規模宅地対策の内容の限定 (*141*)

6.13　小規模宅地対策と地権者間の公平 (*142*)

6.14　清　　算 (*146*)

6.15　換地不交付から生まれる原資の用途の限定 (*146*)

6.16　宅地の共有化 (*147*)

6.17　終わりに (*148*)

第 7 章　借地権と底地権の再編成　　151

- **7.1**　問題と背景（*151*）
- **7.2**　借地権をめぐる現状（*151*）
- **7.3**　現行制度における権利の再編成（*153*）
- **7.4**　現行の立体換地制度（*155*）
- **7.5**　権利の再編成の効果（*156*）
- **7.6**　８つの権利の再編成方式（*157*）
- **7.7**　震災復興土地区画整理事業における権利の再編成（*166*）
- **7.8**　権利の再編成への建築の包含（*168*）
- **7.9**　権利の再編成と地権者の同意（*171*）
- **7.10**　従前地上の建築物の除却補償（*172*）
- **7.11**　借家権の保護（*174*）
- **7.12**　制度導入上のその他の配慮事項（*176*）
- **7.13**　終わりに（*179*）

第 8 章　宅地の移動　　181

- **8.1**　問題と背景（*181*）
- **8.2**　宅地の移動（*181*）
- **8.3**　宅地の移動手法（*182*）
- **8.4**　土地区画整理事業の換地手法の制約（*191*）
- **8.5**　土地区画整理事業のための交換制度の設計（*197*）
- **8.6**　終わりに（*207*）

第 9 章　複数の土地区画整理事業の結び付け　　209

- **9.1**　問題と背景（*209*）
- **9.2**　現行の土地区画整理法の取扱い（*209*）
- **9.3**　複数の土地区画整理事業の結び付けとそれに類する事業手法（*210*）

- 9.4 単独施行・分離工区型の土地区画整理事業 (*212*)
- 9.5 共同事業型 (*215*)
- 9.6 複数事業結合型 (*215*)
- 9.7 複数の土地区画整理事業の結び付けの効果 (*217*)
- 9.8 複数の土地区画整理事業の結び付けの問題 (*219*)
- 9.9 終わりに (*225*)

第10章 土地区画整理事業の清算と土地の評価 …………*227*

- 10.1 問題と背景 (*227*)
- 10.2 清算の意味 (*228*)
- 10.3 差額清算と比例清算 (*230*)
- 10.4 換地手法と不均衡 (*231*)
- 10.5 不均衡の意味 (*232*)
- 10.6 強減歩と清算 (*235*)
- 10.7 非時価評価の許容範囲 (*238*)
- 10.8 可能な代替案 (*240*)
- 10.9 終わりに (*242*)

第11章 要約と展望 …………*245*

- 11.1 議論の要約 (*245*)
- 11.2 潜在的な争点と今後の課題 (*247*)
- 11.3 今後の展望 (*249*)

参照文献（巻末）

事項・人名索引（巻末）

判例索引（巻末）

図 表 目 次

- 図2－1　土地区画整理事業の施行イメージ図 (26)
- 図2－2　土地区画整理事業による土地の種類の変化 (27)
- 図2－3　土地区画整理事業のフローチャート (28)
- 図2－4　都市計画と土地区画整理事業のフローチャート (29)
- 図2－5　換地設計に関連する作業のフローチャート (31)
- 図2－6　換地設計規範の制度化 (35)
- 図2－7　換地制度の法的位置づけ (35)
- 図2－8　換地処分にかかわる根拠条文 (37)
- 図2－9　換地割付の過程 (55)
- 図3－1　照応にかかわる単一要因と照応項目の関係のイメージ図 (65)
- 図3－2　個別照応の事例 (74)
- 図3－3　総合的照応の事例 (74)
- 図4－1　照応原則の位置 (80)
- 図5－1　申出換地の施行イメージ図 (98)
- 図5－2　申出換地の種類 (99)
- 図5－3　申出換地区域の設定の影響 (108)
- 図5－4　申出換地と照応原則の許容範囲の変化 (109)
- 図5－5　申出換地を受けない宅地が受ける影響と申出換地の正当性 (109)
- 図6－1　小規模宅地対策のモデル（１） (143)
- 図6－2　小規模宅地対策のモデル（２） (145)
- 図7－1　８つの権利の再編成方式 (158)
- 図8－1　宅地の移動と移動の方向 (182)
- 図8－2　宅地移動の手法と宅地移動の範囲 (194)
- 図9－1　区域の分離と土地区画整理事業 (211)
- 図9－2　複数事業の結び付け効果のモデル (218)
- 図10－1　小規模宅地対策と清算のモデル（１） (236)

図10－2　小規模宅地対策と清算のモデル（2）(*238*)

表1－1　土地区画整理事業の換地手法に関する簡易年表(*4*)
表2－1　4つの換地設計式(*47*)
表2－2　土地区画整理事業の施行に関する地権者の同意要件(*51*)
表3－1　照応項目に含まれる主要な要因(*62*)
表3－2　照応項目の区分(*63*)
表5－1　法律上の申出換地制度(*101*)
表5－2　特別の用地の種類と想定減歩率(*104*)
表6－1　小規模宅地対策の種類別内訳(*128*)
表6－2　住宅・都市整備公団施行事業の減歩緩和（首都圏）(*133*)
表6－3　富山県下の公的施行者施行事業の減歩緩和(*133*)
表6－4　愛知県下の組合施行事業の減歩緩和(*133*)
表7－1　土地区画整理事業における借地権の取扱い(*154*)
表7－2　第一種市街地再開発事業における借地権の取扱い(*154*)
表7－3　宅地の所有権と借地権の選択肢(*158*)
表8－1　土地改良法上の交換分合制度の変異(*186*)
表8－2　交換制度の汎用性と立法方法の区分(*198*)
表8－3　交換制度の独立性と立法方法の区分(*198*)
表10－1　清算の含意と清算方式に関する議論(*235*)

略　記

行集　行政裁判例集
判時　判例時報
判タ　判例タイムズ
民集　最高裁判所民事判例集

―――― 〈初出一覧〉 ――――

第3章 照応原則と照応項目
「土地区画整理事業の照応原則と換地設計基準」『都市住宅学』（都市住宅学会）1999年25号85-96頁

第4章 照応原則とそれに代わる換地割付基準
「土地区画整理事業の照応原則とそれに代わる換地割付基準」 1998年度第33回『日本都市計画学会学術研究論文集』1998年91-96頁

第5章 照応原則と申出換地
「土地区画整理事業の照応原則と運用上の申出換地」『都市住宅学』（都市住宅学会）1998年23号199-210頁

第6章 小規模宅地対策
「土地区画整理事業の小規模宅地対策」『都市住宅学』（都市住宅学会）1999年27号153-159頁

第7章 借地権と底地権の再編成
「底地権と借地権を再編成するための土地区画整理事業の拡張提案」『都市住宅学』（都市住宅学会）1999年28号86-97頁

第8章 宅地の移動
「土地区画整理事業と宅地の移動」『都市住宅学』（都市住宅学会）1998年22号105-116頁

第9章 複数の土地区画整理事業の結び付け
「複数の土地区画整理事業の結び付け」『区画整理士会報』（日本土地区画整理士会）2000年86号13-19頁

第10章 土地区画整理事業の清算と土地の評価
「土地区画整理事業の清算と土地の評価」『資産評価政策学』（資産評価政策学会）1999年2号73-86頁

第1章 土地区画整理事業の換地手法とその問題点

1.1 はじめに

　土地区画整理事業は市街地の面的な整備を行う点で、また事業の利益と負担を施行地区内の地権者が分ちもつ点ですぐれた事業制度である。このために土地区画整理事業は市街地整備や市街地開発に大きな役割を果たしてきた。土地区画整理事業の中核は従前地を換地に置き換える換地手法である。換地手法は換地制度によって換地設計の枠組みを与えられ、施行者の運用によって現実化される。だが、換地制度の含意はしばしばあいまいである。また換地制度の運用は換地制度の趣旨や上位の法目的にいつも合致するわけではない。さらに換地手法は市街地整備の手法として大きな利用価値があるにもかかわらず、現在の換地制度は換地手法の利用にいくつかの制約を課している。そこで本書は土地区画整理事業の換地手法の利用価値を向上させるために換地手法に関連する制度を分析し、その制度的含意を検討するとともに換地手法の実態を分析する。また、これらの分析と検討に基づいて換地手法に関連する制度の変更と拡張を提案し、その効果と問題点について議論する。さらに、これに付随して考慮すべき要因を指摘する。

1.2 本書の構成

　本書はこの章を含めて11章からなっている。以下に各章の内容を要約する。
　〈1〉　第1章　土地区画整理事業の換地手法とその問題点
　土地区画整理法制定後の換地手法に関連する制度の変遷と換地手法に関する従前の議論を紹介する。また現行の換地手法の問題点を次の6点について指摘する：① 施行地区による宅地の移動範囲の制限、② 照応原則の制約、③ 小規模宅地対策と公平性の問題、④ 借地権と底地権の再編成に関する問題、⑤ 施行地区を超えた公共負担の問題、⑥ 清算に関する問題、最後に本

書の目的と意義を説明する。

〈2〉 第2章　土地区画整理事業の換地手法

第3章以下の議論の前提として土地区画整理事業の換地手法に関連する制度とその実態を説明する。

〈3〉 第3章　照応原則と照応項目

換地制度の中核である照応原則の含意とそれが換地設計にもたらす効果、また照応原則の問題点を分析する。このために照応項目と照応に影響する単一要因の関係、照応原則の適用の制約要因などについて議論し、さらに個別照応の要件と総合照応の要件について検討する。

〈4〉 第4章　照応原則とそれに代わる換地割付基準

照応原則の意味を照応原則と財産的価値の照応の関係の検討、他の法律の照応規定との比較によって分析する。また照応原則の適用と不適用が包含する問題について検討し、照応原則に代わる換地割付基準の採用を提案するとともに、その採用に当たって考慮すべき事項を提示する。

〈5〉 第5章　照応原則と申出換地

照応原則の位置の制約を逃れる有力な手法に、地権者の申出を基礎として申出換地区域内の換地を定める申出換地（もうしでかんち）がある。申出換地は法律上の申出換地と運用上の申出換地に区分される。法律上の申出換地はそれぞれの法律が定める条件の下で行われるが、運用上の申出換地は個別的な条件への対応として土地区画整理事業ごとに施行者の工夫によって行われる。しかしながら運用上の申出換地には照応原則との関係でいくつかの問題がある。そこでこれらの問題について検討するとともに、一般的な申出換地制度の導入を提案し、制度の設計に際して考慮すべき点を提示する。

〈6〉 第6章　小規模宅地対策

多くの土地区画整理事業では小規模宅地対策（小規模宅地についての特別の取扱い）が採用されている。小規模宅地対策は照応原則の重要な例外である。また小規模宅地対策は事業損益の配分に大きな影響を与える。だがその制度的な含意については議論が乏しい。そこで小規模宅地対策の効果とそれが包含する法的争点を分析する。そして小規模宅地対策を適正化するために制度

を拡充することを提案し、その際に配慮すべき事項を提示する。

〈7〉 第7章 借地権と底地権の再編成

既成市街地には多くの借地が存在するので、既成市街地を整備する際には借地を適切に取り扱わなければならない。だがその取扱いはしばしば困難である。借地の取扱いが困難である最大の理由は権利関係の錯綜とそれに由来する借地権者の利害と底地権者の利害の対立である。両者の対立は借地権と底地権の再編成によって解決されることがある。しかしながら平面換地を中心に構成されてきた土地区画整理事業では借地権と底地権の再編成に利用することのできる手段は限られている。そこで既成市街地の整備を推進するために権利の再編成手法のいくつかを土地区画整理事業の換地手法に取り入れることを提案し、これに関連する問題について検討する。

〈8〉 第8章 宅地の移動

土地区画整理事業は宅地を換地手法によって移動するが、換地手法による宅地の移動にはいくつかの制約がある。そこで宅地移動の手段である換地手法、交換手法（土地と土地を交換する制度）、証券化手法（土地に関する権利を証券化した上で土地と交換する制度）の3つについて比較検討して換地手法の制約を分析する。そして土地区画整理事業に交換手法を導入することを提案する。またこの際の立法上の問題を検討する。

〈9〉 第9章 複数の土地区画整理事業の結び付け

広域的な面整備を行う際には複数の土地区画整理事業の間で宅地を移動したり、減歩負担を移転する手段があると好都合である。だが現行制度にはそのための手段がない。そこで広域的に面整備を行う手法のいくつかを比較し、複数の土地区画整理事業を結び付けるために連結制度（同格の複数の土地区画整理事業を連結する制度）と統合制度（下位に位置する複数の土地区画整理事業を統合する制度）を導入することを提案する。またこれらの制度の導入に当たって考慮すべき事項について議論する。

〈10〉 第10章 土地区画整理事業の清算と土地の評価

換地手法には換地間の不均衡を調整するための清算制度が付随する。土地区画整理事業の清算は多くが運用に委ねられてきた。だが清算は地権者の財

産権に大きな影響を与える。そこで清算をめぐる問題のうち強減歩と清算、換地と清算の総合性を中心に清算金の時価評価と非時価評価の問題点を分析する。また非時価評価を許容することのできる条件について検討するほか、非時価評価方式に代わるべき評価方式の問題点などを検討する。

〈11〉 第11章 要約と展望

本書の趣旨を総括するとともに、今後の検討課題について議論する。

1.3 換地手法の経緯と議論

換地手法に関する議論の前提として土地区画整理法の体系における換地手法の変遷と換地手法に関する従前の議論を以下の節で紹介する（表１－１を参照せよ）。

1.4 土地区画整理法の変遷と特別法の制定

土地区画整理法は1954年に制定されたが、その後、数多くの改正が行われてきた（1954年の同法の制定後、1988年5月24日の一部改正に至るまでの条文変化は建設省都市局区画整理課のまとめ（建設省都市局区画整理課1990）に記載されている）。またこれらの土地区画整理法の改正とは別に土地区画整理事業の特例を定める6つの特別法が制定されている。これらの法制度の変化の中で換地手法に関係する部分を年次的に説明する。なお特別法の内容は **2.7.2** で説明するので、ここでは概要を記載するにとどめる。

（1） 土地区画整理法制定（1954年（昭和29年））

土地区画整理法は1954年に土地区画整理事業のための独立法として制定された。これ以前は耕地整理法を準用して土地区画整理事業が行われてきた。だが耕地整理法は1949年の土地改良法の制定によって廃止されたので、それ以後はこの廃止法を根拠に土地区画整理事業が行われてきた。この変則的な状態を解消するために独立法を制定することが必要になったものである。土地区画整理法では従来の区画整理手法に加えて都市整備のための立体換地制度が創設されている。

（2） 土地区画整理法1959年（昭和34年）改正

第 1 章　土地区画整理事業の換地手法とその問題点

表 1 − 1：土地区画整理事業の換地手法に関する簡易年表

1954 年（昭和 29 年）	土地区画整理法制定
1959 年（昭和 34 年）	土地区画整理法改正（立体換地の拡充・照応原則特例など）
1975 年（昭和 50 年）	大都市地域における住宅及び住宅地の供給の促進に関する特別措置法（大都市法）制定
1980 年（昭和 55 年）	土地区画整理基本問題部会提言（第一次提言）
1981 年（昭和 56 年）	土地区画整理基本問題部会提言（第二次提言）
1985 年（昭和 60 年）	土地区画整理基本問題部会提言（第三次提言）
1987 年（昭和 62 年）	土地区画整理基本問題部会提言（第四次提言）
1988 年（昭和 63 年）	土地区画整理法改正（宅地の共有化など）
1989 年（平成元年）	大都市地域における宅地開発及び鉄道整備の一体的推進に関する特別措置法（宅鉄法）制定
1992 年（平成 4 年）	地方拠点都市地域の整備及び産業業務施設の再配置の促進に関する法律（拠点都市法）制定 土地区画整理基本問題部会提言（第五次提言）
1993 年（平成 5 年）	土地区画整理法改正（住宅先行建設区の設定など）
1995 年（平成 7 年）	被災市街地復興特別措置法制定
1998 年（平成 10 年）	中心市街地における市街地の整備改善及び商業等の活性化の一体的推進に関する法律（中心市街地活性化法）制定
1999 年（平成 11 年）	土地区画整理基本問題部会「換地手法の拡充」ワーキング報告 土地区画整理法改正（市街地再開発事業区の設定など）
2000 年（平成 12 年）	高齢者、身体障害者等の公共交通機関を利用した移動の円滑化の促進に関する法律（交通バリアフリー法）制定

① 防火地域内でかつ高度地区内の宅地を立体換地の対象に追加した。
② 公共施設の用に供されている宅地を照応原則の特例の対象とした。
（3）　大都市地域における住宅及び住宅地の供給の促進に関する特別措置法（大都市法）（1975 年（昭和 50 年））

特定土地区画整理事業における共同住宅区、集合農地区への申出換地制度を創設した。

（4）　土地区画整理法 1988 年（昭和 63 年）改正

過小宅地対策として小規模宅地と隣接宅地の間の共有化制度を創設した。

5

（5）　大都市地域における宅地開発及び鉄道整備の一体的推進に関する特別措置法（宅鉄法）（1989年（平成元年））
　一体型土地区画整理事業における鉄道施設区への申出換地制度を創設した。
（6）　地方拠点都市地域の整備及び産業業務施設の再配置の促進に関する法律（拠点都市法）（1992年（平成4年））
　拠点業務市街地整備土地区画整理事業における下水道用地の創設換地、公益的施設用地である保留地の生み出し制度を創設した。
（7）　土地区画整理法 1993年（平成5年）改正
　住宅の建設を促進するために住宅先行建設区への申出換地制度を創設した。
（8）　被災市街地復興特別措置法（1995年（平成7年））
　被災市街地復興土地区画整理事業における復興共同住宅区への申出換地、公営住宅や防災施設等の用地である保留地の生み出し制度を創設した。
（9）　中心市街地における市街地の整備改善及び商業等の活性化の一体的推進に関する法律（中心市街地活性化法）（1998年（平成10年））
　中心市街地を活性化するため特定の施設用地である保留地の生み出し制度を創設した。
（10）　土地区画整理法 1999年（平成11年）改正
　市街地再開発事業との合併施行を推進するために市街地再開発事業区への申出換地制度を創設した。
（11）　高齢者、身体障害者等の公共交通機関を利用した移動の円滑化の促進に関する法律（交通バリアフリー法）（2000年（平成12年））
　高齢者等の移動を円滑化するため特定の施設用地である保留地の生み出し制度を創設した。

1.5　換地手法にかかわる従前の議論

　土地区画整理事業の換地手法にかかわる議論のほとんどは換地手法の改善提案として現れている。これらの提案は建設省関係のものとそれ以外のものに大別することができる。
（1）　建設省関係の提案

第1章　土地区画整理事業の換地手法とその問題点

　建設省関係の提案には、①建設省関係審議会の提案、②建設省関係者の提案、の２つがある。前者には都市計画中央審議会の提案と日本土地区画整理協会に設置された土地区画整理基本問題部会の提案がある。建設省関係者の提案のほとんどはこれらの審議会の提案に沿ったものである。これらの提案について**1.5.1**から**1.5.3**までの３項にわたって説明する。

（２）　その他の提案

　建設省関係者以外の者の提案のほとんどは土地区画整理事業に携わった実務者によるものである。顕著な例に大阪市がまとめた記念論文集と日本都市計画学会の機関誌の土地区画整理特集に掲載された提案がある。**1.5.4**から**1.5.6**までの３項にわたって説明する。

1.5.1　都市計画中央審議会

　都市計画中央審議会は都市計画法76条（都市計画中央審議会）に基づいて建設省に設置される審議会である。この審議会の設置の目的は都市計画に関する事項について調査審議させることである。都市計画中央審議会は土地区画整理事業について２回の答申を出している。順に説明する。

〈１〉　1970年答申

　土地区画整理事業に関する最初の都市計画中央審議会の答申（「市街化区域における土地区画整理事業等による計画的な市街地の整備のための方策に関する答申」）は1970年8月7日に決定されている。この答申には換地手法への言及がない（「区画整理」1970年9月号：3-26）。

〈２〉　1992年答申

　２度目の答申（「経済社会の変化に対応した計画的な市街化の方策、特に土地区画整理事業による市街地整備のための方策についての答申」）は1992年12月9日に決定されている。この答申は1991年12月20日に都市計画中央審議会に設置された区画整理部会が１年間にわたって審議を行った成果である。ちょうど同じ時期に土地区画整理基本問題部会が開催されており、1992年12月3日に第五次提言をまとめている（次項で説明する）。換地手法に関する都市計画中央審議会の答申と土地区画整理基本問題部会の提言の内容には実質的な

差異がない。なお、都市計画中央審議会区画整理部会の答申は「区画整理」1993年3月号（建設省都市局区画整理課 1993：4-18）に掲載されている。

1.5.2 土地区画整理基本問題部会

（1） 土地区画整理基本問題部会の性格

土地区画整理基本問題部会は土地区画整理事業にかかわる事項について検討し、提言するために社団法人日本土地区画整理協会が設置する審議会である。1970年10月の建設省の要請に応じて設置されたのが最初である（土地区画整理誌編集委員会編 1996：104）。形式上は日本土地区画整理協会が設置する審議会であるが、設置のイニシアティブは建設省の区画整理課が取っており、その提案は実質的には同課の意見の集成である（1998年12月7日建設省関係者からの聴取）。

（2） 土地区画整理基本問題部会の提言

土地区画整理基本問題部会は1980年、1981年、1985年、1987年、1992年の5回にわたって建設省都市局長への提言をまとめている。これらの提言は順に①「区画整理」1980年12月号：4-10、②「区画整理」1981年9月号：4-8、③「区画整理」1985年9月号：20-23、④「区画整理」1987年4月号：4-12、⑤「区画整理」1993年2月号：4-20、に記載されている。このほか1999年には土地区画整理基本問題部会の下位組織としての位置づけで「換地手法の拡充」ワーキングの報告書が作成されている（日本土地区画整理協会 1999）。これらの提言と報告書の中で換地手法にかかわる部分の骨子を紹介する。

〈1〉 1980年11月7日提言（第一次提言）

立体換地制度を改善すべきであるとし、①立体換地に係る管理処分計画の策定、②建築物の移転補償に代えて立体建築物の一部等を与えること、③保留床の確保、④借家権の保護、などを提言する。

〈2〉 1981年7月28日（第二次提言）

新市街地段階整備型土地区画整理事業を推進すべきであるとする。これは「根幹的公共施設の整備以外の市街地整備を留保する地区を設定する方式又

は公共施設の用に供する土地を確保しながらも、公共施設に関する工事を後日に譲る方式」(「区画整理」1981年9月号：6-7)である。

〈3〉 1985年6月18日（第三次提言）

1）土地区画整理事業と都市計画の連携の強化

照応原則は基盤整備に併せた土地利用の誘導等の現代的な都市計画の要請に十分に応えるものではないとして、次の提案を行う。

① 目的の拡充

土地区画整理事業が総合的な都市計画の実現手段であることを明示するために、土地区画整理法の目的に「都市計画に基づく土地の適正かつ合理的な利用の実現」といったものを加える。

② 換地による土地利用の誘導等

地区計画、用途地区等の都市計画の積極的な実現に資するため、申出により一定の用地の換地を一定の地区へ集約する制度など事業の実施に併せて土地利用の誘導を行うことができる制度を設ける必要がある。敷地の共同化による土地の高度利用を図るため換地による土地の共有化についても検討するとともに、土地利用の誘導に併せて一定の用途による利用の義務づけ等の措置についても検討を行う。

2）市街地再開発事業との合併施行に係る法制の改善

土地区画整理事業と市街地再開発事業の合併施行の推進のために、①仮換地について市街地再開発事業で仮の権利変換を行う制度を設けるととともに、最終的な権利変換は換地処分と同時又はそれ以後に行うこと、②停止条件付きの権利変換の考え方を活用すること、を提案する。

〈4〉 1987年1月28日提言（第四次提言）

①民間活力の活用、②都市の再開発の推進、③施行地区内の市街化促進、について対応すべきであるとして、換地手法に関連して下記の3点を挙げる。すべて制度の拡充又は創設を求めており、制度改正の意図が明解である。

1）過小宅地対策の拡充

個人施行、組合施行の土地区画整理事業においても過小宅地対策を行うこ

とができるようにする。この際は意図的な宅地分割による過小宅地対策の恩恵の享受、再分割を防ぐべきである。また 91 条の過小宅地対策の要件を緩和する。

　2）立体換地の手続き整備

　仮に使用収益することができる建築物の一部（仮立体換地）及び当該建築物の敷地を指定することができる制度を創設する。

　3）申出換地制度の創設

　宅地利用促進・宅地の適正利用のため、市街化の核となる重要な公共施設の周辺区域を申出換地区とする申出換地制度を創設する。

〈5〉　1992 年 12 月 3 日提言（第五次提言）

　生活大国 5 カ年計画（1992 年 6 月 30 日閣議決定）の下で、①大都市地域における住宅・宅地供給の促進、②地方都市の活性化、③密集市街地の整備による環境改善、を図るべきであるとし、換地手法に関連して下記の 8 点を挙げる。もっとも、ほとんどの結論は「検討」を求めるにとどまっている。

　1）宅地利用促進区への申出換地

　宅地利用を促進するため、宅地利用促進区を事業計画に定め、地権者の申出に基づいて当該区域内に換地を定める。

　2）生産緑地地区の集約

　生産緑地の機能保全とそれ以外の宅地の効果的な利用促進のため、生産緑地地区を集約する。

　3）立体換地手法の充実

　立体換地の活用のため立体換地建築物及びその敷地の評価方法と立体化基準を拡充する。また仮換地段階の立体換地に使用収益権を発生させる。

　4）高度利用促進区への集約

　都市機能の更新・高度利用の促進を図るため、高度利用促進区を事業計画に定め、地権者の申出に基づいて当該区域内に換地を定める。

　5）立体換地又は高度利用促進事業との同時施行を行う地区の工区設定

　立体換地又は高度利用促進事業との同時施行を行う地区を工区設定し、関係する地権者の有する宅地を集約するとともに先行的に換地処分する。

6）ツイン区画整理

密集市街地の工区と新市街地の工区からなる土地区画整理事業において、地権者の申出による工区間飛び換地を行う。

7）用途別申出換地

地権者の土地利用の意向に配慮した換地手法を創設する。

8）公益的施設等のための先買い用地の特例

公益的施設等の設置者の先買いした当該施設用地の換地の位置等に特別の考慮を払う。

9）創設換地の対象の拡充

住民の集会所、駐車場、来街者用公共駐車場、再開発住宅等について創設換地を認める。

〈6〉 1999年3月3日「換地手法の拡充」ワーキング報告書

換地メニューの拡大方策を中心に、下記の点について検討し、提案する。なお、このワーキングには著者も参加した。

1）立体的な換地再配分方策
2）平面的な換地再配分方策
3）権利種別の再配分方策
4）その他の権利の整序方策
5）面積の再配分方策（過小宅地対策）
6）施行地区内外にわたる再配分方策
7）権利者意向に基づく再配分方策

1.5.3 建設省関係者の提案

換地手法に関する建設省関係者の主要な提案を掲げる。和田祐之の提案を除くと、これらの提案はその直前にまとめられた都市計画中央審議会区画整理部会や土地区画整理基本問題部会の提案を敷えんしたものである。そこで内容の説明は省略する。

〈1〉 和田祐之は建設省の区画整理課長であった1979年に「土地区画整理事業の現状と課題」と題する論文で、土地区画整理事業が当面する課題に

他事業との調整の円滑化、過小宅地の適正化対策等、借家人対策、農業経営との調整を挙げ（和田祐之1979：17）、また今後の方向として立体換地・境界整理等の換地手法の改善を挙げる（同上：18）。

〈2〉 植田光彦は「土地区画整理法制の改善方策について」と題する論説で1980年6月の土地区画整理基本問題部会の一次提言の内容を説明し、さらには制度改正のための土地区画整理法の条文案を提示する（植田光彦1980）。

〈3〉 小浪博英・小畑雅裕・松川隆之は1981年の土地区画整理基本問題部会の二次提言を説明する（小浪博英・小畑雅裕・松川隆之1981）。

〈4〉 西建吾は「土地区画整理事業を取り巻く社会経済情勢の変化と今日的課題」と題する論文において1992年12月の都市計画中央審議会区画整理部会の答申に基づく議論を展開する（西建吾1993）。

1.5.4 建設省関係者以外の者の提案

建設省関係者以外の者も換地手法について提案を行っているが、これらの者の提案の特徴は次の3つである。① 運用上の提案と制度上の提案の区別が明確でないこと、② 実質的には運用上の提案が多いこと、③ 逆に実質的には制度にかかわる提案が少ないこと。制度改正にかかわる提案の数が限られている理由はおそらくは次の2つである：① 土地区画整理事業制度を所管する建設省への遠慮、② 制度提案が取り入れられる可能性の乏しさ。以下に制度改正提案の主要な例を紹介する。

〈1〉 多くの実務家が換地手法の運用上の工夫の紹介や改善提案を「区画整理」などの専門誌に寄稿している。事例紹介を超えた提案は限られているが、一般性を持った提案の顕著な例に過小宅地対策についての渡辺孝夫の論考（渡辺孝夫1968）（**6.8**で紹介する）がある。また土地区画整理事業の専門誌以外でも同様の提案が発表されることがある。たとえば申出換地に関する小澤英明の提案（小澤英明1995）（**5.8**で紹介する）、農地の集約換地と二段階整備手法についての波多野憲男の提案（波多野憲男1994）の例がある。

〈2〉 制度改正の提案の中には随想的な記述や簡単な示唆にとどまるもの

が少なくない（たとえば渡部与四郎 1985：18；井上孝 1995：24；西建吾 1997：220、222）。

〈3〉 次の2つの文献に含まれる論文や論説は制度提案についてもう少していねいな議論を展開する：① 大阪市都市整備局区画整理部が土地区画整理法施行30周年を記念してまとめた論文集（大阪市都市整備局区画整理部 1986）、② 日本都市計画学会の機関誌（「都市計画」）の「土地区画整理事業の系譜と展望」特集（日本都市計画学会 1993）。これらの文献中の提案も制度設計にかかわる争点について十分に検討しているわけではなく、またその趣旨がすべて明確なわけでもない。しかしながらこれらの提案には換地手法にかかわる主要な争点の多くが含まれているので、議論の端緒として取り上げる価値がある。**1.5.5** と **1.5.6** でこれらの提案の内容を説明する。

〈4〉 なお著者は 1998 年から 2000 年にかけて① 土地区画整理事業への交換手法の導入（下村郁夫 1998 a）、② 照応原則に代わる換地割付基準の採用（下村郁夫 1998 b 及び下村郁夫 1999 a）、③ 一般的な申出換地制度の導入（下村郁夫 1998 c）、④ 清算の改善（下村郁夫 1999 b）、⑤ 小規模宅地対策の改善（下村郁夫 1999 c）、⑥ 借地権と底地権の再編成（下村郁夫 1999 d）、⑦ 複数の土地区画整理事業の結び付け（下村郁夫 2000）について制度提案を行っているが、これらの提案は、本書の第 8 章、第 4 章及び第 3 章、第 5 章、第 10 章、第 6 章、第 7 章、第 9 章に含まれているので説明を省略する。

1.5.5　大阪市都市整備局記念論文集

　大阪市の区画整理担当部局は数多くの土地区画整理事業にかかわってきたが、この部局は土地区画整理事業に関する報告の発表にも熱心である。この部局は 1986 年に土地区画整理法施行 30 周年を記念して記念論文集を発行した。この記念論文集には大阪市に勤務する多くの実務家が寄稿したが、その中には制度提案が含まれている。以下にこの記念論文集に含まれている制度提案の内容を要約する。なお 1986 年には区画整理部の所属は都市整備局であったが、1998 年 12 月現在の区画整理部の所属は建設局になっている。また大阪市は 1995 年に土地区画整理法施行 40 周年を記念してまちづくりフォ

ーラムを開催したが（大阪まちづくりフォーラム事務局1996）、このときには論文集を作成していない（1998年11月26日大阪市関係者からの聴取）。

（1）　井上俊宏・内田雅夫の提案

井上俊宏・内田雅夫は「私の提案——第2種土地区画整理事業——」と題する論文で、収用制度を利用する第2種市街地再開発事業に類した土地区画整理事業を提案する。内容は1.5.6で紹介する内田雅夫・渡瀬誠の主張と重複する（井上俊宏・内田雅夫1986：334-338）。

（2）　丸山正の提案

丸山正は「既成市街地における土地区画整理事業」と題する論文で、仮立体換地などの立体換地制度の改善提案を行う（丸山正1986：360-362）。

（3）　冨岡隆・藤澤昌弘の提案

冨岡隆・藤澤昌弘は「大都市と土地区画整理事業」と題する論文で、長期的には大都市土地区画整理事業制度の創設が必要であるとし（冨岡隆・藤澤昌弘1986：393）、次に掲げる提案を行う。

〈1〉　集会所などの近隣生活施設の設置を土地区画整理事業に組み込むこと（同上：393-394）。

〈2〉　施行地区内の民地と施行地区外の公有地の交換と施行地区内に得た公有地を利用した近隣生活施設の設置（同上：394）。

〈3〉　過小宅地・借地についての共有地制度の導入（同上）。

〈4〉　照応原則への価値原則（従前地と換地の等価原則）の導入（同上：395）。

〈5〉　集合換地制度の導入（同上）。

〈6〉　機能補償制度の導入（建物の価値を重視し、土地と建物を加算した従前機能に達しない部分について増し床で補うこと）（同上）。

1.5.6　日本都市計画学会機関誌の特集

日本都市計画学会は1993年4月に発行した機関誌で土地区画整理事業を特集した（「都市計画」181号（特集：土地区画整理事業の系譜と展望））。この号の機関誌に掲載された論文のうち、制度的な提案にわたる部分の内容を要約し

て紹介する。
（1）岸井隆幸の提案
　岸井隆幸は「土地区画整理事業の変遷に関する考察」と題する論文の最終部分において、今後の土地区画整理事業制度が取り込むべき点を挙げる。このうち換地手法に関連するものは次の3点である：①宅地の施行地区外への移転と宅地売却の希望に対応するシステムの内包、②地権者の土地利用意向を尊重した換地手法、③施行者の宅地保有とその宅地の立体換地（岸井隆幸 1993 a：15）。なお岸井は同じ年の別の論考（岸井隆幸 1993 b）でこれらの提案に加えて既成市街地内の不適格建築物を集約移転する土地利用純化実現土地区画整理事業について言及する（同上：11）。
（2）久保光弘の提案
　久保光弘は「新型土地区画整理事業の提案――新条里制土地区画整理事業――」と題する論文で、市街化区域内農地の整序のために施行地区内を段階的に整備する「粗い土地区画整理事業」（久保光弘 1993：64、65）を提案する。この「粗い土地区画整理事業」、すなわち新条里制土地区画整理事業は古代の条里制地割（約109メートルメッシュ）に近い道路配置で根幹的都市施設の整備を行うものであるが（同上：64）、処分の意向や都市的土地利用の意向の明確な宅地については集約換地を行い、集約換地部分に対しては完全な都市施設の整備を行うとする（同上）。
（3）内田雅夫・渡瀬誠の提案
　内田雅夫・渡瀬誠は「密集市街地における新たな土地区画整理事業の展開――『第2種土地区画整理事業』試案」と題する論文で、密集市街地におけるまちづくりのために施行地区内の土地をいったん買収する第二種土地区画整理事業を提案した（内田雅夫・渡瀬誠 1993：67-72）。内田・渡瀬はこの事業における照応について「資産価値に重点を置き、総合的に勘案したものでよいとし、個別的な照応は緩和する」ことを主張する（同上：71）。
（4）藤原洋の提案
　藤原洋は「計画自由度をもった大街区方式区画整理の提案」と題する論文を寄稿した（藤原洋 1993）。そして土地区画整理事業には①計画の硬直性、

②スピードの遅さ、③現実的対応〔注：市街地整備の水準が現実的に受け入れられる程度のものにとどまること〕、の問題があることから（同上：73-74）、「将来変化に対応しうる市街地整備の一方策」として大街区方式区画整理を提案する（同上：75）。大街区は「準幹線以上の道路で囲まれる10〜30 ha程度」（同上：76）の街区であり、土地区画整理事業は大街区の整備を中心として行う。大街区の内部は換地処分後に開発行為によって開発を行う（同上：75）。この方式の土地区画整理事業では飛び換地を行うので照応原則は適用せず、申出換地等を利用する（同上：76）。

（5）岡部哲夫の提案

岡部哲夫は「複合式土地区画整理事業について」と題する論文で、換地方式と一部買収方式を組み合わせた複合式土地区画整理事業を提案する（岡部哲夫1993：78）。この手法は第二種市街地再開発事業に類似した手法であり（同上：79）、施行地区内の一定区域を収用区域として定め、収用区域内の土地は収用するとともに、収用区域内の従前地に対して与えられる換地の街区を高度利用地区として定める（同上）。この方式は土地区画整理事業と市街地再開発事業の合併施行と同様であるが、それを1つの事業に複合することで土地利用転換の総合的・一体的施行などの効果を上げることができる（同上）。

（6）小寺稔の提案

小寺稔は「21世紀の日本の区画整理」と題する論文で、既成市街地を対象とする再開発型土地区画整理事業を提案する（小寺稔1993）。提案は多岐にわたり、また事業手法には再開発手法が含まれているが、換地手法に関する部分では①換地についての申出制度（同上：83）、②平面換地分区、立体換地分区、改良住宅分区などの分区区分（同上：83-84）、③照応原則の照応項目から「土質」、「水利」を削り、「容積率並びに固定資産税台帳評価格」を加えるとともに、照応原則を緩和すること（同上：85）、④換地設計式への地域地区・建蔽率・容積率の変更等の導入（同上）、⑤無補償減歩は10％以下とし、それ以上の減歩は補償すること（同上）、などを提案する（なお小寺の主張は小寺の『都市再開発の計画策定に関する方法論的研究』（小寺稔1991）に初

第1章　土地区画整理事業の換地手法とその問題点

出し、大阪市都市整備協会編『――まちづくり100年の記録――大阪市の区画整理』（大阪市都市整備協会 1995）に再掲されている）。

1.6　土地区画整理事業の換地手法の問題

現行の換地手法には様々な問題があるが、この論文では次の6つの問題を取り上げる：① 施行地区による宅地の移動範囲の制限、② 照応原則の制約、③ 小規模宅地対策と公平性の問題、④ 借地権と底地権の再編成に関する問題、⑤ 施行地区を超えた公共負担の問題、⑥ 清算に関する問題。これらの問題の内容とそれぞれの問題を取り上げる章を簡単に説明する。

（1）　施行地区による宅地の移動範囲の制限

現在の土地区画整理事業は施行地区の内外にわたる宅地の移動を行わない。だが施行地区の内外にわたって宅地を移動させることには少なくとも次の3つの効用がある：① 施行地区外の参加希望者と施行地区内の反対者の置き換えによる事業の促進、② 施行地区外の宅地を施行地区内の宅地に代えて与えることによる減歩緩和、③ 広域的な土地利用の整序。施行地区の内外にわたる宅地の移動の有力な手法は宅地の交換手法であり、もう1つの有力な手法は複数の土地区画整理事業の施行地区の間で宅地を移動したり、減歩負担を移転することである。だが現在の土地区画整理事業制度はこれらの手法を準備していない。そこでこの問題を第8章では宅地の移動方法について、第9章では複数の土地区画整理事業の結び付けについて検討する。

（2）　照応原則の制約

照応原則は従前地と換地の位置の照応を求める。だが施行地区内の土地利用の整序を図り、また地権者の土地利用の意向と宅地の立地を整合させるためには、施行地区内で宅地を広域的に移動させることが望ましい場合がある。位置の照応の制約を乗り越える1つの方法は照応原則自体を修正すること、あるいはその例外として申出換地を利用することであり、もう1つの方法は宅地の交換手法を利用することである。

この問題は多岐にわたるので、まず第3章で換地制度の中核となっている照応原則の含意について分析し、第4章では照応原則に代わるべき換地割付

基準について議論する。第5章では申出換地について検討し、第8章では宅地の交換手法その他の宅地移動の方法について比較検討を行う。

(3) 小規模宅地対策と公平性の問題

　土地区画整理法には過小宅地対策の規定（91条（宅地地積の適正化）1項）が置かれている。同項は「換地計画に係る区域内の地積が小である宅地について、過小宅地とならないように換地を定めることができる。」と定めるが、この規定に基づく過小宅地対策の実施は公的施行者の土地区画整理事業に限られていること（同項）、またこの規定が柔軟な減歩緩和を許さないことから、しばしばこれとは別に、又はこれと重複して、運用上で減歩が緩和されることがある。小規模宅地の減歩率の緩和は照応原則の重要な例外であるが、これは小規模宅地以外の宅地の減歩の負担を重くする。小規模宅地対策が小規模宅地以外の宅地に与える負担はさまざまな要因に依存するが、そのすべてが運用に委ねられるのは適切ではない。そこで第6章で小規模宅地対策の実態を分析し、その現実的な解決策について検討する。

(4) 借地権と底地権の再編成に関する問題

　土地区画整理事業は平面換地を中心として構成されている。平面換地は従前地に存在する権利と状況をそのまま換地に移行させるので従前地に関する権利の再編成にかかわることがない。その例外は立体換地と宅地の共有化である。しかしながら立体換地は適用可能なケースが限定されている。また宅地の共有化は小規模宅地対策の一部として定められているために潜在的な需要の多くが対象からはずれている。一方、既成市街地には多くの借地が存在するので土地区画整理事業の施行に借地権者と底地権者の同意を得るためには権利の再編成手法を拡充することが望ましい。また権利の再編成手法は土地の高度利用や一般宅地の減歩緩和の効果を上げることもできる。そこで第7章でこれらの点について検討し、土地区画整理事業に権利の再編成手法を導入することを提案する。

(5) 施行地区を超えた公共負担の問題

　広域的な公共施設（たとえば幹線道路や駅前広場など）が整備される場合には、整備の費用を広域的に負担することが望ましい。たとえば広域的な公共

施設の効果が複数の土地区画整理事業の施行地区にまたがるときには、それらの事業がその負担を受益の程度に応じて引き受けるべきである。だが現行の土地区画整理事業制度には複数の土地区画整理事業にわたって負担を配分する方法がない。そこで第9章で施行地区を超えて公共負担を配分する方法について比較検討し、土地区画整理事業の連結制度と統合制度を導入することを提案する。

　（6）　清算に関する問題

　換地処分の清算は多くの部分が運用に委ねられてきた。だが土地区画整理事業の清算は一方では地権者への補償を、他方では地権者への事業損益の配分を決定するから、多くを運用に委ねることはいつも適切ではない。そこで第6章で小規模宅地対策にかかわる清算の問題を検討するとともに、第10章で土地の評価に関する問題の現状を分析し、清算制度の改善を提案する。

1.7　本書の意義

　本書の意義をこれに先行する制度改正の提案や換地手法に関する研究との対比で総括する。

　（1）　総括的な意義

　〈1〉　従来の提案や研究の特徴

　従来の提案や研究の特徴は次の3点に要約される：①換地手法の制度的な分析が限られていること、②制度改正の提案の数が限られていること、③制度提案を根拠づける現状の分析や制度的な議論を欠いていること（たとえば制度改正が一般地権者に与える影響やその法的な問題について深く検討していないこと）。

　〈2〉　本書の意義

　本書は次の3点において独自の意義を有すると考える：①換地手法に関連する多くの事例と議論を参照し、分析と提案の基礎としていること、②換地設計に関する制度を分析し、また制度の提案がもたらす効果と法的問題について検討していること、③従来の提案で取り上げられていない独自の制度的提案を含んでいること。個々の論点についての独自性はそれぞれの章

において示すべきであるが、換地手法に関する制度の説明である第2章以外の章ではその結論部分でその章の議論の意義を総括した。

（2）　制度改正提案の2つの側面

本書が提示する提案には、①都市計画上の効果をもたらす提案、②土地区画整理事業をより適正なものにする提案、の2つが含まれている。①は制度改正が土地区画整理事業を通じて生み出す外部的効果であり、②は制度改正が手続き的に、また実質的に土地区画整理事業の影響をより適正なものにする内部的効果である。都市計画上の効果を生み出すことは土地区画整理事業の最大の目的であるから、それに寄与する制度改正には大きな意義がある。一方、土地区画整理事業をより適正なものにすることは社会的に適正な資源配分をもたらす上で、また土地区画整理事業の公平さへの信頼感を向上させ、ひいては地権者の土地区画整理事業への協力を得る点で高い価値がある。したがって制度改正の提案はこの2つの側面にわたって評価を行うべきである。

（3）　制度提案の目的

本書の制度提案の主要な目的は次の3つである：①換地設計基準の決定の柔軟化、②換地設計への地権者の意思の反映、③広域的な換地配置の手段の提供。この順に説明する。

〈1〉　換地設計基準の決定の柔軟化

現在の法制度では換地設計基準は法律に定められている。施行者は法律に定められた範囲で換地設計に融通をきかすことができるが、現行の法定主義が存続する限り、換地設計基準を施行地区の現状に合わせて修正することには限界がある。施行地区ごとの状況に応じた換地設計を行うためには換地設計基準の設定が土地区画整理事業に委ねられることが望ましい。そこで本書では照応原則に代わる換地割付基準を施行地区ごとに設定することを提案し、その代表的な例として申出換地制度の導入を提案する。また土地区画整理法は公的施行者に限って小規模宅地対策を認めているが、この規定は空文化しているので、小規模宅地対策を個人施行者と土地区画整理組合にも認めるとともにその内容を施行地区の状況に応じて決定することを提案する。

〈2〉　換地設計への地権者の意思の反映

第1章　土地区画整理事業の換地手法とその問題点

　換地設計には地権者の意思が反映することが望ましい。それは地権者の主権性の尊重にほかならないし、地権者の意思を反映することで施行地区の土地利用計画の実現を促進することができるからである。これらの点にはほぼ異論がないが、現在の換地制度は地権者の意思の反映を限定的な機会にしか認めない。そこで本書は地権者の意思を換地設計に反映させるために換地設計基準を施行地区の状況に応じて定めるとともに、地権者の申出に基づく換地設計を認めることを提案する。なお地権者の意思の反映は他方で地権者間の公平に関する問題を引き起こすので、この点についても議論する。

〈3〉　広域的な換地配置の手段の提供

　良好な市街地の整備を行うためにはしばしば広い範囲にわたって宅地を配置し直すことが不可欠である。だが現在の法制度は一方では施行地区の縛りによって、他方では照応原則の位置の照応によって宅地の再配置の範囲を制約する。その例外は申出換地であるが、法律上の申出換地は特別の要件に基づいて行われるので適用対象が限られている。そこで本書は一般的な申出換地制度の導入によって申出換地の利用を促進すること、交換手法の導入や複数の土地区画整理事業の結び付け手法の導入によって施行地区による制約を乗り越えること、さらに交換手法の利用と換地設計基準の柔軟化によって施行地区内部での広域的な宅地の再配置を可能にすることを提案する。

（4）　制度提案の効用と限界

　本書の提案が換地手法に関連する範囲に限られることには少なくとも次の3つの内在的な限界がある：①宅地の配置に関する都市計画上の基準が欠けていること（少なくともその点についての実質的な検討が乏しいこと）、②換地設計において想定された土地利用が換地について現実化する保証がないこと、③換地について想定された土地利用が事業終了後も保たれる保証が欠けること。したがって本書は換地制度の範囲を超えるこれらの問題に対処することができない。そこで次の問題はこれらの限定された検討の対象がそれだけで有意味な検討対象であるかどうかである。

　土地区画整理法は都市計画法の傘下にある事業法の1つである。現行の計画法と事業法の領域区分を前提とする限り、土地区画整理事業が前提とする

土地利用計画は都市計画法に基づいて定められ、土地区画整理事業はその土地利用計画に従って市街地の整備を行わなければならない。土地区画整理事業は最上位の計画として事業計画を定めるので、換地設計において定めなければならない事項は都市計画上の土地利用計画に含まれず、土地区画整理事業の事業計画にも含まれなかったものに限られる。しかしながら都市計画と事業計画に記載される土地利用計画は相当に大まかであるので、これらの計画から取り残された部分についても多くの選択肢があり、その選択によって地権者への事業損益の配分は大きく左右される。

一方、土地利用計画の実現はしばしば地権者の意向と宅地の立地の関係に依存する。両者が適合するとき土地利用計画は現実化されやすく、適合しないとき土地利用計画は計画にとどまりがちである。ところで都市計画その他の土地利用計画は個別の宅地の配置を定めない。このためにそれらの計画はしばしば絵に描いた餅になる。しかしながら土地区画整理事業は宅地の再配置によって宅地の立地と地権者の意向を適合させることができる。したがって土地区画整理事業は（どれだけかの制約はあるが）土地利用に関する上位計画と現実の土地利用を媒介することができる。すなわち換地制度には多くの実質的な決定が委ねられており、また土地利用計画を実現する手段の中には換地制度だけが提供するものがある。それゆえ土地区画整理事業の換地設計段階における選択が適切なものであることに意を注ぐ必要があり、換地設計の実質を決定する土地区画整理事業の換地制度に注意を向ける必要がある。これらの理由から本書が掲げる制度提案は、いくつかの重要な限界があるにもかかわらず、都市計画を実現する上で有意味で、また有力な手段となると考える。

（5） 土地区画整理事業の換地制度と都市計画

都市計画の重要な目的は適切な市街地の実現である。このために都市計画にかかわる研究は一方では現実の都市を分析しようとし、他方では適切な都市についての規範的モデルを提供しようとする。規範的モデルの提供には望ましい市街地のモデルの作成とそれを実現する手段の検討の2つが含まれる。近年重視されている都市計画への住民の関与は後者の1つである。

第1章　土地区画整理事業の換地手法とその問題点

　ところで土地区画整理事業は都市計画を実現する有力な手段として日本の市街地整備に大きな役割を果たしてきた。実際、日本の都市計画の歴史において土地区画整理事業を無視することは不可能である。一方、都市計画は望ましい市街地の詳細を定めているわけではないので、土地区画整理事業は都市計画の実現手段として位置づけられてはいるものの実際は市街地に関する詳細計画の相当部分を引き受けてきた。(4)で述べたようにこの役割は換地設計基準の設定やいくつかの換地制度の適用によって行われてきたが、それによって土地区画整理事業は手段の域を超えて、市街地のあり方を決定する重要な制度的枠組みの一部となってきた。

　そうすると都市計画にかかわる研究は土地区画整理事業の換地制度が市街地形成に果たしている実質的な役割を知るために、またその都市計画の実現手段としての有効性を知るために、土地区画整理事業の換地制度を取り上げる理由がある。従来の都市計画分野の研究者が土地区画整理事業の事業制度を取り上げることに消極的であった最大の理由は、おそらくはそれが工学とは疎遠な法学的議論にかかわらざるを得ないことにある。工学の関心と法学の関心の間に大きな距離があることは事実であるが、両者がともにより良い市街地の形成を目指している以上、両者の視点から換地制度を分析することには大きな意味があろう。本書は両者の視点を十分に融合させるには至っていないが、都市計画そのものにかかわるテーマが換地制度の中に存在することを示す点でいくらかの価値があると考える。

第2章　土地区画整理事業の概要

2.1　土地区画整理事業の概要

　土地区画整理事業の概要を以下に説明する。なお土地区画整理法2条（定義）6項は宅地を公共施設用地以外のすべての土地として定義する。本書もこの定義に従う。そこで以下の記述中の宅地には通常の意味の宅地のほか、農地、山林、原野などが含まれる。

（1）　土地区画整理事業の概要
〈1〉　土地区画整理事業の特徴

　土地区画整理事業は土地区画整理法に基づいて公共施設の整備と宅地の整備を行う面的整備事業である。土地区画整理事業は面整備の成果を固定するために換地手法を利用する。換地手法は従前地と換地の置き換えである。従前地に置き換えられる換地は整備された土地である。換地の総面積は従前地の総面積より少なく、両者の差が減歩（げんぶ）と呼ばれる。減歩によって、①公共施設用地、②保留地その他の土地（事業費の生み出しその他の目的のために設定される土地）、の2つの種類の土地が生み出される。公共施設用地に充てられる減歩が公共減歩と呼ばれ、事業費の生み出しその他の目的に充てられる減歩が保留地減歩と呼ばれる。地権者に減歩の負担を求める暗黙の根拠は宅地の単価の上昇による財産的価値の保証である。公的施行者の施行する土地区画整理事業によって地権者の財産的価値が減少する場合にはその減少分が補償される（土地区画整理法109条（減価補償金））。

〈2〉　換地の種類

　換地には次の2つの種類がある：①従前地に代わる換地、②創設換地（従前地がないにもかかわらず換地として定められる土地）。ほとんどの換地は従前地に代わるものである。

　創設換地は次の3つの条項において限定的に認められている：①土地区

画整理法 95 条（特別の宅地に関する措置）3 項（学校その他の施設で換地計画区域内の居住者の利便に供する公的施設の用に新たに供すべき土地）、②大都市地域における住宅及び住宅地の供給の促進に関する特別措置法（大都市法）20 条（義務教育施設用地）1 項（換地計画区域内の居住者の受ける利便に応じて負担すべき義務教育施設用地及びその代替地）、③地方拠点都市地域の整備及び産業業務施設の再配置の促進に関する法律（拠点都市法）27 条（下水道用地）1 項（換地計画区域内の居住者の受ける利便に応じて負担すべき下水道用地及びその代替地）。

〈3〉 土地区画整理事業のモデル図

土地区画整理事業の施行のイメージ図を図2－1に、土地区画整理事業の施行がもたらす施行地区内の土地の種類の変化を図2－2に示す。

（2） 土地区画整理事業の流れ

土地区画整理事業の大まかな流れは下記の通りである（図2－3を参照せよ）。

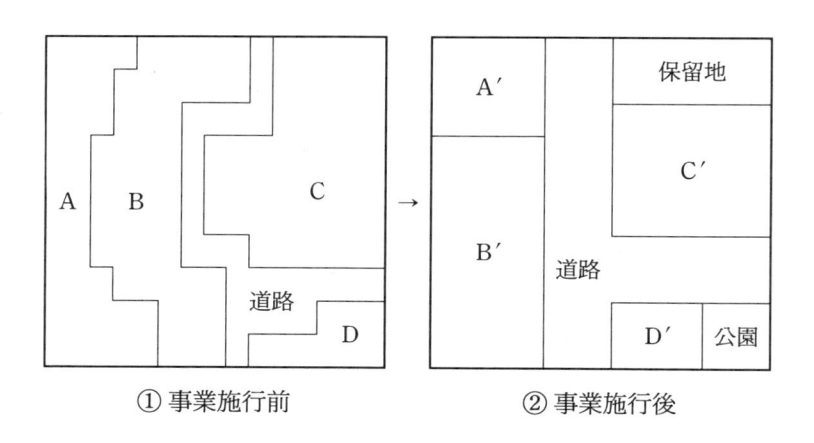

①事業施行前　　　　　　②事業施行後

図2－1：土地区画整理事業の施行イメージ図

注1：A、B、C、Dは従前地であり、それぞれに対する換地がA'、B'、C'、D'である。
注2：ここでは次の4点が行われている：①道路の整備、②公園の整備、③保留地の創設、④宅地の整備。

第2章　土地区画整理事業の概要

```
┌─────────────────┐        ┌─────────────────────────┐
│   公共施設用地    │        │      公共施設用地        │
├─────────────────┤  →減歩→ ├──────────────┬──────────┤
│                 │   部分  │   保留地     │          │
│                 │        │  参加組合員用地│ 創設換地  │
│   宅地（従前地） │        ├──────────────┴──────────┤
│                 │        │       宅地（換地）       │
│                 │        │                         │
└─────────────────┘        └─────────────────────────┘
    ① 事業施行前                   ② 事業施行後
```

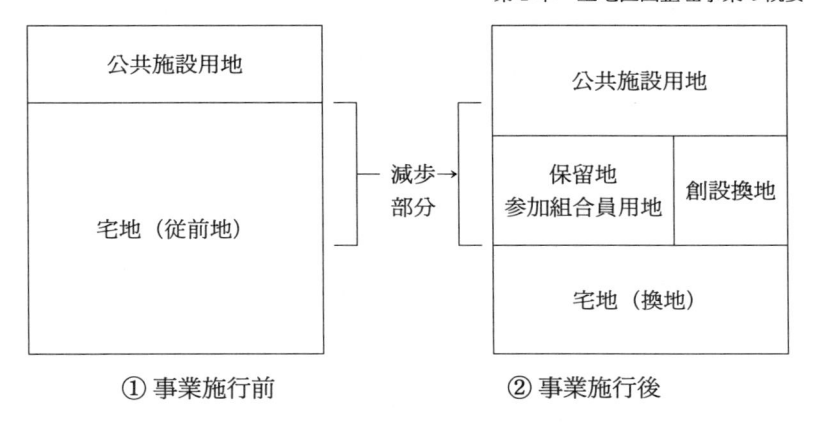

図2－2：土地区画整理事業による土地の種類の変化

注：「保留地」は事業費に充てるために売却される土地、「参加組合員用地」は土地区画整理組合の参加組合員になった者に対価と引き換えに譲渡される土地、「創設換地」は公共・公益的目的のために創設される換地（小学校用地など）である。

〈1〉　施行地区予定区域内の測量を行う。事業計画に事業の目的、資金計画、公共施設や保留地の配置などを定める。事業計画は街区（道路で囲まれた宅地の集合）を決定する。

〈2〉　各街区に換地を配置するための換地設計を行う。

〈3〉　換地設計に従って仮換地を指定する。仮換地は換地処分が行われるまでの間、従前地の代わりに地権者の利用に供される土地である。たいていの仮換地はそのまま換地として指定される。

〈4〉　事業の支障となる従前地上の建築物等を仮換地に移転したり、除却したりする。また公共施設の整備や宅地の整備を行う。

〈5〉　整備後の換地を確定測量して権利価額や権利地積との不均衡を算出し、清算金を算定する。換地設計と清算金を換地計画として定める。

〈6〉　登記上の手続きを行い、換地処分を行う。換地処分は法的な効果を発動させる行政処分である。

〈7〉　清算金の徴収交付を行う。

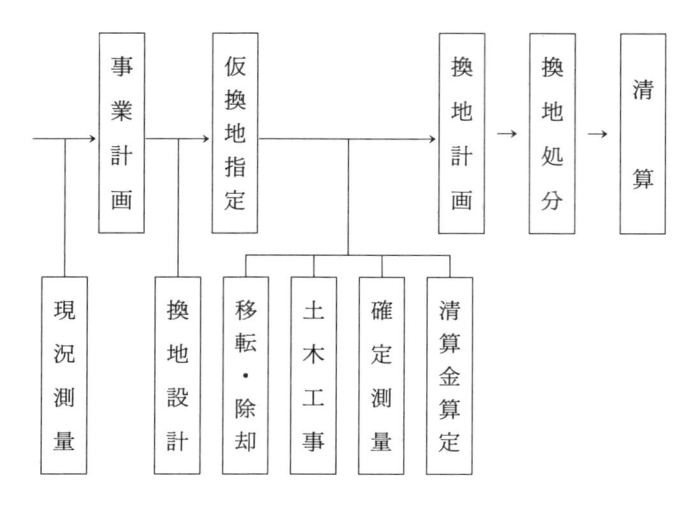

```
 ┌─→┌─────┐  ┌─────┐   ┌─────┐  ┌─────┐  ┌─────┐
 │  │事業 │  │仮換地│   │換地 │  │換地 │  │清算 │
 │  │計画 │  │指定 │ → │計画 │→│処分 │→│    │
 │  └─────┘  └─────┘   └─────┘  └─────┘  └─────┘
```

図2－3：土地区画整理事業のフローチャート

注：上段は制度的な事業の流れ、下段はそれぞれの段階で行われる作業である。

下段作業：現況測量／換地設計／移転・除却／土木工事／確定測量／清算金算定

2.2 換地設計と上位計画

　本書は土地区画整理事業の換地制度に関連する部分を取り上げるが、換地設計に至るまでには都市計画や事業計画が定められる。換地設計はこれらの計画を上位計画として前提しなければならない（図2－4を参照せよ）。これらの上位計画にはそれぞれに地権者の意思を反映させる機会があるが、その実質的な効果は限られている。また個々の宅地の配置はそれぞれの地権者の利害に密接にかかわり、それゆえ地権者が重大な関心を持つが、宅地の配置はこれらの上位計画では定められないか、その大ざっぱな枠組みが定められるにとどまる。換地設計は上位計画に適合しなければならないことを考慮すると、上位計画に地権者の意思をよりよく反映させる制度の構築が将来の重要な課題となろう。

　一方、地区計画が街区について詳細な土地利用計画を定めるとき、地区計画は換地設計に直接に影響する可能性がある。しかしながらほとんどの地区

第 2 章　土地区画整理事業の概要

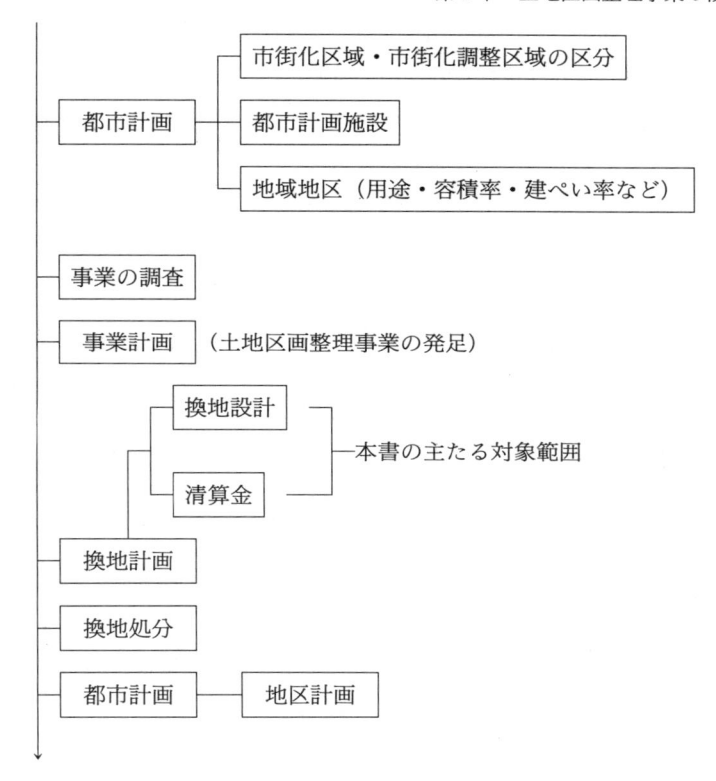

```
都市計画 ─┬─ 市街化区域・市街化調整区域の区分
         ├─ 都市計画施設
         └─ 地域地区（用途・容積率・建ぺい率など）

事業の調査

事業計画　（土地区画整理事業の発足）

┌─ 換地設計 ┐
│           ├── 本書の主たる対象範囲
└─ 清算金　 ┘

換地計画

換地処分

都市計画 ── 地区計画
```

図 2 − 4：都市計画と土地区画整理事業のフローチャート

計画は土地区画整理事業の施行後に、土地区画整理事業の換地処分を前提として決定される。このとき土地区画整理事業の換地設計は逆に地区計画の内容の策定手続きの一部を実質的に代行する。

2.3　換地設計

（1）　換地設計の意味

建設省で換地設計基準（案）の作成を担当した長瀬龍彦は、換地設計を「換地図を作成すること、換地計画のうち清算金明細を除いた図書ないしそれらの作業全般を意味する用語」（長瀬龍彦 1983：8）であるとする。**2.1** で

29

述べたように換地には①従前地に代わる換地、②創設換地、の2つがあるが、狭義の換地設計はこれらの換地の位置、地積、形状その他の特性の決定、すなわち換地の特定である。換地に充てられる土地の総面積は事業計画において定まるが（土地区画整理法施行規則6条2項3号）、換地に充てられる土地を個々の地権者に配分することが換地設計である。なお、広義の換地設計には換地以外の宅地（①保留地、②参加組合員の取得する土地、③共有化された宅地、④立体換地の建築物敷地）の設計が含まれる。これはこれらの宅地の配置と換地の配置が不可分であるからである。

（2）換地設計のフローチャート

換地設計に関連する作業の大まかな流れは下記の通りである（図2－5にそのフローチャートを示す）。

〈1〉 個々の従前地の地積を事前に定められた地積決定の方法に基づいて定める。

〈2〉 個々の従前地の評価額を事前に定められた土地評価の方式に基づいて定める。

〈3〉 個々の従前地に対応する換地の権利地積又は権利価額を事前に定められた換地設計式に従って算出する。

〈4〉 各街区に換地設計式から算出された換地を配置する（換地割付）。

〈5〉 換地割付に基づいて、仮換地を指定する。

〈6〉 地権者に与える換地を（仮換地について）確定測量する。実際はほとんどの仮換地がそのまま換地となるので、仮換地について確定測量が行われる。

〈7〉 確定測量に基づいて権利地積や権利価額との不均衡を算出し、清算金を算定する。

〈8〉 換地設計と算出された清算金をまとめて換地計画とする。

〈9〉 換地処分を行い、法的効果を発動する。

〈10〉 換地計画に基づき清算を行う。

（3）換地設計に影響する重要項目

換地設計において重要であるのは、①従前地の基準地積の決定、②従前

第2章　土地区画整理事業の概要

```
　　　　地積決定方法の決定
　　　　　　　│
　　　　　　　│　　土地評価方式の決定
　　　　　　　│　　　　│
　　　　　　　│　　　　│　　換地設計式の決定
　　　　　　　│　　　　│　　　　│
　　　　　　　↓　　　　↓　　　　↓
┌─────┐　┌─────┐　┌─────┐　┌───┐　┌───┐　┌───┐　┌───┐　┌───┐　┌───┐　┌───┐
│従前地の │→│従前地評 │→│権利価額 │→│換 │→│仮 │→│確 │→│清 │→│換 │→│換 │→│清 │
│基準地積 │　│価額の算 │　│又は権利 │　│地 │　│換 │　│定 │　│算 │　│地 │　│地 │　│　│
│の決定　 │　│定　　　 │　│地積の算 │　│割 │　│地 │　│測 │　│金 │　│計 │　│処 │　│算 │
│　　　　 │　│　　　　 │　│出　　　 │　│付 │　│指 │　│量 │　│算 │　│画 │　│分 │　│　│
│　　　　 │　│　　　　 │　│　　　　 │　│　 │　│定 │　│　 │　│定 │　│　 │　│　 │　│　│
└─────┘　└─────┘　└─────┘　└───┘　└───┘　└───┘　└───┘　└───┘　└───┘　└───┘
```

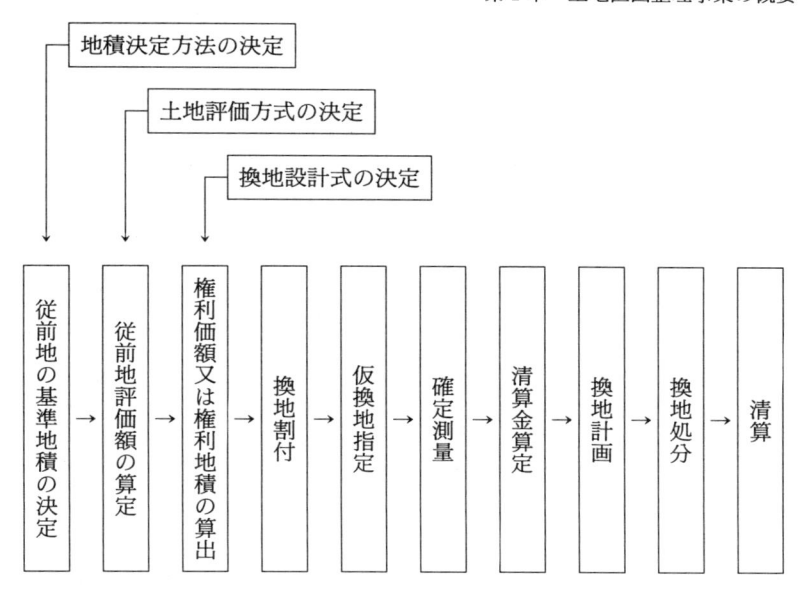

図2－5：換地設計に関連する作業のフローチャート

地評価額の算定、③換地の権利地積又は権利価額の決定、④換地割付、の4つである。このうち①と②は換地設計の入力側の問題であり、③と④は換地設計の出力側の問題である。①から③までのそれぞれに対応するメタ選択が図2－5の上部に掲げた〈1〉地積決定方法の決定、〈2〉土地評価方式の決定、〈3〉換地設計式の決定、である。一方、換地割付には多様な要因がかかわるので一義的なメタ選択が存在しない。本書で取り上げるのは出力側の部分であるが、以下にこれらの4項目に含まれる問題を要約する。

〈1〉　地積決定方法の決定

　従前地の基準地積の決定が問題であるのは土地区画整理事業において従前地の地積を決定する方法が明確に定まっていないからである。これには次の2つの要因が関係している：①登記簿地積と実際の地積はしばしば異なっていること、②（実測すれば登記簿地積と実際の地積の差異の問題は解決されるが）すべての宅地を実測することは時間と費用の制約から困難であること。

31

基準地積の決定方法は換地の地積に大きな影響を与えるが、土地区画整理法の体系は地積の決定方法を規準などに定めることを求めるものの（土地区画整理法施行令1条2号）、その実質的な基準を定めない。そこで地積の決定方法は法律上の大きな争点となってきた。現在の判例・通説は実測地積によるべきであるとするが、実測の費用と労力を考慮すると地権者に実測地積の採用を申し出る機会が与えられていれば登記簿地積を基準地積としても違法ではないとする（たとえば最判昭和32年12月25日民集11巻14号2423、最判昭和40年3月2日民集19巻2号177、最判昭和55年7月10日民集34巻4号596）。学説に矢野進一（矢野進一1989：54-55）、松浦基之（松浦基之1992：237）など）。地権者の権利の保護に欠けるところがないからである。ほとんどの土地区画整理事業ではこの前提に沿って登記簿主義を原則とするが、申告に基づいて実測によることを許している。

〈2〉　土地評価方式の決定

1)　土地の評価方法は多様であるが、その選択によって換地の権利価額には差異が生じる。地積の決定方法の場合と同様に土地区画整理法の体系は土地の評価方法を規準などに定めることを求め（土地区画整理法施行令1条1号）、また公的施行者の施行する土地区画整理事業については土地や建築物の評価の経験者である評価員を置くことを求めるが（同法65条・71条・71条の5）、実質的な基準を定めない。

2)　土地区画整理事業で利用される土地の評価方式には次の3つがある：① 路線価方式（道路に面する標準的な画地の単位価格をその道路の路線価とし、その道路に面したり、近接する土地の価格を標準的な画地からの逸脱の程度によって求める方法（都市整備研究会1977：71）、② 達観式（取引事例比較法と評点法によって専門家が土地評価を行う方法（同上：72））、③ 倍率方式（固定資産税評価額に特定の倍率を乗じて評価額とする方法（同上：73））。現在では路線価方式が広く使われているが、その場合でも路線価を設定する道路の決定、道路ごとの路線価の設定、宅地の個別の特性の評価、たとえば近隣の利便施設の評価、奥行逓減や角地の評価について多くの裁量の余地がある。

3)　土地評価方式については標準化されたマニュアル（「区画整理土地評価

第 2 章　土地区画整理事業の概要

基準（案）」（建設省都市局区画整理課監修 1978）が提供されており、多くの土地区画整理事業ではこのマニュアルに則って、あるいはそれに多少の修正を加えた独自の土地評価基準によって土地の評価を行っている。なお住宅・都市整備公団は土地区画整理事業の特性に応じて事業ごとに異なった土地評価方式を採用することが多かった（「区画整理技術40年のあゆみ」編集委員会1997：102-105）。

　4）　現実に利用されている土地評価基準は土地区画整理事業を施行するための経験知の集成であるが、これは常に理論上の根拠に基づくわけではない。たとえば3）に掲げた「区画整理土地評価基準（案）」は長方形の敷地の価値は間口の長さが奥行の約3分の2であると敷地評価が高くなるとする。だが浅見泰司はこの主張を批判し、「このような『法則』は単に土地区画整理事業の長い歴史の中で培われてきた知見であり、その理論的基礎付けは未だになされていない。」（浅見泰司 1993：67）と述べて、より適切な敷地形状評価関数を探求する必要を指摘する（同上：78）。

〈3〉　換地設計式の決定

　換地設計式（換地の権利地積又は権利価額の算定方法）は換地の配分に決定的な影響を与えるが、換地設計式の決定には裁量の余地がある。この点は **2.7.8** で取り上げる。

〈4〉　換地割付

　換地設計式によって算定された権利地積又は権利価額を満たす換地は無限にある。それを特定するのが換地割付であるが、換地割付にも多くの裁量の余地がある。この点は **2.9** で取り上げる。

2.4　換地交付の根拠

　換地制度の最初の問題は換地を交付することの根拠である。土地区画整理法にもその特別法にも、従前地の所有者に従前地に対する換地を与えることをうたった規定はない。しかしながら従前地に関する権利は財産権として保護されなければならず、また換地処分に当たって換地を与えない場合が土地区画整理法 90 条（所有者の同意により換地を定めない場合）、91 条（宅地地積の

適正化）3項及び4項、92条（借地地積の適正化）3項（借地権）、93条（宅地の立体化）1項、2項、4項及び5項（5項は借地権）、95条（特別の宅地に関する措置）6項で限定的に列挙されているので、これらの限定された場合以外の場合には従前地に対する換地を与えなければならないことになる。したがって「宅地について換地処分を行う」と定める土地区画整理法86条（換地計画の決定及び認可）1項が換地を与えることの根拠となる。

2.5 換地設計の前提

換地設計の法律上の前提は法制度上の要求に則ることであり、換地設計の事実上の前提は地権者の反対を最小化することである。換地設計が法制度に従うのは当然であるが、地権者との良好な関係の維持は土地区画整理事業においてきわめて重要な要素となってきた。以下に法律上の前提と事実上の前提について議論する。

2.6 換地制度と換地設計

換地制度と呼ばれているのは換地設計に関する法律上の、また法律に基づく行政上の規範である。一方、法律上で、また行政上で制度化された部分以外の規範には、建設省やその外郭団体の非公式の推奨によって標準化された部分がある。これをここで準制度化部分と呼ぶ。さらには土地区画整理事業ごとに定められる事業固有の換地設計規範がある。図2－6に換地設計に関する規範を制度化部分、準制度化部分、事業固有部分に区分して示す。次節以下でこれらの区分について説明する。

2.7 換地制度の法的構造

制度化部分は換地制度として法的に、又は行政的に定められた換地設計の規範である。換地制度は換地設計の与件となる。換地制度は上位の法目的を達成するための手段であり、逆に上位の法目的は換地制度が達成すべき目的を指示する。法令上の換地制度は土地区画整理法の体系や特別法の体系に定められ、事業計画を通じて、あるいは直接に、換地設計を制約する。一方、

第 2 章　土地区画整理事業の概要

```
                    ┌─────────────────┐  ↑上位
                    │      法制度      │
                    │  ─制度化部分─   │
                    │     行政制度     │
                    └─┬─────────────┬─┘
                      │  準制度化部分  │
                      │ ─事業固有部分─│
                      ├─────────────┤
                      │    固定部分    │
                      ├─────────────┤
                      │  スポット部分  │
                      └─────────────┘  ↓下位
```

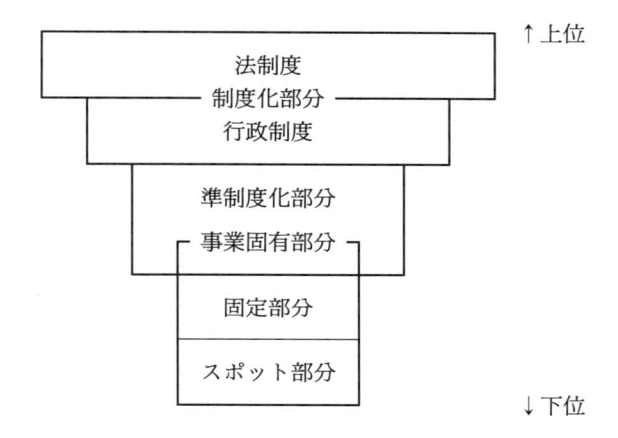

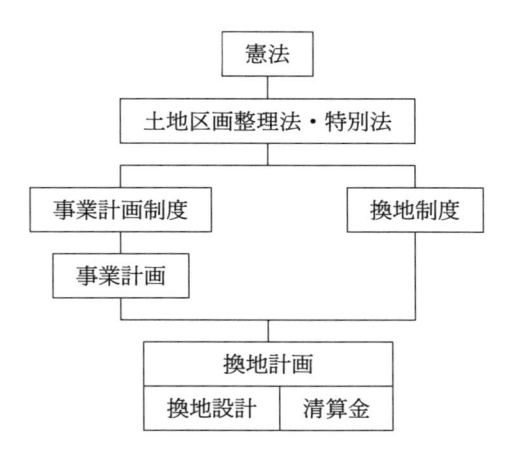

```
              ┌──────┐
              │ 憲法 │
              └───┬──┘
         ┌────────┴────────┐
         │土地区画整理法・特別法│
         └┬───────────────┬┘
     ┌────┴─────┐    ┌───┴────┐
     │事業計画制度│    │ 換地制度 │
     └────┬─────┘    └───┬────┘
     ┌────┴───┐          │
     │ 事業計画 │          │
     └────────┘          │
                ┌────────┴────────┐
                │     換地計画     │
                ├────────┬────────┤
                │ 換地設計│ 清算金 │
                └────────┴────────┘
```

図2－7：換地制度の法的位置づけ

　行政上の換地制度は法制度の解釈を示したり、法制度を補完するために通達や行政実例として定められている。
　換地制度は階層構造をなしているが、これを単純化して図示すると図2－7の通りである。次項以下でそれぞれの階層について説明する。

35

2.7.1　憲法と換地設計

　土地区画整理事業の換地設計にかかわる憲法の規定は14条（法の下の平等）1項と29条（財産権の不可侵）である。憲法14条1項は「すべて国民は、法の下に平等であって、人種、信条、性別、社会的身分又は門地により、政治的、経済的又は社会的関係において、差別されない。」と定めて、地権者の公平な取扱いを要求する。憲法29条1項は「財産権は、これを侵してはならない。」と定めて地権者の財産権の保護を要求する。同条2項はさらに「財産権の内容は、公共の福祉に適合するやうに、法律でこれを定める。」として法律に財産権の内容を委ねるので、土地区画整理法やその特別法で財産権の内容を定めることができる。いずれにしても公平と財産権の保護の2つの要求は換地制度を通じて、また土地区画整理事業の施行過程を通じてもっとも上位に位置する法的理念である。そこで換地設計の目的や基準が不明確になったときには、これらの理念を参照しなければならない。

2.7.2　法律上の換地設計基準

　法律上の換地設計基準には次の2つがある：① 土地区画整理法の換地設計基準、② 特別法の換地設計基準。この順に説明する。
　（1）　土地区画整理法の換地設計基準
　〈1〉　土地区画整理法では換地設計の基本的な基準が第3章第2節（換地計画）に定められている。この節に定められた換地設計の基準の中でもっとも広範に適用される基準は従前地と換地の照応を求める照応原則（89条（換地））である。他の換地設計の基準は照応原則の例外である。89条1項は所有権の対象である従前地と換地について、同条2項はその他の権利又は処分の制限の目的である宅地とその部分について照応原則を定める。
　〈2〉　土地区画整理法98条（仮換地の指定）2項は仮換地の指定に当たっても「換地計画において定められた事項又はこの法律に定める換地計画の決定の基準を考慮してしなければならない。」と定めているので、仮換地にも換地設計基準が適用される。仮換地に適用された換地設計基準についても多くの判例と議論が積み重ねられている。なお2.1と2.2で述べたようにたい

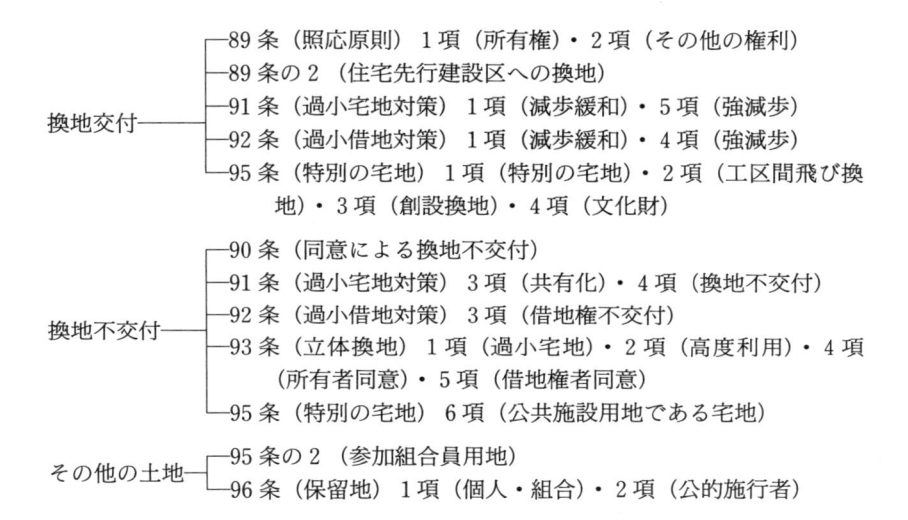

```
                 ┌─89条（照応原則）1項（所有権）・2項（その他の権利）
                 ├─89条の2（住宅先行建設区への換地）
換地交付 ─────────┼─91条（過小宅地対策）1項（減歩緩和）・5項（強減歩）
                 ├─92条（過小借地対策）1項（減歩緩和）・4項（強減歩）
                 └─95条（特別の宅地）1項（特別の宅地）・2項（工区間飛び換
                     地）・3項（創設換地）・4項（文化財）

                 ┌─90条（同意による換地不交付）
                 ├─91条（過小宅地対策）3項（共有化）・4項（換地不交付）
換地不交付 ───────┼─92条（過小借地対策）3項（借地権不交付）
                 ├─93条（立体換地）1項（過小宅地）・2項（高度利用）・4項
                 │   （所有者同意）・5項（借地権者同意）
                 └─95条（特別の宅地）6項（公共施設用地である宅地）

その他の土地 ─────┬─95条の2（参加組合員用地）
                 └─96条（保留地）1項（個人・組合）・2項（公的施行者）
```

図2−8：換地処分にかかわる根拠条文

ていの仮換地はそのまま換地となる。

〈3〉 従前地に対して換地が与えられる場合（換地交付）と換地が与えられない場合（換地不交付）の土地区画整理法上の根拠条文は**図2−8**の通りである。参考のため、その他の土地に関する根拠条文を一緒に掲げる。

（2） 特別法の換地設計基準

土地区画整理事業には6つの特別法がある。特別法の成立の年代順に、それぞれの特別法が定める特例を説明する。

〈1〉 特定土地区画整理事業

特定土地区画整理事業は大都市地域における住宅及び住宅地の供給の促進に関する特別措置法（大都市法）（1975年法律67号）に基づいて行われる土地区画整理事業である。この法律は大都市地域において住宅及び住宅地の供給を促進するための制度を集約しているが、特定土地区画整理事業における特例の概要は下記の通りである。

　① 事業計画で共同住宅区と集合農地区を設定することができること。

② 地権者の申出によりこれらの区域への換地が行われること。
③ 土地区画整理法95条3項の制限を超えて義務教育施設用地とその代替地を創設換地として生み出すことができること。
④ 地権者全員の同意に基づき公営住宅等の用地を保留地として生み出すことができること。

〈2〉 一体型土地区画整理事業
　一体型土地区画整理事業は大都市地域における宅地開発及び鉄道整備の一体的推進に関する特別措置法（1989年法律61号）（宅鉄法）に基づいて行われる土地区画整理事業である。この法律は大都市地域において宅地開発と鉄道整備を一体的に推進するための特別法であるが、現在のところ、適用例は常磐新線沿線に限られている。一体型土地区画整理事業における特例の概要は下記の通りである。
① 事業計画で鉄道施設区を設定することができること。
② 特定鉄道事業者などの特定の地権者の申出により鉄道施設区への換地が行われること。
③ 鉄道施設区内の換地以外の土地は保留地とされること。

〈3〉 拠点業務市街地整備土地区画整理事業
　拠点業務市街地整備土地区画整理事業は地方拠点都市地域の整備及び産業業務施設の再配置の促進に関する法律（1992年法律76号）（拠点都市法）に基づいて行われる土地区画整理事業である。この法律は地方拠点都市区域の一体的整備と産業業務施設の再配置を促進するための特別法であるが、拠点業務市街地整備土地区画整理事業における特例の概要は下記の通りである。
① 換地計画で下水道用地を創設換地として生み出すことができること。
② すべての地権者の同意を得た上で公益的施設用地である保留地を生み出すことができること。

〈4〉 被災市街地復興土地区画整理事業
　被災市街地復興土地区画整理事業は被災市街地復興特別措置法（1995年法律14号）に基づいて行われる土地区画整理事業である。この法律は災害を受けた市街地の復興を図るための措置を定めたものであり、阪神大震災の被害

を受けた地域について適用例がある。被災市街地復興土地区画整理事業における特例の概要は下記の通りである。

① 事業計画で復興共同住宅区を設けることができること。

② 地権者の申出により復興共同住宅区への換地が行われること。

③ すべての地権者の同意を得た上で公営住宅、防災施設等の用地を保留地として確保することができること。

〈5〉 中心市街地活性化関係事業

中心市街地における市街地の整備改善及び商業等の活性化の一体的推進に関する法律（1998年法律92号）（中心市街地活性化法）に基づく市町村の基本計画に定められた土地区画整理事業では、すべての地権者の同意を得た上で、交通施設、情報処理施設等の用地を保留地として確保することができること。

〈6〉 交通バリアフリー関係事業

高齢者、身体障害者等の公共交通機関を利用した移動の円滑化の促進に関する法律（2000年法律68号）（交通バリアフリー法）に基づく市町村の基本構想において定められた土地区画整理事業では、すべての地権者の同意を得た上で、特定旅客施設、一般交通用施設又は公共用施設の用地を保留地として確保することができること。

2.7.3　行政上の換地制度

行政上の換地制度は通達と行政実例からなる。順に説明する。

（1）　通　達

通達は土地区画整理事業の所管官庁である建設省が発した公式の文書である。法律の施行や改正などの機会に出されることが多い。通達の相手方は建設省の権限が及ぶ行政機関であることが多く、その内容は一般的である。通達の発行者は通達のレベルによって事務次官、局長、課長の順に区分されている。換地設計について実質的な内容を含む通達には、①内務次官通達、②ごぼう抜き買収通達、③段階土地区画整理事業通達、の3つがある。この順に説明する。

〈1〉 内務次官通達

もっとも高い政策形式を備え、もっとも包括的であり、そしてもっとも古めかしい通達が1933年の内務次官通達（「土地区画整理設計標準」（昭和8年7月30日発都第15号内務次官通達））である。この通達は土地区画整理事業に耕地整理法が準用されていた時代に出されているが、その後の法制度の変遷を超えて生き続けてきた。

　内務次官通達は減歩率や換地設計について詳細な基準を提示する。たとえば① 設計の原則（減歩率の目途（25％）、画地の等級区分など）（第二　設計　一　総説）、② 街区と画地の標準（第二　設計　二　街廓及画地）、③ 換地の設計標準（原位置の尊重など）（第二　設計　四　換地　イ　計画）、④ 土地の評価手法（地目と等位による平均単価の評定、事業後の路線価評定など）（第二　設計　四　換地　ロ　土地ノ評価）、⑤ 換地設計式（第二　設計　四　換地　ハ　換地配当）、などが定められている。しかしながらこの通達の指示がいつも実際の状況に適合するわけではないので、この通達の規範性にはどれだけかのあいまいさがある。実際、多くの施行者はこの通達に歴史的な遺物に払う以上の敬意を払ってこなかった。

〈2〉　ごぼう抜き買収通達

　ごぼう抜き買収通達と略称されているのは1959年の建設省計画局長通達（「都市改造土地区画整理事業による公共施設充当用地の取得に関する取扱いの要領について」1959年5月13日建設省計発149号建設省計画局長通達）である。この通達は施行地区内で公共施設の用地に充当すべき土地（公共施設充当用地）を事前に取得し、それを公共施設用地に換地することが認められていることを確認する。先行取得された公共施設充当用地は飛び換地を受けて公共施設用地となるが、このためにこの先行取得の方法はごぼう抜き買収と呼ばれている。

　この通達に記載されたごぼう抜き買収の要件と留意事項は次の通りである：① 大規模な道路などの公共施設の新設又は変更を主目的とする都市改造土地区画整理事業であること、② 減価補償金地区事業であること、③ 取得する土地の単価は施行地区内の宅地の平均単価以下であることが望ましいこと、④ 取得する土地は更地又はその土地の上の物件が除却容易なものであること、⑤ 取得については、あらかじめ、建設省の承認を得ること、⑥

取得した土地は公共施設の用に供する土地として登記すること。
　〈3〉　段階土地区画整理事業通達
　段階土地区画整理事業通達は施行地区内を段階的に整備して、後の段階で整備する区域に農地を飛び換地することを根拠づけた通達である。1982年の都市局長通達（「先行的都市基盤施設整備のための土地区画整理事業の推進について」1982年8月13日建設省都区発第50号建設省都市局長通達）と区画整理課長通達（「段階土地区画整理事業の施行について」1982年8月13日建設省都区発第53号区画整理課長通達）の2つからなるが、詳細は第5章で説明する。
　（2）　行政実例
　行政実例は建設省が個別の問い合わせに対して文書で、あるいは口頭で示した有権解釈や指示である。かつては多くの行政実例が文書で出されていたが、その中には地方公共団体あてのものばかりでなく地権者を相手とするものもあった。しかしながら近年においては文書による行政実例の発行はまれである。行政実例は個別のケースについての見解の提示ではあるが、その内容は一般性を持つことが多く、実際、建設省もそれを意図して行政実例を発することが多かった。だが換地設計の実質的な基準を提示する行政実例は意外に少ない。土地区画整理法91条（宅地地積の適正化）について、次に掲げる2つの例がある。
　〈1〉　強減歩（きょうげんぶ）の対象である宅地は、1宅地として大なる地積の土地であり、施行地区内の土地の集計面積の大きさによって定めるべきものではない（昭和22年11月27日戦復土発601号福岡県土木部長あて戦災復興院土地局整理課長回答）。この回答は特別都市計画法時代のものであるが、過小宅地対策の規定にはほとんど変化がないので現在でも有効な回答であるとされている。（強減歩については **6.5** で説明する）。
　〈2〉　強減歩の対象である宅地が1宅地であるかどうかは実態によって判断すべきであり、宅地の筆数、町界、小水路の存在だけで区別すべきではない（昭和43年3月27日建設省高都区発353号高知市長あて建設省都市局区画整理課長回答）。

2.7.4　準制度化部分（標準化部分）

準制度化部分は準公式的に標準化された換地設計規範である。土地区画整理事業は実体的にも、手続き的にも複雑な事業であるので、その内容や作業手続きを標準化することには大きな効用がある。このために1968年には建設省都市局区画整理課が委員会を設けて「土地区画整理事業定型化案」を作成したが、1978年にはその成果に基づいて日本土地区画整理協会から「土地区画整理事業定型化」が出版された。その後、日本土地区画整理協会に「土地区画整理事業定型化改訂検討委員会」が設けられ（日本土地区画整理協会1984：2）、1984年に同協会からその改訂版（同上）が出版されている。標準化された換地設計規範の採用が義務づけられているわけではないが、実際は多くの事業でそれが採用されてきた。なお、標準化された換地設計基準は換地設計式については言及しない。

2.7.5　事業固有部分

事業固有部分は個々の土地区画整理事業が独自に採用する換地設計規範である。事業固有部分は固定部分（事業の規約や事業計画や換地設計基準のように、複数の換地に包括的に適用される部分）とスポット的に決定される部分（個々の換地の配置のように、個別に利用される部分）に区分される。固定部分のうち事業計画については土地区画整理法や特別法の体系が基準を定めているので、施行者はそれに基づいて事業計画を定めなければならない。固定部分には換地設計式が含まれるのが通常であり、このほか小規模宅地対策や運用上の申出換地のための基準などが含まれることがある。スポット的な部分には宅地や街区などの個別の事情に応じて状況的に工夫され、利用されるルールが含まれる。

事業ごとの換地設計基準については法律上の言及がなく、その決定は換地制度に抵触しない範囲で施行者の裁量に任されてきた。そこで区画整理の専門家は個々の事業に適合するように独自の規範を開発し、また導入してきた。しかしながら現在では標準化された換地設計基準に従って個別の換地設計基準が定められることが多い。このために準制度化部分と事業固有部分には多

くの重複がある。
　次項からの3項にわたって事業計画、事業固有の換地設計基準、換地設計式の順に説明する。

2.7.6　事業計画

　土地区画整理事業では事業計画が定められるが、土地区画整理法86条（換地計画の決定及び認可）3項3号は個人、組合、市町村、市町村長又は地方公社の施行する土地区画整理事業について「換地計画の内容が事業計画の内容とてい触していること」を換地計画の不認可の対象とする。都道府県、都道府県知事及び建設大臣の施行する土地区画整理事業については言及がないが、個人施行の事業などと同様にその換地計画は事業計画に適合することが要求されている。法律上の言及がないのはそれがこれらの公的施行者にとって当然であるからである。したがってすべての土地区画整理事業において換地設計は事業計画に適合しなければならない。

　事業計画は次の3点について換地設計を制約する：①公共施設などの設定、②特別の宅地と区域の設定、③照応原則の内容。この順に説明する。

　（1）　公共施設などの設定

　事業計画では設計の概要を定めなければならない（土地区画整理法6条1項）。設計の概要は設計説明書と設計図からなるが（土地区画整理法施行規則6条1項）、設計図は事業施行後の公共施設などの位置と形状を示す（土地区画整理法施行規則6条3項）。これには次の2つの効果がある。第一にそれによって街区が定められる。換地は街区の中に配置されるから、事業計画による街区の設定は換地の配置を制約する。第二に公共施設などの配置が従前地と換地の照応（たとえば利用状況の照応や環境の照応）に影響することがある。水田としての宅地の利用を例に取ると、水田利用を継続するための水利施設を施行地区内に置くかどうかは事業計画において定められる。そして事業計画において定められていない水利施設を換地計画において創設することはできない（土地区画整理法86条3項3号）。したがって事業計画に水利施設が定められておらず、その事業計画にしたがって換地計画が決定された場合に、水

田である従前地に対して与えられた水田利用のできない換地の照応の問題は事業計画自体の適法性あるいは妥当性の問題に帰着する。

（2）特別の宅地と区域の設定

事業計画には次のような特別の宅地や区域が定められる：〈1〉特定の目的（①鉄道、②軌道、③官公署、④学校、⑤墓地）に供される宅地（土地区画整理法施行規則6条3項）、〈2〉申出換地区域（住宅先行建設区（土地区画整理法6条2項）、共同住宅区や集合農地区（大都市地域における住宅及び住宅地の供給の促進に関する特別措置法（大都市法）13条1項・17条1項）など）。これらの宅地や区域は換地設計の前提となり、換地の配置を制約する。

（3）照応原則の内容

事業計画の設計説明書には「当該土地区画整理事業の目的」を記載しなければならない（土地区画整理法施行規則6条2項）。事業目的は当該事業の内容を特定し、その事業で適用されるべき照応原則の内容を制約する。それゆえ事業目的は土地区画整理事業による宅地に関する条件の変化が照応の範囲に含まれるかどうかを決定する。たとえば駅前広場の整備を主目的とする土地区画整理事業では駅前広場となるべき区域内の宅地がその外側へ移動し、それに伴って他の宅地も移動するが、これはこの事業の事業目的から当然に生まれる変化である。それゆえ宅地に関する変化が事業計画に定められた事業目的に適合するかどうかは、当該変化の都市計画的観点からの妥当性を判断する基準となる。

2.7.7　事業固有の換地設計基準

土地区画整理事業ごとに定められる換地設計基準の位置づけはさまざまである。組合施行の土地区画整理事業の場合には総会の議決事項とされることがあったり、理事会の承認事項とされるにとどまることがあったりする。公的施行者の土地区画整理事業の場合には土地区画整理審議会の議を経て定められることがあったり、事務的な基準として土地区画整理審議会に報告されるにとどまることがあったりする。いずれにしても事業ごとに定められる換地設計基準は施行者を拘束する。

第 2 章　土地区画整理事業の概要

事業固有の換地設計基準のもっとも重要な変異は換地設計式の選択である。また運用上の申出換地は事業固有の換地設計基準として定められることが多い。次項において換地設計式を説明し、第 5 章において運用上の申出換地について説明する。

2.7.8　換地設計式
（1）　換地設計式の目的

換地設計式は従前地に対応する換地の地積（権利地積）又は評価額（権利価額）を算出するモデルである。換地設計式の目的は事業損益を施行地区内の宅地に公平に配分することである。このために換地設計式は換地を与えられる宅地に普遍的に適用される。換地設計式は数量的なモデルであるので、従前地について確定されたデータを投入すれば一義的な数量的結果を算出する。

（2）　換地設計式の選択と法制度

法制度上は換地設計式の選択について定めた規定がない。2.7.3 に掲げた内務次官通達（「土地区画整理設計標準」）は換地配当の算式を掲げており（第二・四・ハ）、この算式は実質的には後述の比例評価式換地設計式と同等である（簗瀬範彦 1996：104-105）。だがこの算式に従わない施行者は少なくなかったし、それに対して建設省もおうような態度を取ってきた。広島高裁の判決（広島高判平成 6 年 9 月 28 日判タ 879 号：125；判例地方自治 129：72）も換地設計式には「一長一短があって、結局、いずれの方式を採用するかは、施行者の施行者の合理的裁量に委ねられているというべきである。」として、施行者による換地設計式の選択を是認する。

（3）　代表的な換地設計式

代表的な換地設計式には、①地積式換地設計式、②比例評価式換地設計式、③折衷式換地設計式、の 3 つがあるが（たとえば都市整備研究会編 1991：86）、④再評価式換地設計式、も採用例が多い。この順に説明する（表 2 − 1 を参照せよ）。

〈1〉　地積式換地設計式

地積式換地設計式は従前地の地積に地先加算地積（前面道路の幅員の半分

に従前地の間口長を乗じた地積）を加えた地積から公共減歩と保留地減歩を減じたものを換地の権利地積とする方法である。地積式換地設計式は土地の金銭的評価を行わず、従前地の面する道路の幅員を土地評価の指標として利用する。この方式は簡便であり、また直観的な理解が容易であるが、土地の単価の差や土地区画整理事業による土地の単価の変化には無とんちゃくである。

〈2〉 比例評価式換地設計式

比例評価式換地設計式は従前地の評価額に比例率（土地区画整理事業施行後の宅地の価額の総額と土地区画整理事業施行前の宅地の価額の総額の比）を掛け合わせて換地の権利価額とする方法である。比例評価式換地設計式は宅地評価を基準とするので、一義的に従前地と換地の間の財産的価値の照応を保証する。だが増進率（単位面積当たりの単価の上昇率）が高い宅地（従前地の単価に対する換地の単価の上昇率が高い宅地）には高い減歩率が適用されるので、地権者の抵抗を招きやすい。また宅地の評価によっては増し換地（従前地より大きな換地）を受けるものがあるが（簗瀬範彦1996：103）、これは他の地権者の不公平感を引き起こしやすい。

〈3〉 折衷式換地設計式

折衷式換地設計式は地積式換地設計式と比例評価式換地設計式の折衷的な方式である。折衷式換地設計式は次の2つの段階からなっている：① 従前地の地積に地先加算地積を加えた地積から公共減歩を減じた地積の土地を暫定換地とする、② 暫定換地の増価額（暫定換地の価額と従前地の価額の差）に比例して保留地減歩を負担させ、暫定換地から保留地減歩を減じた地積を最終的な換地とする（都市整備研究会1977：148-149；道本修1995：24-25）。この複雑な換地設計方式は地積式換地設計式と比例評価式換地設計式のそれぞれの問題点を緩和するが、個々の宅地に与える効果は施行地区の状況によって異なる。

〈4〉 再評価式換地設計式

再評価式換地設計式は折衷式換地設計式の変種である。この設計式は折衷式換地設計式の方式に従って権利価額を算出するが、暫定換地地積の代わりに従前地の地積を用いる（簗瀬範彦1996：109）。事業施行後の道路の路線

第2章 土地区画整理事業の概要

価によって事業施行前の宅地の評価を行うこと（同上：97）が再評価式の名前の由来である（同上：109）。それによって再評価式換地設計式は折衷式換地設計式の計算の複雑さを簡略化することができる（同上）。

表2－1：4つの換地設計式

① 地積式換地設計式（簗瀬範彦 1996：99）
　　$E_i = (A_i + W_i) * (1 - dc) * (1 - b_i)$
② 比例評価式換地設計式（簗瀬範彦 1996：96）
　　$E_i e_i = \Sigma E_i e_i / \Sigma A_i a_i * A_i a_i$
③ 折衷式換地設計式（都市整備研究会 1977：149；簗瀬範彦 1996：100-101）
　　$E_i e_i = A_i a_i + Z(E'_i e'_i - A_i a_i)$
　　$Z = \Sigma(E_i e_i - A_i a_i) / \Sigma(E'_i e'_i - A_i a_i)$
④ 再評価式換地設計式（簗瀬範彦 1996：97-98を一部修正）
　　$E_i e_i = A_i a_i + S(e'_i - a_i)A_i$
　　$S = \Sigma(E_i e_i - A_i a_i) / \Sigma(A_i e'_i - \Sigma A_i a_i)$

　　E_i　：i画地の土地区画整理事業後の面積（換地の面積）
　　e_i　：i画地の土地区画整理事業後の単価
　　A_i　：i画地の土地区画整理事業前の面積（従前地の面積）
　　a_i　：i画地の土地区画整理事業前の単価
　　W_i　：地先加算地積（土地の間口長に前面道路の幅員の半分を掛け合わせた面積）
　　dc　：共通減歩率（前面道路以外の公共施設用地の拡張分と保留地分に対応する減歩率）
　　b_i　：地先減歩率（拡張後の前面道路の幅員の半分に対応する減歩率）
　　E'_i　：暫定換地の地積
　　e'_i　：暫定換地の単価（折衷式）又は再評価時点の宅地単価（再評価式）
　　Z　：折衷式換地設計式の増加配当率（土地区画整理事業後の宅地の価額の増加額（総額）と暫定換地の価額の増加額（総額）の比率）
　　S　：再評価式換地設計式の増加配当率（土地区画整理事業後の宅地の価額の増加額（総額）と再評価時の見かけの宅地の価額の増加額（総額）の比率）

（4）　換地設計式の選択

47

土地区画整理事業の施行者による換地設計式の選択には、次の3つの要因がかかわっている：① 地域的伝統、② 地権者対策、③ 換地設計の容易さ。これらの要因はしばしば相互に関連する。そもそもいくつかの種類の換地設計式は特定の地域で発展し、これらの換地設計式は土地区画整理事業の実務家を通じて伝承されてきた。それによって換地設計式の選択には地域的な伝統が強く働いている（この点については山本哲の調査がある（山本哲1986：57））。そして近隣の土地区画整理事業で採用された換地設計の方法は地権者間の情報交換を通じて周辺地域に知られることが多く、このために地権者は近隣で採用された換地設計手法が自らの関係する事業においても採用されることを期待しがちである。さらに換地設計式が生み出す権利地積や権利価額の分布によって、またそれに対する地権者の対応によって換地割付は容易になったり、困難になったりする。換地設計式はより多くの地権者が換地設計を受け入れるように部分的に修正されることも多い（簗瀬範彦1996：103）。

（5）　公平の多義性

　事業損益の配分が公平であるべきことには異論がない。だがそれが意味するところは常に明解ではない。実際、換地設計式の変異は公平の多義性に由来する。すなわちある土地区画整理事業に適合する公平の概念は他の土地区画整理事業に適合するそれとは異なることがある。これはすべての土地区画整理事業に適用されるべき公平が存在しないことを意味するものではないが、事業ごとに公平の内容に差異が生まれる可能性があることを含意する。当然ながらこの問題は土地区画整理事業だけに限られる問題ではない。類似の例として土地改良事業と西ドイツの区画整理の2つを挙げる。

〈1〉　土地改良事業

　土地改良事業は農業基盤の整備のために行われるが、その事業の中には区画整理が含まれている。土地改良事業の区画整理における換地交付の基準について説明する。

　土地改良事業の各筆換地明細（従前地の各筆に対する換地を示す様式）は土地改良法施行規則43条の5（各筆換地明細等）に基づく別記様式第4号に定められている。この様式の備考3は換地交付基準額を、備考4は換地交付基準

第 2 章　土地区画整理事業の概要

地積を下記のように定め、換地交付基準額の算定において増価額等（増価額と非農用地の開発利益をいう。）を地積又は価額のいずれかに比例して配分することを許容する。この選択によって地権者に配分される損益は異なることがある。なお、土地改良事業においても清算金の算定には換地交付基準額が必要である。また土地改良法53条1項3号は従前地の地積と換地の地積の増減が2割未満であることを要求するので、従前地の地積と換地の地積の差異には土地区画整理事業の場合以上に重要性がある。

①　換地交付基準額：「当該換地計画に係る土地改良事業の施行に係る地域内にある換地の総額から当該地域内にある従前の土地の価額の総額を差し引いて得た額を各従前の土地の地積又は価額に応じてあん分し、従前の土地の価額に、そのあん分された額のうちその従前の土地に対応するものを加えて得た額」

②　換地交付基準地積：「従前の土地の地積に、当該換地計画に係る土地改良事業の施行に係る地域内にある換地の地積の総面積の当該地域内にある従前の土地の地積の総面積に対する割合を乗じて得た地積」

〈2〉　西ドイツ建設法典

　　西ドイツでは土地区画整理事業に関する規定が建設法典に定められていた。そこでは換地の算定の基礎として従前地の面積又は価格のいずれかを選択することが許されている（西ドイツ建設法典56条・57条：西ドイツ土地法制研究会編1989：73-74）。そして農村では地積式、都会では評価式の算定方法が採用されている（Müller-Jökel 1993：91-92）。

（6）　換地設計式の制度化と建設省の態度

特定の換地設計式が **2.7.3** に掲げた内務次官通達の「土地区画整理設計標準」以外の方法で制度化されない最大の理由は、前述のように多様な換地設計式がそれぞれの地域に深く根ざして利用されていることである。このために換地設計式を統一することは困難であると考えられてきた。もっとも、建設省は比例評価式換地設計式を推奨する。そもそも前記の内務次官通達が示す換地配当の算式は比例評価式換地設計式にほかならないが、それだけでなく建設省はさまざまな機会に比例評価式換地設計式の採用を推薦したり、そ

49

れを前提として議論を進める。

　たとえば1978年度から1981年度まで行われた建設省直轄調査（「換地設計基準作成のための調査」）の成果である「『換地設計基準』（案）」は比例評価式換地設計式を採用する（長瀬龍彦1983：10）。この『換地設計基準』（案）」は「換地設計について、〔中略〕その技術の標準化を図ること」（同上：6）を目的にするが、この中で比例評価式換地設計式を採用する理由を次のように述べる：「〔換地設計においては宅地の位置、地積、形状の〕要素を総合的に判断することが妥当であり、その判断材料として土地評価に基く価値判断が一つの目安となるものといえる。また、定められた換地は、清算金と一体となり換地計画につながることを考慮すると、換地設計は、この価値判断の支えがあって、はじめて合理的なものということができる。」（同上：10-11）。建設省の研修機関である建設大学校の区画整理科研修でも、換地設計方式の科目では比例評価式換地設計式だけが教えられている。関東大震災後の震災復興土地区画整理事業に採用されたこと（簗瀬範彦1996：104）、またおそらくはこれらの建設省の推奨を理由として、比例評価式換地設計式は次第に換地設計式の主流となってきた。

2.8　地権者との関係
（1）　地権者との良好な関係の維持

　土地区画整理事業の最大の課題は、しばしば地権者との良好な関係の維持である。小規模な私的事業として位置づけられている個人施行の土地区画整理事業では事業の施行過程の重要な機会にすべての地権者の同意が要求されているが、それ以外の土地区画整理事業には個人施行の場合より高い公共性が認められ、どれだけかの強制力が付与されている（表２-２）。だが土地区画整理事業は施行地区内のすべての土地にかかわる事業であり、また長期間にわたって施行される事業であるから地権者の反対に遭遇しやすい。そして多くの施行者や監督官庁は強制力を行使することに消極的である。そこで施行者と監督官庁は地権者の反対を減少させることに大きな努力を払ってきた。

（2）　地権者の位置づけ

第 2 章　土地区画整理事業の概要

表 2 － 2：土地区画整理事業の施行に関する地権者の同意要件

	人数要件	面積要件
個人施行者	全員同意	なし
組合	$c \geq 2a/3$　かつ　$d \geq 2b/3$	$r + s \geq 2(p+q)/3$
公的施行者	なし	なし

a：施行地区内の宅地の所有者の数
b：施行地区内の宅地の借地権者の数
c：事業の施行に同意した所有者の数
d：事業の施行に同意した借地権者の数

p：施行地区内の宅地の総地積
q：借地権の目的となっている宅地の総地積
r：事業の施行に同意した所有者の有する宅地の総地積
s：事業の施行に同意した借地権者の借地権の目的となっている宅地の総地積

　地権者の同意の獲得にはたくさんの労力が費やされているが、この点については専門誌への寄稿や事業誌や関係者の経験談に数多くの記録がある（単行本の例に多胡久（多胡久 1983：30-34）、「区画整理技術 40 年のあゆみ」編集委員会（「区画整理技術 40 年のあゆみ」編集委員会 1997：59-60）、清水浩（清水浩 1998）がある）。行政学者の北原鉄也が 1987 年 1 月に行った全国市長調査でも「あなたの市の都市計画のなかで、土地区画整理事業について問題点はどこにありましたか。」という、2 つまでの回答を許す設問に対し、圧倒的に多くの市長が地元住民や関係住民に対する対策を挙げている（67.2 ％。2 位は無回答の 15.4 ％、3 位の回答は非該当（事業なしなど）の 6.6 ％である）（北原鉄也 1987：214、220 注 39）。そして北原は土地区画整理事業における住民の位置について、「減歩、とくに営農継続や過小宅地問題に関連してその拒否権集団としての影響力は大きい」（同上：213）と述べる。

2.8.1　土地区画整理事業の施行と地権者の同意
（1）　地権者同意の意味

現代の法思想と法制度は主権者の意思を尊重する。土地区画整理事業の施行に対する地権者の同意の獲得と土地区画整理事業への地権者の意思の反映は、この流れに沿ったものである。それだけでなく土地区画整理事業の施行者と認可権者は事業への反対が社会問題化することを避けるために、事業の施行に同意する地権者数の極大化（以下「地権者同意の極大化」と略称することがある。）に高い優先度を与えてきた。だが地権者同意の極大化には次の2つの問題がある：①同意地権者以外の地権者に過大な負担を負わせる可能性があること、②公的負担を増加させる可能性があること。これらの問題について説明する。

〈1〉 地権者同意と公平

地権者に配分する資源の総量が一定であるとき、特定の地権者により多くの資源を配分すれば他の地権者にはより少ない資源を配分しなければならない。このとき地権者間ではゼロ・サム・ゲームが成立する。土地区画整理事業がゼロ・サム・ゲームであるとき、地権者同意を極大化するもっとも有力な戦略は少数の大規模宅地の地権者の犠牲において多数の小規模宅地の地権者に有利な換地の配分を行うことである。第6章で取り上げる小規模宅地対策はその典型であるが、この戦略は地権者間の公平を損う可能性がある。地権者間の公平は地権者の意思の尊重と並んで重要な現代的法理念である。それゆえこの点に無頓着に地権者同意の極大化が優先されるのは不適当である。

〈2〉 公的負担の増加

地権者間の公平の問題とは独立に（もっと簡単に言えば地権者間の公平を損わないで）地権者同意を極大化する有力な戦略は、地権者に配分する資源の総量を増やすことである。そしてそのもっとも有力な戦略は外部から土地区画整理事業に投入する資源を増加させることである。これは（他の条件が同じであれば）地権者がより有利な換地を与えられることを意味するから、事業の施行に同意する地権者を増加させることができる。外部から投入される資源はたいていは公的負担であり、その原資の多くは税金である。そこでこのとき最大の問題は施行地区内における資源の配分の方法ではなく、施行地区内の地権者と施行地区外の人々の間の公平の問題である。すなわち特定の、あ

るいはすべての土地区画整理事業に多額の公的資源を投入することはそれらの事業の地権者に利益をもたらすが、それはこれらの地権者とそれ以外の者との間に容認することのできない不公平をもたらす可能性がある。

（2）地権者同意の限界

地権者同意の極大化には（1）に掲げた問題があるので、それを無条件に優先することは不適切である。地権者同意の極大化が有意味な、また適切な目標であるのは、それぞれの土地区画整理事業の与件の下で地権者間のパレート最適が達成されておらず、かつ、土地区画整理事業が地権者間のパレート最適化を可能にする場合に限られる。

2.8.2 減歩への抵抗と減歩の効果の緩和

地権者が土地区画整理事業に反対する最大の理由は減歩への抵抗であるが、この抵抗の源泉は実質的には次の3つに区分される：① 減歩の負担、② 平均減歩率とのかいり、③ 小規模宅地の減歩負担。このうち①の問題は事業計画上の問題であるが、②と③の問題は換地設計で対処することができる問題である。実際、後者の2つの問題は換地設計の運用によって対応されることが多い。この順に説明する。

（1）減歩の負担

減歩を受けること自体への抵抗は常に存在する。説得を別にすれば、この抵抗への唯一の対処法は地権者以外の者の負担を増やして平均減歩率を低くすることである。たとえば公費を投入することで、また公的主体が先買いした土地を公共施設用地として提供することで平均減歩率を低下させることができる。これらの方法は減歩負担に由来する反対への万能薬であるが、予算制約によって簡単に採用することができない。なお、これらの方法の採用は事業費の負担や減歩率にかかわるので、事業計画に定めなければならない。

（2）平均減歩率とのかいり

事業施行前に行われる地権者への説明では、通常、平均減歩率が言及されるにとどまる。事前の説明で宅地の用途別にそれぞれの平均減歩率が言及されることもあるが（5.5に掲げる港北ニュータウンの例を参照せよ）、いずれにし

ても一般的な、また用途別の平均減歩率は地権者の期待値となりやすい。このために換地設計段階で平均より高い減歩率を受けた地権者はしばしば事業の公平性への不信をつのらせ、強力な反対者になりがちである。そこで施行者は平均減歩率からかけ離れた減歩率の宅地がたくさんは生じないように努めてきた。

　平均減歩率からの分散を減らすことは部分的には、① 従前地の評価額の修正、② 換地設計式の選択や修正、③ 換地の評価額の修正、のいずれかあるいはそれらの組み合わせによって可能になる。①と③は個別の評価値の修正として行われる。一方、換地設計式の選択や修正がもたらす効果は施行地区内の状況（たとえば整備済み宅地と未整備の宅地の比率）によって異なる。これは施行者が施行地区の特性に応じて換地設計式を選択したり、修正したりする最大の理由である。

（3）　小規模宅地の減歩負担

　同一の減歩率が適用されても、小規模宅地は大規模宅地より利用の制約を受けやすい。このために小規模宅地の地権者は減歩の緩和を声高に要求しがちである。しかも小規模宅地の地権者は相当の数に上ることがまれではない。そこで施行者は小規模宅地の地権者の要求を容易に無視することができない。特に近隣の土地区画整理事業において小規模宅地への減歩緩和が行われている場合にはそうである。このために小規模宅地対策として減歩率の緩和や付け換地や付け保留地などの方法が採用されてきた。小規模宅地対策については第6章で議論する。

2.9　換 地 割 付

（1）　換地割付の意味

　換地割付は換地設計式によって算出された権利地積（換地の地積）又は権利価額（換地の評価額）を満たす換地を街区に割り付ける作業である。換地設計式は換地の権利価額又は権利地積を指示するが、換地の位置と形状を指示しない。そこで別の基準によって換地を特定しなければならないが、その基準となるのが換地設計基準の一部である換地割付基準であり、この換地の

特定が換地割付である。換地が与えられるすべての宅地について、また広義には公共施設用地を除くすべての宅地（たとえば共有化された宅地や立体換地）について換地割付が行われる。先行取得された公共施設充当用地の集約、申出換地のための飛び換地その他の換地操作は換地割付の一部である。

　法律家の中には法制度上の換地設計基準が唯一の換地を決定すると考える者がいる。たとえば下出義明は「右法条に掲げられた標準により、従前の土地に照応する換地の位置範囲は、施行者によってなされる換地処分をまつまでもなく、区画整理の本質から当然客観的には整理後の土地のいずれかに定まっていると解すべきである。」とする（下出義明 1984：132）。だが実際は法制度上の換地設計基準は換地設計の大きな枠組みを与えるに過ぎず、それが唯一の換地を指示することはない（下村郁夫 1991：92）。むしろ換地の特定には大きな裁量の余地があり、換地の特定には施行者が大きな役割を果たしている。

（2）　換地割付の作業プロセス

　換地割付を行う過程では換地制度や事業固有の換地設計基準などの換地設計基準が働くが、それとともにスポット的な換地操作が行われる。通常の換地割付は、①区域的配分、②街区割付、③試行的な換地割付、④最終的な換地割付、の4つの作業プロセスからなっている（図2-9）。それぞれの標準的な内容は下記の通りである。

区域的配分 → 街区割付 → 試行的な換地割付 → 最終的な換地割付

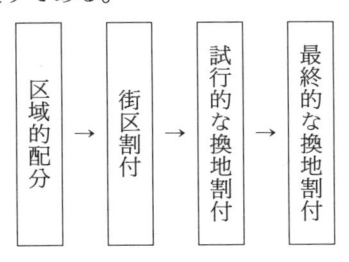

図2-9：換地割付の過程

〈1〉　区域的配分

　主要な道路や河川などで区分される複数の区域に換地を配分する。この際、

これらの区域間で換地の配分が均衡するようにする。なお、1区域の中には1以上の街区が含まれる。
　〈2〉　街区割付
　それぞれの街区に収容する宅地を試行的に決定する。この際の原則は街区の周辺に位置する従前地を当該街区に収容することである。
　〈3〉　試行的な換地割付
　それぞれの街区に収容することとされた宅地をその街区内に配置し、それぞれの換地の位置と形状を大ざっぱに定める。この際の原則は、①当該街区に収容される複数の宅地間の相対的な位置関係を維持すること、②換地間の公平に配慮すること、③換地をできるだけ整形された土地にすること、である。当該街区に収容すべき宅地のすべてを当該街区に収容することができない場合には、街区の周縁に位置する宅地を別の街区へ移動させる。
　〈4〉　最終的な換地割付
　試行的な換地割付の段階で不都合が生じた宅地（たとえば従前従後で評価額の大きな差異が現れた宅地）について位置の修正とそれに伴う当該換地及び他の換地の修正を行い、最終的な換地設計案を決定する。

2.10　終わりに

　この章では現行の土地区画整理事業の仕組みを説明し、換地設計にかかわる主要な要因と換地設計の実態を説明した。次章以下で土地区画整理事業の換地手法の詳細な分析と提案を行う。

第 3 章　照応原則と照応項目

3.1　問題と背景

　この章では土地区画整理法89条の照応原則の意味と効果の分析を行う。土地区画整理事業にかかわる地権者の不満の多くは従前地と換地の照応や地権者間の公平の問題から生まれる。この際に照応原則は重要な争点となってきた。照応原則については法律上の議論が積み重ねられているが、従来の議論は照応原則を与件として行われており、このために議論の対象は個々の事例における照応原則の適用の適正さの問題に限られている。だが照応原則の制度的含意を検討するためには、個別の事例における妥当性の範囲を超えて照応原則の制度的な効果を分析しなければならない。たとえば照応原則の目的と照応原則自体の適合性、照応項目に包含される単一要因の範囲、土地区画整理事業の状況的な変異と照応原則の関係、照応原則と実際の換地割付の関係などを分析する必要がある。そこでこの章ではこれらの事項を取り上げて照応原則の制度的な効果と限界を解明するとともに、個別照応の要件と総合照応の要件について検討し、総合照応説の含意を敷えんする。

3.2　照応原則の目的

　土地区画整理事業は市街地整備の過程で必然的に土地の形態に変化をもたらす。だが施行地区内の宅地が土地区画整理事業の目的のために必要な変更以外の変更を受け、それによって地権者の財産のあり方に過度の変化が生じることは不適切である。この趣旨から土地区画整理事業は宅地の特性に必要な限度を超えて変更をもたらさないこと、換言すれば従前地と換地の対応関係が不適切でないことを制約条件としなければならない。そこで土地区画整理法は照応原則を定め、土地区画整理事業として許容される宅地の特性の変化の範囲を示し、地権者の権益を保護する必要と土地区画整理事業による市街地整備の必要を調整しようとする。

したがって照応原則は事業計画その他の換地設計の前提条件の下で、換地として配分される土地を個々の従前地を基礎として割り当てるための基準なのであり、その割り当ての適正さ、すなわち従前地と換地の適切な対応関係が照応なのである。照応原則は土地区画整理事業による宅地の特性の変化の許容範囲を示す唯一の一般的規定であることから、土地区画整理事業において際だった重要性を持っている。

3.3　照応の意味

（1）　照応の意味に関する学説

土地区画整理法の源流は耕地整理法であるが、「照応」という表現は耕地整理法には存在しない。それが初めて現れるのは1949年の土地改良法（53条1項2号）である。だが「照応」の定義は土地改良法にも土地区画整理法にも置かれていないので、照応の意味について議論が行われてきた。照応の意味に関する代表的な学説を掲げる。

〈1〉　下出義明は次のように述べる：照応は「従前の土地各筆と換地各筆の関係をいったもの、即ち、縦の関係をいったもので、通常人が考えて大体同一条件にあると認められることを意味するのである。しかし、従前の宅地各筆全部と換地各筆全部との関係で、即ち横の関係でみた場合にも、各換地が従前の宅地各筆にすべて照応することが、従前の宅地各筆に対して最も公平に区画整理による損益を分担せしめることになるのである。従って、照応するということは、いいかえればすべての換地がおおむね公平に定まるべきことを意味するといえよう。」（下出義明1984：215-216）。

〈2〉　小平申二は「照応とは、一般的にいえば、通常人が見て従前地と換地との位置、地積、土質、水利、利用状況、環境等がほぼ同一条件にあることといえよう。」とする（小平申二1982：77）。

〈3〉　田中清は土地改良法と土地区画整理法の照応原則の意味を要約的に整理し、次のように述べる：照応とは「①〔土地改良法53条1項2号と土地区画整理法89条1項〕に定める諸事情を考慮して、指定された換地がその従前の土地と大体同一条件にあり、②かつ、計画区域全域にわたりすべ

第 3 章　照応原則と照応項目

ての換地がおおむね公平に定められることをいうものであり、①を縦の照応又は狭義の照応の原則、②を横の照応又は公平の原則と称する場合もあるが、通常は両者を含めて照応の原則と称している。」(田中清 1990：200)。

（2）　照応の意味に関する判例

近年の多くの判例も照応をこれらの学説と同様に理解する。代表的な判例を次に掲げる。

〈1〉「土地区画整理法 89 条 1 項にいわゆる従前の土地との照応とは、同条項に定める、換地及び従前の土地の位置、地積、土質、水利、利用状況及び環境等の諸事情を総合勘案して、指定せられた換地がその従前の土地と大体同一条件にあり、かつ、区画整理地区全域にわたるすべての換地が概ね公平に定められるべきことをいうものと解するのが相当である。」(福岡高判昭和 49 年 3 月 28 日判時 750 号 41、判タ 309 号 291)。

〈2〉「『照応』とは、〔土地区画整理法 89 条 1 項〕に定める土地の諸要素を総合的に勘案して換地が従前の土地と大体同一の条件をもつもので、多数の権利者間においても均衡がとれおおむね公平である、という状態を指すものと解するのが相当である。」(神戸地判昭和 61 年 4 月 16 日判タ 622 号 97)。

3.4　照応項目の必要性

（1）　財産的価値の照応と照応項目

宅地や宅地に関する権利は地権者の財産であるから、従前地と換地の間で金銭的に評価された財産的価値の照応があることは明白である。金銭的に評価された財産的価値の照応の問題は 4.2 で取り上げるが、それが個々の照応項目の照応に優越する場合には、すべての照応項目の照応度の低さを位置と地積の一方又は両方の変更によって相殺することができる。だが従前地の特性を換地について保持するためには財産的価値だけに頼って従前・従後の対応関係を判断すべきではない（同旨松浦基之 1992：418）。財産的価値の照応以外の要因を無視することは不適当であるからであり、それゆえ照応原則は財産的価値の照応があっても照応項目に無頓着な換地を許さない。これは照応原則の大きな目的が宅地が地権者に与える利用ポテンシャルの保護であり、

59

また財産的価値以外の土地の特性の根本的な変化の抑制であることを含意する。

（2） 福岡高裁の判決

福岡高裁は商店営業がなされていた従前地に対する仮換地の照応が争点となった事件についてこの趣旨を認め、次のように述べる：「宅地価格を標準とするとしても、市街地的商店街にあっては、位置、間口、区画の大小・長短、面積は営業の死命を制するものというべきものであるから、宅地価格によってのみ仮換地指定の基準とすることはでき〔ない〕」（福岡高判昭和41年5月14日行集17巻5号517）。この事例は商業的土地利用を前提としているが、その趣旨は商業的土地利用以外の土地利用が行われている場合についても当てはまる。

（3） 照応関係の判断ステップ

金銭的に評価された財産的価値の照応以外の特性について従前地と換地の照応関係を判断するためには、次の3つのステップを踏まなければならない：① 従前・従後の照応関係を評価する項目を決定すること、② それぞれの項目を評価する尺度を決定すること、③ それぞれの項目のウェイトを決定すること。以下の節でこれらの点について説明する。

3.5　照応項目の問題

（1） 照応項目

土地区画整理法89条1項は従前地と換地の照応関係を評価するための照応項目として「位置」、「地積」、「土質」、「水利」、「利用状況」、「環境」の6項目を挙げる。これらの項目は、立法上、従前地と換地の対応関係を判断する上でもっとも重要な項目として掲げられたものである。そこで照応項目をめぐる従来の法律上の議論は、① 照応項目が包含する要因、② 照応項目の満たし方（個別照応説と総合照応説）、の2つについて行われてきた。以下の節ではこれらの問題を順に取り上げる。

（2） 議論の前提

照応項目は従前地と換地の照応を判断するための項目であるが、照応状況

第3章　照応原則と照応項目

を決定するための要因は操作的に定義されなければならず、またそれらの要因は相互に独立して定義されなければならない。だが列挙された照応項目はこれらの要件を満たさないので、その適用には多くのあいまいさがある。以下の議論では照応に影響する相互に独立した最小の要因を単一要因と呼び、複数の単一要因からなる要因を複合的要因と呼ぶ。内容に部分的な重複があるが、議論の便宜上、問題を5つの項目に分類し、3.6から3.10までの5節において議論する。

3.6　照応項目の含意のあいまいさ

　最初の問題は列挙された照応項目にさまざまな含意があることであり、そしてそれらの含意がいつも明確ではないことである（照応項目に含まれる代表的な含意（要因）については3.7を見よ）。また都市的土地利用において重要ないくつかの要因（地盤の強度、排水の便、防災上の安全度など）が列挙された照応項目に含まれるのかどうか、また含まれるとすればそれがどの照応項目に含まれるのかは明らかではない。たとえば地盤の強度は土質に含まれるかもしれないし（賛成説に都市整備研究会1977：5）、利用状況に含まれるかもしれない。また排水の便は水利に含まれるかもしれないし（賛成説に松浦基之1992：413；大場民男1995：337、反対説に下村郁夫1990b：54）、利用状況に含まれるかもしれない。防災上の安全度（治水上の安全性や土石流からの安全性など）は利用状況に含まれるかもしれないし、「等」に含まれるかもしれない。どの項目に含まれるにしろ、最終的にはこれらの要因も考慮されるべきではあるが、これは一次的には施行者に取り上げるべき要因の選択を強いることになる。

3.7　照応項目の複合性

　第2の問題は地積以外の照応項目が複数の単一要因からなる複合的要因であることである。たとえば位置は交通機関や公共・公益施設や他の宅地などとの相対的関係、すなわち「その土地の利用面からする社会的位置、相対的位置を意味する」（渡部与四郎・相澤正昭1975：117）と解されている。したが

61

って位置はこれらの複数の社会的拠点との相対的な地理関係を包括する。また環境は気候、日照、温度、通風、臭気、騒音、振動、前面道路の交通量、幹線道路や鉄道や航空路との距離などの単一要因や周囲の土地利用の状況などのもっと複雑な要因を包括する。

(1) 照応項目に含まれる要因

表3－1に地積以外の照応項目に含まれる可能性のある主要な要因を示す。ここに掲げた要因は網羅的ではなく、また完全に単一要因に分解されているわけでもないが、それぞれの照応項目よりは詳細な要因である。複数の照応項目の欄に同一要因が重複して記載されていたり、相互に関連する要因が含まれているのは、それらの要因が複数の照応項目に関係することを示している。

表3－1：照応項目に含まれる主要な要因

位置	①都市拠点との関係、②交通機関との関係、③公共・公益施設との関係、④商業施設との関係、⑤周囲の宅地との物理的関係、⑥周囲の土地利用、⑦防災上の安全性、⑧その他の立地上のポテンシャル（商圏、周囲の人口構成、地域経済力など）
土質	①表土の質、②表土の深さ
水利	①水道の利用、②用水施設からの取水、③井戸の利用、④水路へのアクセス
利用状況	①土地利用規制、②地積、③地形、④地盤、⑤傾斜、⑥周囲の宅地との物理的関係、⑦排水、⑧その他の立地上のポテンシャル
環境	①気候、②日照、③温度、④通風、⑤臭気、⑥騒音、⑦振動、⑧周囲の人通り、⑨周囲の宅地との物理的関係、⑩周囲の土地利用

(2) 単一要因の種類

照応に影響する単一要因は宅地専属要因、宅地非専属要因、混合要因の3つに区分される。

〈1〉 宅地専属要因は宅地に専属する要因である。宅地の地形、地積、接道関係などのほか、当該宅地だけにかかわる土地利用規制（たとえば遺跡が存在する宅地についての行為制限）がある。

〈2〉 宅地非専属要因は宅地に専属しない要因である。当該地域の気候、幹線道路や河川の存在、施行地区全体の立地条件、広域的な土地利用規制などの施行地区全体に、あるいは施行地区内の特定の区域に共通する要因がある。

〈3〉 宅地専属要因と宅地非専属要因は複合していくつかの混合要因を生み出す。たとえば位置は座標上の位置と他の公共施設などとの相対的な関係や交通上のアクセス可能性によって、水利は用水路と宅地の相対的な関係によって、利用状況は地形や地積などの宅地自体の属性と非専属的な土地利用規制の両者によって影響され、制約される。

（3） 照応項目のマトリックス

照応項目を宅地専属要因、混合要因、宅地非専属要因に区分し、さらにそれを単一要因と複合的要因に区分すると表3－2のようになる。

表3－2：照応項目の区分

	宅地専属要因	混合要因	宅地非専属要因
単一要因	地積	――	――
複合的要因	土質	位置 水利 利用状況	環境

（4） 照応項目の複合性が生み出す問題

地積以外の照応項目が複数の単一要因から構成されていることは、施行者と地権者にさまざまな制約を課している。以下にこれに由来する主要な問題を取り上げる。

〈1〉 認知的制約

　照応項目が複数の単一要因を包含するとき、照応項目の評価値を決定す

るためにはそれに包含される単一要因を決定しなければならず、さらにそれぞれの単一要因のウェイトを決定しなければならない。照応項目が代表する単一要因の数はまちまちであるが、それらの要因を探索し、それらの要因をウェイトづけし、そしてそれを単一の指標に集約することは困難である。それだけでなく換地を与えられる地権者自身も自らの宅地を評価する要因やそのウェイトを決定することができないことがある。

〈2〉 評価尺度の欠如と要因の評価費用

多様な単一要因を評価する尺度は制度的には準備されておらず、またそれらの要因の探索、ウェイトづけ、そして評価には多くの費用と時間がかかる。実際、施行地区内の宅地の数、算定されるべき単一要因の特定と評価、個々の単一要因に関するデータの精度の制約を考慮すると、限られた時間でこれらの要因のすべてについて評価を行うのは困難であるばかりでなく無意味である。そこでその評価には多くの前提条件を付し、評価する要因を限定し、さらにそれらの要因の評価を単純化しなければならない。

〈3〉 単一要因の制御可能性

土地区画整理事業の施行者は一部の単一要因を制御することができるが、他の単一要因を制御することはできない。また制御することができる場合であっても、制御可能な範囲は制約されていることがある。たとえば都市計画や予算制約は施行者の制約要因となることがある。そこで土地区画整理事業が照応の責任を負わなければならないのは施行者が制御することが可能であり、また施行者がそれを制御することが期待されている要因である。ここで施行者が制御すべき要因を事業内要因と呼び、それ以外の要因を事業外要因と呼ぶ。これらの要因と照応項目の関係のイメージ図を図3－1に示す。

〈4〉 照応度の相関とトレードオフ関係

複数の単一要因を包含する照応項目の照応度は、1以上の単一要因の操作によって変化する。同一の単一要因が複数の照応項目に影響するとき（すなわち照応項目が互いに独立でないとき）、ある照応項目の照応度を変化させるための単一要因の操作は他の照応項目の照応度を変化させることがある。またある照応項目に結び付く複数の単一要因は相互に干渉することがある。この

第 3 章　照応原則と照応項目

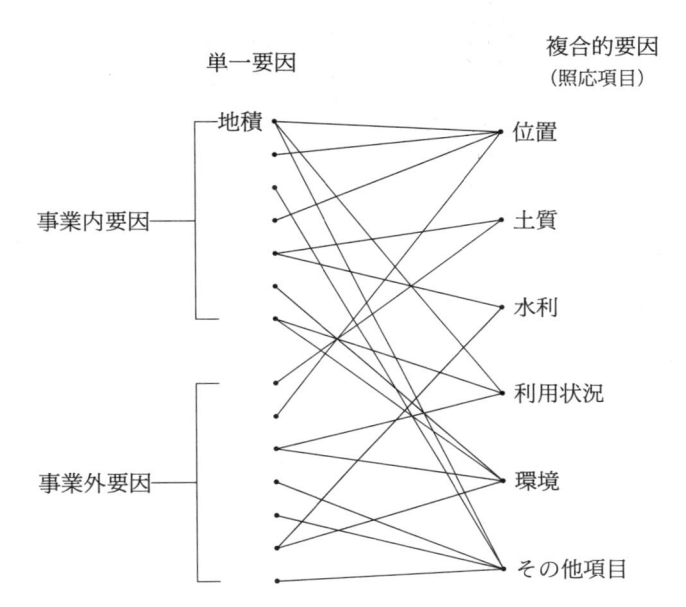

単一要因　　　　　複合的要因
　　　　　　　　　（照応項目）

事業内要因　─┬─ 地積　　　　　位置
　　　　　　　│　　　　　　　　土質
　　　　　　　│　　　　　　　　水利
　　　　　　　└　　　　　　　　利用状況
事業外要因　─┬─　　　　　　　環境
　　　　　　　└　　　　　　　　その他項目

図3－1：照応にかかわる単一要因と照応項目の関係のイメージ図

とき複数の単一要因を操作することでその効果は相乗されたり、相殺されたりする。さらにある宅地の照応度の変化は他の宅地の照応度を変化させることがある。そしてこのような変化のすべてを予測することは不可能である。

　複数の照応項目の照応度が相関するとき、複数の照応項目の間にトレードオフ関係（いずれかの照応項目の照応度の向上が他の照応項目の照応度を低下させること）が生じることがある。3つの例を挙げる。

　1)　土地区画整理事業によって細街路が拡幅され、準幹線道路となることがある。このとき細街路に面していた宅地の環境は変化する。この宅地の従前の環境を維持するためには、裏通りに面する換地を与えなければならない。だが環境の照応と位置の照応の両者をともに満たすことはできないので、これは一次的には施行者に環境の照応と位置の照応のいずれを優先するか、すなわちいずれの照応項目に高いウェイトを置くかについての判断を迫ることになる。

65

2) 公共施設の整備によって従前地の存在する区域の宅地の単価は大きく上昇することがある。たとえば駅前広場が新たに整備されたり、幹線道路が整備されることによって、これらの公共施設に面する区域の宅地の単価は大きく上昇する。このときこれらの公共施設の近くに与えられる換地は平均減歩率を超える減歩を受けるが、これは（平均減歩率を基準とする限り）地積の照応に反する可能性がある。一方、地積の照応を優先するなら、当該区域に存在した従前地を宅地の単価の低い区域へ飛び換地しなければならない。これは位置の照応と地積の照応にトレードオフがあることを意味する。

3) 位置と利用状況と環境の照応についてトレードオフ関係が争点となった事件がある。この事件では現位置への仮換地指定を不満とした製材会社が仮換地指定等を争った。この土地区画整理事業の施行地区は全域が準工業地域であったが、土地区画整理事業の施行を契機に幹線道路の南側が住居地域に変更された。事業施行前には当該製材会社は幹線道路の南側にあり、この会社はその現位置に仮換地指定を受けたものである。

高松地裁はこの仮換地指定を違法であるとした。判決は現位置仮換地は利用状況及び環境の2点について不照応であるとして次のように述べる：「本件仮換地指定処分はほぼ現位置になされ、地積の減歩も極めて少ないので、位置や地積については照応している。しかし、以上の（二）・（三）で検討したところによると、現在の事業の継続が極めて困難になることが予想され、利用状況及び環境の不照応が大きい。〔中略〕〔本件事業は〕その中央に整備する50メートル道路の北側地区を工業地とし、南側地区を住宅地として健全な市街地の開発を行うことを計画したものであることを考え併せると、本件仮換地は事業の継続が容易な北側地区の準工業地域に指定するのが相当であるというべきである。」（高松地判平成2年4月9日判時1368号60、判タ736号115）。

3.8 照応項目の状況依存性

第3の問題は照応項目の意味が状況に依存することである。これが含意するのは照応項目が代表する要因は状況的に異なる可能性があること、すなわ

第3章 照応原則と照応項目

ちある状況である照応項目が意味するのはそれが包含する特定の要因であり、他の状況ではそれとは別の要因である可能性があることである。状況によって照応項目に含まれる単一要因のいくつかが顕在化し、他のいくつかは顕在化しないからである。たとえば水利は水稲耕作を前提とするときには（少なくとも）水利施設からの取水の可能性を意味するが、市街地ではそれは水道の利用可能性を意味する。一方、施行地区内のすべての換地について満たされる単一要因は争点になることがない。たとえば電気の利用可能性や水道の利用可能性は土地利用にかかわる重要な要因であるが、これらの要因が土地区画整理事業の施行地区で問題になることはまれである。

状況依存性は第一に照応項目のウェイトの変異から、第二に照応項目に含まれる複数の単一要因のウェイトの変異から生まれる。ある土地区画整理事業のテキストが「〔生活環境などの土地の〕要素の比重は土地の用途によって異なる。」と述べるように（都市整備研究会編1991：85）、照応原則が列挙する6つの照応項目はすべての宅地について同一の重要性を有するものではなく、またある照応項目に含まれる複数の含意が同一の重要性を持つものでもない。すなわち宅地をめぐる条件によって照応項目のウェイトは異なり、また照応項目に包含される単一要因のウェイトも異なる。照応項目の重要性や各照応項目に含まれる要因の重要性は、土地区画整理法制定時からの社会情勢の変化や都市計画的観点からの土地利用に関する計画のほか、個々の事業の特性（たとえば事業の目的や施行地区内の土地利用の状況やその変化のすう勢など）、また個々の宅地の条件によって変化するからである（土地改良事業における照応について森田勝も同旨（森田勝1992：71））。

たとえば土質は農業的土地利用が継続される場合には重要な要因であるが、建築物敷地としての土地利用が行われる場合にはそれほどの重要性を持たない（同旨渡部与四郎・相澤正昭1975：122；下村郁夫1990b：54；大場民男1995：336）。また駅周辺の整備のための土地区画整理事業と住宅地整備のための土地区画整理事業では照応の前提が異なり、照応項目とそれにかかわる要因のウェイトは異なる。さらに住宅地を整備するための事業では環境のウェイトが高く、工場用地を整備するための事業では環境のウェイトは低い。したが

って照応項目の重要性やその含意の重要性は、個々の事業の置かれた状況や個々の宅地を取り巻く状況に応じて判断する必要がある。

3.9　評価者によるウェイトの差異

　第4の問題は照応の判断を行う複数の評価者が照応項目とそれが包含する単一要因について異なったウェイトを持つ可能性があることである。照応度の判断を行うのは一次的には施行者であり、二次的には地権者であり、三次的には裁定者（不服申し立ての裁決者（都道府県知事や建設大臣）や裁判所）である。評価者のウェイトの差異が同一の換地の照応度について異なった評価をもたらし、その評価の差異が争点となるときには、裁定者が最終的に採用すべきウェイトを決定しなければならない。

3.10　その他項目

　第5の問題は列挙された照応項目以外の要因の問題である。土地区画整理法89条1項に「等」があることは、明示された6つの照応項目以外にも配慮すべき要因（その他項目）があることを意味する。列挙された照応項目は相当に網羅的であるが、そこに挙げられていない要因や照応項目に含まれるかどうかが判然としない要因が宅地の利用に影響を及ぼす可能性はある。このような要因は「等」によって拾い上げられるが、すべての残された要因を包括しようとするために「等」の内容には明確さが欠ける。

　学説ではその他項目に含まれる要因として「業種、業態、許認可関係、公共施設との関係等」（都市整備研究会1977：6）や「土地の形状、評価額」（松浦基之1992：414）が挙げられたり、環境とともに「一般的には都市の環境、生活環境のこと、すなわち、生活をとりまく有形無形のあらゆる外部的条件」（大場民男1995：338）が挙げられたりする。いずれにしても「等」が置かれていることによって、明示された6つの照応項目より重要性に乏しいその他の事情も考慮した上で照応関係の適切さを判断しなければならず、この際には、文脈上、「等」も6つの照応項目と同様に照応していなければならない。だが明記されていない照応項目を照応させるためには、まずどの要因

を取り上げるかを決定し、その後でその要因について明記された照応項目と同様の評価を行わなければならない。この責務を負うのは一次的には施行者である。

3.11　個別照応と総合照応
（1）　法律上の議論

　法律上は従前地と換地の照応度を評価する際に個々の照応項目の評価をどのように取り扱うべきかが大きな争点となってきた。この問題は個別照応説（照応項目のそれぞれについて照応がなければならないとする説）と総合照応説（照応項目のそれぞれについて逐一の照応がなくても、全体として総合的に照応していればよいとする説）として議論されてきた。この順に説明する。

〈1〉　個別照応説

　個別照応説は個別の照応項目について独立に照応を要求する。この点で個別照応説は従前地と換地の対応関係をもっとも厳格に解する。その根拠は要約すると次の通りである。

　1）　土地区画整理法89条1項が6つの照応項目をわざわざ挙げているのは、これらの照応項目のそれぞれについて照応関係が成立することを要求する趣旨にほかならないこと。

　2）　土地区画整理法89条1項には総合照応を許容する趣旨の表現がないこと。これに対し同法94条の清算金に関する規定ではこれらの6つの照応項目等を「総合的に考慮して」清算金を定めるべきことが明文でうたわれており、また同法89条1項に対応する土地改良法53条1項2号でも「用途、地積、土性、水利、傾斜、温度その他の自然条件及び利用条件を総合的に勘案して」と「総合的に勘案」することが明文でうたわれている。

　個別照応説の立場に立つ論者はまれであるが、例外は「照応の原則とは、個別照応をいうと解すべきである。」と明言する白井皓喜である（白井皓喜 1986：36）。議論に重複があるが、白井が個別照応説の根拠として掲げる理由は次の3点に帰着する：①利用状況、環境は主観的要素が濃い項目であるから、財産的価値の照応だけでは十分でないこと、すなわち総合照応を許容

すると関係権利者に不公平をもたらすことが多いこと、②総合照応説では従前地と換地の財産的価値が照応しておればよいと考えがちであるが、財産的価値の照応は施行期間中の地価の上昇で満たされることになりかねず、また財産的価値の照応だけでは土地の利用価値が無視されること、③土地区画整理法94条（清算）には「総合」という文言があるのに同法89条1項にはそれがないこと（同上）。

〈2〉 総合照応説

総合照応説は従前地と換地を全体として見たときに、両者がほぼ対応していると判断されれば、個々の照応項目について照応の程度が低いものがあっても許されると考える。この考え方の根拠は要約すると次の通りである。

1) 土地区画整理法89条1項が意図するところは地権者の財産権の保護であるが、そのためには個々の項目について厳格な対応関係が必要なわけではなく、総合的に見て常識的な対応関係が確保されていれば十分であること。

2) 土地区画整理事業の施行上、個々の照応項目ごとに個別照応を満たすことはきわめて困難であるから、土地区画整理事業の施行において要求される照応はそれより現実的なものであるべきこと。

（2） 現在の多数説

総合照応説は多くの論者によって支持されており（渡部与四郎・相澤正昭1975：126；下村郁夫1990ａ：70；田中清1990：201；松浦基之1992：418；大場民男1995：338など）、現在の通説・判例となっている。たとえば下出義明は「通常の減歩率からみて地積がやや小さくても、位置環境がやや良好で利用状況が同一条件であるというような場合も、右標準に適合したものといい得るであろう。」（下出義明1984：216）とし、小平申二は「各要素について従前地と換地とが照応の枠内に収まっている場合に、ある要素について平均より有利な扱いを受けている換地は、行政処分一般に認められている公平の原則から、他の要素では平均より不利に扱い、総合的に見て関係権利者相互間の公平が保たれるようにすべきものであるが〔中略〕、換地設計技術上ある程度の不均衡が生ずることはやむをえないことであり〔中略〕、土地区画整理法はこれを容認したうえで、不均衡を是正するために清算金を徴収または交付する

こととしている。」（小平申二 1982：77）として、この趣旨に同調する。

(3) 判　例

3.3に掲げた福岡高裁の判決（福岡高判昭和 49 年 3 月 28 日）を初めとして、多くの判例もこの趣旨に同調する。以下に最近の 2 つの判例を挙げる。

〈1〉　名古屋地裁の判決

名古屋地裁は次のように述べる：「照応の各要素については、それぞれが個別的に照応していることが望ましいが、施行地区内のすべての宅地について照応の各要素が個別的に照応するように換地を定めることは技術的に不可能な事柄であるから、右照応の 1 要素が全く考慮されていないような場合は不照応と言わざるを得ないが、そうでない限り、右各要素を総合的に考慮して照応の有無、すなわち、従前地と換地がほぼ同一条件にあると認められるか否かを検討するのが相当である。」（名古屋地判昭和 61 年 11 月 28 日判夕 638 号 144）。

〈2〉　最高裁の判決

最高裁も仮換地指定に関する事件の判決において、次のように述べてこの趣旨に同調する：「仮換地指定処分は、指定された仮換地が、土地区画整理事業開始時における従前の宅地の状況と比較して、法 89 条 1 項所定の照応の各要素を総合的に考慮してもなお社会通念上不照応であるといわざるをえない場合においては、右裁量的判断を誤った違法のものと判断すべきである。」（最判平成元年 10 月 3 日民商法雑誌 102 巻 5 号 625、金融・商事判例 836 号 33）

(4)　土地改良事業との比較

総合的照応を容認するとしても都市的土地利用を前提とする土地区画整理事業では農業的土地利用を前提とする土地改良事業より総合性の判断に厳格でなければならないとする主張がある。たとえば最高裁判所事務総局編は「土地区画整理事業の場合の照応原則に関する規定は土地改良事業の場合と明らかに規定の文言を異にしていること、宅地についてはその利用状況が多様であり、いわば個別性がより強いといえることなどからすると、右通説的見解の立場に立つとしても、総合勘案の許容される限度は、土地改良事業の場合よりは厳格に考えるべき〔である〕」（最高裁判所事務総局編 1985：264-265）

とする。土地改良事業についての事件ではあるが、この見解に則って「〔土地改良事業では〕個別性が強い住宅地についての土地区画整理事業における場合とは異なり、農業の生産性の向上という指標の下に各要素のより広範な総合的な勘案が許される」(仙台高判昭和62年8月7日判タ650号136)とした判決がある。

（5） 厳格な個別照応説の不合理性

6つの照応項目がそれぞれに照応することは、それ以外に不適切な条件がない限り、もっとも基本的な照応状況であることに疑いがない。しかしながら次の理由によってこれらの照応項目に厳格な個別照応を要求することには合理性がないと考える：① 地積以外の照応項目は複数の単一要因を包括する集約的な指標であり、それぞれの照応項目について厳密な評価を行う手段が準備されておらず、また厳密な評価を行うには時間と費用がかかること、② いくつかの照応項目が個別の照応の範囲を逸脱していても、その逸脱を他の項目が補完することが可能である場合があること、③ 照応項目間のトレードオフ関係が生まれたときには、トレードオフ関係を超越する第三の基準によって照応関係を判断しなければならないこと、④ 土地区画整理事業の施行者が制御可能な単一要因は限られており、また制御可能な範囲には制約があること、⑤ 換地と従前地の対応関係は6つの照応項目だけについて判断すれば足りるものではないこと。

換言するとある照応項目について照応の範囲からの逸脱があっても、その逸脱の程度が他の照応項目によって補完することのできるものであり、またそれを実際に他の照応項目が補完しており、その結果、換地が社会的に妥当である程度に従前地の条件を保持している場合には、その換地は照応していると考えるべきである。土地改良事業に比べて土地区画整理事業に許容される総合的勘案の範囲が限定されていることは、他の照応項目によって補完することが可能な逸脱の程度が限られることを意味している。なお、個別照応の場合であっても、総合的照応の場合であっても、明示された照応項目以外の要因（その他項目）が換地に極端な不利益を与えるべきではない。

（6） 総合的照応の定式化

第3章　照応原則と照応項目

この条件をもう少し明確に記述すると、照応とは次に掲げる ① 個別照応の要件、又は ② 総合的照応の要件、のいずれかが満たされることである。

〈1〉　個別照応の要件（図3－2）

①すべての照応項目が照応の範囲に入っていること。

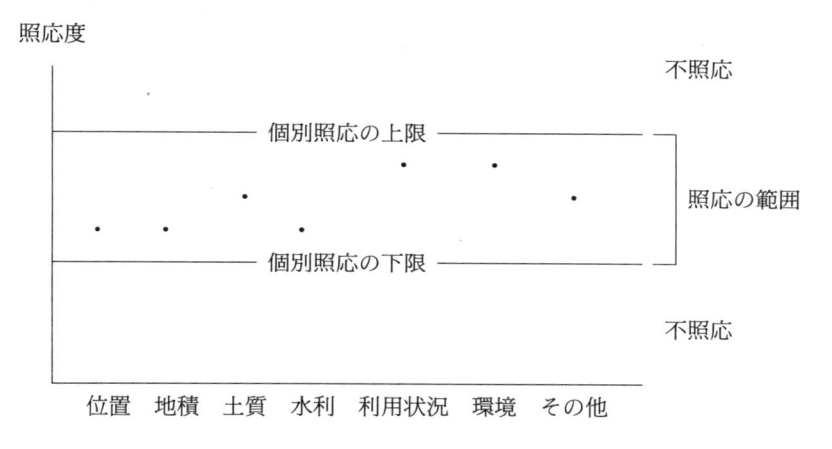

図3－2：個別照応の事例

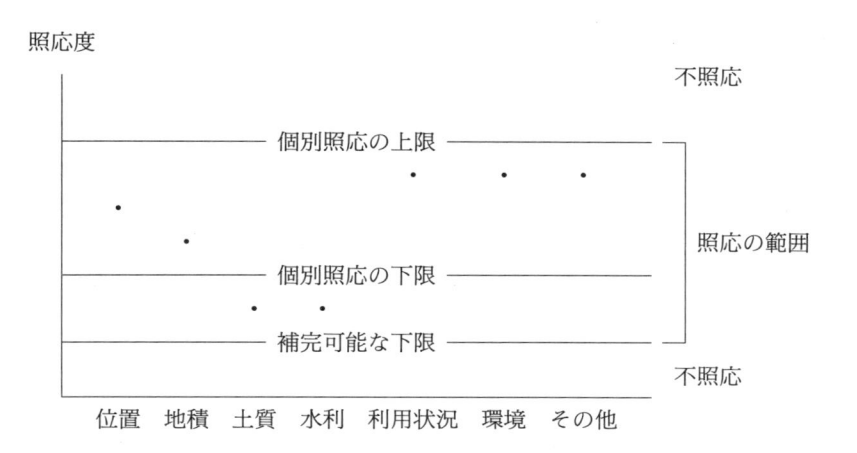

図3－3：総合的照応の事例

73

②換地に極端な不利益を与えるその他の要因がないこと。
〈2〉 総合的照応の要件（図3－3）
① すべての照応項目が他の照応項目によって補完可能な下限を満たしていること。
② すべての照応項目を全体的に評価したとき、それが総合的な照応の基準を満たしていること。
③ 換地に極端な不利益を与えるその他の要因がないこと。

3.12 照応原則と換地割付の実際

　照応原則は従前地と換地が6つの照応項目とその他項目について照応することを要求するが、実際の換地割付では土地区画整理事業の施行者は位置の照応と地積の照応を優先する。そしてそれが争いの種になることが予想されない限り、また地権者からの要望がない限り、これらの照応項目以外の照応項目には特段の配慮を払わない。位置の照応と地積の照応を考慮することでほとんどの場合は用が足りるし、すべての照応項目を同定し、評価することには多大な費用と時間がかかる上に、それはたいていは顕著な便益を生み出さないからである。位置の優先と地積の優先について説明する。

（1） 位置の優先

　3.7において述べたように照応原則が求める位置の照応は座標上の位置の照応ではなく、相対的な位置の照応を意味すると解されているが、そうであっても位置の照応は換地割付の決定的な要因となっている。位置が優先される主要な理由は次の通りである。

〈1〉 位置は地図上で確定的に定めることができること。

〈2〉 位置はだれにとってもわかりやすい指標であること。たいていの地権者は自らの宅地と公共施設などとの相対的な位置関係に注意を払い、また自らの従前地に対する換地の位置と周辺の従前地に対する換地の位置を比較して換地設計の公平さを判断する。

〈3〉 多くの宅地は移動しなければならないから、他の項目に優先して位置を決定するほうが換地設計の手順として容易であること。

〈4〉 位置は多くの要因を制約するので、位置が決まれば他の項目が自動的に定まり、あるいは位置の変更によって他の項目の照応度を変更することが容易であること。たとえば位置は宅地の単価の主要な決定要因であるから宅地の地積を決定する。さらに位置はしばしば宅地の利用状況、環境、土質、水利の決定要因となるので、これらの項目への考慮は位置の設定によって置き換えることができる。逆に多くの場合に施行地区内における利用状況その他の要因の変異は限られているので、これらの要因が（換地が置かれるべき区域を指示することはあるが）特定の位置を指示することはまれである。このために位置以外の要因の重要性はしばしば限定的である。

（2） 地積の優先

地積が優先される理由は次の通りである。

〈1〉 地積は宅地の財産的価値にかかわること。そしてそれをすべての地権者が理解していること。

〈2〉 地積は換地設計図上で定めることができること。なお、換地設計式は権利地積（換地の地積）又は権利価額（換地の評価額）のいずれかを指示するが、権利価額が指示されるときは換地の位置する区域の宅地の単価に応じて地積が定まる。

3.13 終わりに

この章では照応原則に関する従来の議論を整理するとともに照応原則に含まれる要因について分析し、そこに多くのあいまいさがあることを確認した。照応原則の目的は宅地の従前従後の照応関係によって地権者の財産権を公平に保護することである。だが照応項目は従前地と換地の照応関係を評価するためのひどく大ざっぱな指標であり、技術的な厳密さを満たすものではない。このために照応原則の下で相当の融通を利かせた換地設計が行われているが、他方では照応原則が換地設計を窮屈にしていることへの不満がある。いずれにしても許容される換地設計と許容されない換地設計の区分が明確でないことは照応原則の重大な制度的欠陥である。そこで換地設計基準を明確化するために、また土地区画整理事業の特性に応じて換地設計基準を選択すること

ができるように、さらには制度と現実のかいりを防ぐために、照応原則を含む換地設計基準を再編成することが望ましい。本書の制度提案の重要な目的の1つは換地設計基準をそれぞれの土地区画整理事業において定めることを許容することであるが、これらの点について第4章で議論する。

第4章　照応原則とそれに代わる換地割付基準

4.1　問題と背景

　照応原則は土地区画整理事業の換地設計において地権者の財産権を保護するための原則である。だがそれは財産権を保護するために必要な唯一の原則ではない。また照応原則にはさまざまな制約があり、これは従前地と換地の位置の対応について顕著である。照応原則が求める位置の照応が座標上の位置の照応ではなく相対的な位置の照応を意味するとしても、位置の照応の要求は広域的な宅地の移動を不可能にする。この制約を乗り越えるために申出換地などの工夫が行われたり、さまざまな手法の提案が行われてきた。これらの工夫や提案は照応原則との関係をなんらかの方法で整理しなければならないが、照応原則を前提とする限り、工夫や提案の範囲には限定がある。この限定を超えるには照応原則の必要性にさかのぼって検討しなければならないが、この点に関する議論は乏しく、照応原則に代わるべき一般的な原則の制度的条件についても検討された痕跡がない。そこでこの章では照応原則を適用しない換地設計（以下の議論では要約的に「自由換地」と呼ぶ）が包含する問題について議論を深めるとともに、照応原則に代わるべき換地割付基準を提案し、それを制度化する際に考慮すべき事項を提示する。

4.2　照応原則と財産的価値の照応

（1）　照応項目と財産的価値の照応

　第3章で述べたように照応は従前地の条件と換地の条件が社会的に見て妥当であると判断される程度に対応していることを示す概念である。妥当性を判断するためにはそれを測る基準を準備しなければならない。そこで照応原則は土地区画整理法89条1項に列挙された照応項目を基礎として従前地と換地が対応することを要求する。他方で土地区画整理法は従前地と換地の間の財産的価値の対応について沈黙する。だが土地区画整理事業の施行によっ

て地権者が従前地について有する権利を妥当性を欠く程度に収奪され、又は変更されるのは憲法29条1項に定められた財産権の保護の趣旨にそぐわない。したがって土地区画整理法が従前地と換地の財産的価値の対応について言及しないことは、照応項目について照応があれば財産的価値の照応が不必要であることを意味しない。むしろ財産的価値の照応は憲法上の要請として照応項目の照応に優先するのであり、正当な理由がない限り、従前地の財産的価値と換地の財産的価値の間には適切な対応関係がなければならない。

（2）　財産的価値の評価基準

　財産権の保護は財産的価値の評価基準の決定から始まる。財産的価値の評価にはさまざまな基準を利用することができるが、もっとも普遍的な評価基準は資産価値の金銭的評価である。これ以外の基準による財産的価値の評価が原理的に不可能であるわけではなく、それが先験的に不適当であるわけでもない。たとえば宅地の面積を評価基準として採用することができるし、農地の場合には農業収益性（1単位の農地から生み出される農産物の価額）を評価基準として採用することができる。しかしながら土地区画整理事業が施行されるのは都市的土地利用が行われることが想定される区域であり、これらの区域においては宅地の資産価値が重要である。そこで土地収用法が財産を収用する際の評価基準として資産価値の金銭的評価を採用するように（土地収用法71条（土地等に対する補償金の額））、土地区画整理事業における財産的価値の評価基準としては資産価値の金銭的評価を採用すべきである。そして実際に財産的価値の金銭的評価がほとんどの土地区画整理事業で採用されてきた。

（3）　土地改良事業における財産的価値の照応

　土地改良事業では土地区画整理事業と同様の換地手法を利用する区画整理が行われる。換地について定める土地改良法53条4項は先取特権等の目的となっている土地又はその部分について「その指定に係る土地又はその部分は、当該権利の目的となっている従前の土地の全部又は一部の価格と同等以上の価格のものでなければならない。」と定めて、先取特権等の目的となっている土地又はその部分について金銭的に評価された財産的価値の同等性の

必要性を明示する。しかしながら同法も一般的な照応原則（53条1項2号）では金銭的に評価された財産的価値の同等性に言及しない。

　土地改良事業の区画整理についての福岡高裁判決が「土地の財産的同等性も憲法上の要請であり、従前の土地と換地との間に照応関係の存することを要するものであることは当然である」（福岡高判昭和62年12月17日行集38巻12号1758、判時1277号111）と述べるように、従前地の財産的価値の保持が必要であることについてはほぼ異論がない。だがこの判決は照応原則を財産的同等性を保障する規定であるとし、それが金銭的に評価された資産価値の同等性を意味するかどうかについては言及しない。結局、土地改良事業の区画整理における財産的同等性が金銭的に評価された資産価値の同等性を指すかどうかについては確定的な結論がない。

（4）　財産的価値の照応と照応原則

　土地区画整理事業における財産的価値の照応について問題となるのは、①財産的価値の照応の意味、②財産的価値の照応と照応原則の関係、の2つである。土地区画整理事業による減歩は施行地区内の宅地の総価額を従前より減少させることがある。減価補償金に関する規定（土地区画整理法109条）が想定する状況はその1例である。換地処分による財産的価値の減少が照応原則に違反するなら、宅地の価値を減少させる減歩は照応原則に不適合である。そのときには照応原則によって宅地の価値の減少を抑制することができるから、照応原則と独立に減価補償金に関する規定を置く必要がない。だが減価補償金の規定が置かれていることは宅地の総価額が減少し、それによって個別に従前地の財産的価値より換地の財産的価値が減少しても照応原則が満たされる場合があることを示している。たとえば公共施設用地の拡大によって、あるいは大きな保留地の設定によって事業施行後の宅地の総価額が事業の施行前より減少しても、残った宅地が従前地に対応して公平に配分されるなら照応原則は満たされる。

　したがって財産的価値の照応とは換地が従前地と同等の財産的価値を保持すること自体ではなく、事業の損益が施行地区内の宅地に公平に配分されることなのである。そして照応原則が従前と同等の財産的価値の保持を可能に

するかどうかは換地設計の前提によって定まるから、照応原則だけが財産権の保護のために働くのではない。

（5）　照応原則の加重性

照応原則が照応項目（位置、地積、土質、水利、利用状況、環境等）に無頓着な換地を許さないのは、従前地の特性を換地について保持するためには財産的価値以外の要因の対応関係を無視することが不適当であるからである（同旨松浦基之 1992：418；**3.4**で紹介した福岡高判昭和 41 年 5 月 14 日行集 17 巻 5 号 517）。したがって**3.4**で述べたように照応原則の大きな目的は宅地の利用ポテンシャルの保護であり、このために財産的価値以外の土地の属性の大きな変化を抑制することである。敷えんすると照応原則は宅地の利用ポテンシャルを保持させるために財産的価値の照応に加重された要件なのであり、財産的価値の照応を満たす換地を特定の位置に、特定の形状で割り付けるための基準なのである。

では財産権を保護する上で照応原則にはどの程度の重要性があるのだろうか？　照応原則が加重する要件は財産権を保護する上で不可欠のものだろうか？　宅地に関するいくつかの条件が変更されても宅地の利用ポテンシャルが減少するとは限らない。すなわち宅地の利用ポテンシャルの保護は、従前地のすべての特性が換地について保持されなければ満たされないものではない。そうすると照応原則が従前地の条件が換地について保持されることを求めるのは宅地の利用ポテンシャルの保持に付加された加重的な要求であるこ

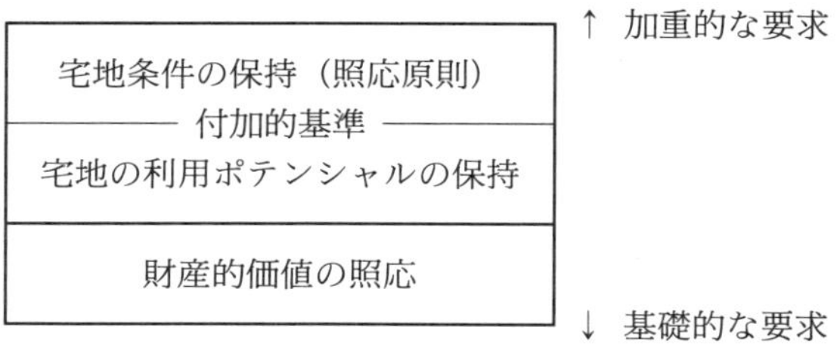

```
┌─────────────────────────┐     ↑ 加重的な要求
│   宅地条件の保持（照応原則） │
├──── 付加的基準 ─────┤
│   宅地の利用ポテンシャルの保持 │
├─────────────────────────┤
│     財産的価値の照応         │
└─────────────────────────┘     ↓ 基礎的な要求
```

図 4－1：照応原則の位置

とになる（図4-1）。

4.3 照応原則の変遷

照応原則の意味と効果を理解するためには、これに類する法制度上の基準の歴史的変遷を知ることが有意味である。現行法の照応原則は次節で取り上げるので、ここでは耕地整理法以降の廃止法の規定について説明する。

〈1〉 耕地整理法（1899年（1909年改正））

耕地整理法は1899年に生まれたが、1909年に全面的に改正されている（石田頼房1986：53）。1909年の全面改正前の耕地整理法を旧耕地整理法、全面改正後の耕地整理法を新耕地整理法と呼ぶ。新耕地整理法は1954年に土地区画整理法が制定されるまで土地区画整理事業に準用されていた。照応原則に対応する新旧の耕地整理法の規定は次の通りである。

1）旧耕地整理法（1899年）11条1項

　　参加土地所有者ニハ従前ノ土地ノ地目、面積、等位等ヲ標準トシテ換地ヲ交付スヘシ但シ地目、面積、等位等ヲ以テ相殺ヲ為スコト能ハサル場合ニ於テ従前ノ土地ト換地トノ価額ノ差ハ金銭ヲ以テ之ヲ清算ス

2）新耕地整理法（1909年）30条1項

　　換地ハ従前ノ土地ノ地目、面積、等位等ヲ標準トシテ之ヲ交付スヘシ但シ地目、面積、等位等ヲ以テ相殺ヲ為スコト能ハサル部分ニ関シテハ金銭ヲ以テ之ヲ清算スヘシ

3）等位の意味

　　等位の意味が問題になるが、新耕地整理法の土地区画整理事業への準用時代に土地区画整理事業について制定された内務次官通達では「等位」の基準は、（イ）法定賃貸価格、（ロ）地代又ハ小作料、（ハ）売買価格、（ニ）市街地トノ関係、（ホ）道路ニ対スル位置、（ヘ）其ノ他、である（昭和8年7月20日発都15号内務次官通達「土地区画整理設計標準」：この通達については2.10を参照せよ）。

〈2〉 旧都市計画法（1919年）

1919年には旧都市計画法が生まれたが、同法は区画整理について次のよ

うに新耕地整理法を準用した。旧都市計画法の特別法として関東大震災後の震災復興のために旧特別都市計画法（1923年）が、戦後の戦災復興のために新特別都市計画法（1946年）が制定されたが、これらの法律は照応原則に対応する規定を定めていない。なお戦前の土地区画整理事業における換地設計の実態を網羅的に示す資料は存在しないが、関東大震災後の震災復興土地区画整理事業の換地設計では位置が重視された旨の記述がある（復興事務局1932年：402-403）。

旧都市計画法（1919年）（1954年の土地区画整理法施行法による改正前）12条
　　都市計画区域内ニ於ケル土地ニ付イテハ其ノ宅地トシテノ利用ヲ増進スル為土地区画整理ヲ施行スルコトヲ得
　　前項ノ土地区画整理ニ関シテハ本法ニ別段ノ定アル場合ヲ除クノ外耕地整理法ヲ準用ス

4.4　現行法の照応規定

次に現行法における照応規定を取り上げて比較する。以下に土地区画整理法の照応原則とそれに類する主要な法律の規定を法律の成立の年代順に掲げる。近年の立法例が示すように、これらの規定においてもっとも重要であるのは①財産的価値の照応、②地権者間の公平、の2つであり、それ以外の要件は事業の特性に対応する付加的な条件である。

（1）　土地改良法（1949年）

土地改良法は耕地整理法に代わって制定された農業法である。土地改良法を根拠として土地改良事業の区画整理が行われているが、照応原則は同法53条（換地）に定められており、その解釈基準が土地改良法施行規則43条の6（換地）に定められている。順に紹介する。

〈1〉　土地改良法53条1項2号
　　当該換地及び従前の土地について、省令の定めるところにより、それぞれその用途、地積、土性、水利、傾斜、温度その他の自然条件及び利用条件を総合的に勘案して、当該換地が、従前の土地に照応しているこ

〈2〉　土地改良法施行規則43条の6

　　法第53条第1項第2号の規定による総合的な勘案は、当該換地及び従前の土地（法第53条の2の2第1項の規定により地積を特に減じて換地を定める従前の土地にあつては、その特に減じた地積に相応する土地の部分を除く。以下この条、次条及び付録において同じ。）の用途及び地積並びに同号に掲げる事項に基づいてした当該換地及び従前の土地の等位についてしなければならない。

〈3〉　等位の意味

ここで再び等位が問題になるが、農林水産省の土地改良事業の専門家であった森田勝によれば、等位は「換地と従前の土地との照応性をみるための土地のランク付け」、すなわち「用途、地積、土性等を考慮要素として、その土地を地区内の土地全体の中に位置付けあるいは順位付けたときにその土地が占めている位置又は順位のこと」（森田勝1992：70）である。

〈4〉　財産権の保護と土地改良事業

土地改良事業の区画整理においても、財産権の保護は最上位の法益の1つである。だが土地改良事業の重要な目的の1つは農業生産性を向上させるための農地の集約であるから、土地改良法の照応原則は位置の照応を換地設計の要件としない。すなわち土地改良法では位置の照応は財産権を保護するための不可欠の要件ではない。これは土地区画整理事業において直ちに位置の照応が不必要であることを意味しないが、少なくとも土地区画整理事業の位置の照応が付加的な基準であることを示唆している。

（2）　土地収用法（1951年）

土地収用法は82条（替地による補償）7項で替地の提供による補償の基準を次のように定めるが、ここでは当然ながら位置の照応は要求されない。

　　起業者が提供すべき替地は、土地の地目、地積、土性、水利、権利の内容等を総合的に勘案して、従前の土地又は土地に関する所有権以外の権利に照応するものでなければならない。

（3） 土地区画整理法（1954 年）

土地区画整理法 89 条（換地）1 項の照応原則は次の通りである。

> 換地計画において換地を定める場合においては、換地及び従前の宅地の位置、地積、土質、水利、利用状況、環境等が照応するように定めなければならない。

（4） 都市再開発法（1969 年）

都市再開発法は市街地再開発事業の根拠法であるが、市街地再開発事業は第一種市街地再開発事業（施行地区内の宅地や建築物などの権利変換を行う事業）と第二種市街地再開発事業（施行地区内の地権者の宅地や建築物などをいったん買収した上で、希望する地権者に建築物の一部とその敷地の共有持分を譲渡する事業）に区分されている。いずれの場合も財産の形態は変化するので、従前の財産と従後の財産の間の形態的同一性を維持することは不可能である。順に紹介する。

〈1〉 第一種市街地再開発事業

第一種市街地再開発事業では地権者に与える財産を権利変換計画で定める。都市再開発法 74 条（権利変換計画の決定の基準）2 項はこの計画について次のように定める。

> 権利変換計画は、関係権利者間の利害の衡平に十分の考慮を払つて定めなければならない。

第 77 条（施設建築物の一部等）2 項は施設建築物の一部等の配分について、次のように定める。

> 〔借地権者及び建築物所有者〕に対して与えられる施設建築物の一部等は、それらの者が権利を有する施行地区内の土地又は建築物の位置、地積又は床面積、環境及び利用状況とそれらの者に与えられる施設建築物の一部の位置、床面積及び環境とを総合的に勘案して、それらの者の相互間に不均衡が生じないように、かつ、その価額と従前の価額との間に著しい差額が生じないように定めなければならない。この場合におい

第4章　照応原則とそれに代わる換地割付基準

て、二以上の施設建築敷地があるときは、その施設建築物の一部は、特別の事情がない限り、それらの者の権利に係る土地の所有者に前条第一項及び第二項の規定により与えられることと定められる施設建築敷地に建築される施設建築物の一部としなければならない。

〈2〉　第二種市街地再開発事業

第二種市街地再開発事業では第一種市街地再開発事業の権利変換計画に代えて管理処分計画を定めるが、上に掲げた権利変換計画に関する規定である74条と77条2項前段を準用する（118条の10（権利変換計画に関する規定の準用））。

（5）　新都市基盤整備法（1972年）

新都市基盤整備法は土地区画整理法を参考にした法律であるが、今日に至るまで適用例がなく議論の蓄積がない。同法の照応に関する規定は次に掲げる33条（換地）であるが、総合的勘案と衡平を強調する点が土地区画整理法の照応原則と異なる。なお、新都市基盤整備事業の目的の1つは土地の集約であり（新都市基盤整備法2条2項）、また新都市基盤整備事業では減歩に代えて宅地の一部が収用される（同法10条）。

> 換地計画において換地を定める場合においては、次条の規定により根幹公共施設の用に供すべき土地及び開発誘導地区に充てるべき土地に換地すべき土地として指定されるものを除き、換地及び従前の宅地の地積が照応するように定め、かつ、換地及び従前の宅地の位置、土質、水利、利用状況、環境等を総合的に勘案して施行区域内において換地が定められる者の衡平が図られるように定めなければならない。

（6）　大都市地域における住宅及び住宅地の供給の促進に関する特別措置法（1975年）（住宅街区整備事業）

大都市地域における住宅及び住宅地の供給の促進に関する特別措置法（大都市法）は土地区画整理法の特別法として特定土地区画整理事業の根拠法であると同時に（同法第4章）、土地区画整理事業とは独立の住宅街区整備事業

85

の根拠法ともなっている（同法第6章）。特定土地区画整理事業に対しては土地区画整理法の照応原則が適用される。

　住宅街区整備事業は一般宅地に対して施設住宅の一部とその敷地の共有持分を与え（立体化：74条（宅地の立体化）1項）、それ以外の宅地に対しては換地を与える（平面換地：77条（既存住宅区への換地））事業である。大都市地域における住宅及び住宅地の供給の促進に関する特別措置法（大都市法）は住宅街区整備事業について次に掲げる75条（宅地の立体化の基準）で立体化の基準を定め、平面換地については土地区画整理法の照応原則を準用する（82条（土地区画整理法の準用））。

> 換地計画において施設住宅の一部等を与えるように定める場合においては、一般宅地について権利を有する者相互間及び一般宅地について権利を有する者と一般宅地以外の宅地について権利を有する者との間の利害の衡平に十分の考慮を払わなければならない。

4.5　自由換地の正当性
（1）　自由換地の効果と問題

　自由換地は照応原則の不適用を意味するにすぎないが、自由換地は照応原則の制約を取り払い、換地設計の自由度を向上させる。これは少なくとも、①土地利用の整序、②土地の集約による土地利用の効率化、③地権者の意思の尊重によるパレート最適化、を促進することができる。もっとも自由換地から生み出された換地設計と照応原則に基づく換地設計の相違の程度は自由換地の内容によって異なる。

　一方、自由換地の最大の問題はその正当性である。土地区画整理法が自由換地を認めていないのは、土地区画整理事業の成立要件や施行要件は自由換地がもたらす財産権の変化を正当化するには不十分であると考えられてきたからである。従来の考え方では土地区画整理事業がもたらす影響は事業のために必要な最小限のものにとどまるべきである。だが自由換地が与える影響は土地区画整理事業が当然に内包する影響の範囲（地権者の受忍限度）を超え

る可能性がある。たとえばそれは地権者の財産権を侵害し、地権者間の公平を損うかもしれない。この考え方に則る限り、自由換地を無制約に行うことはできない。

（2） 自由換地の正当化

自由換地が与える影響が土地区画整理事業の当然の影響の範囲を超えるとしても、その影響は、① 地権者の同意（自由換地の影響を受けるすべての地権者の同意）、② 公益性（照応原則に優先する公益性）、の一方又は両方によって正当化することができる。地権者の財産権の保護に関する制度的保証（たとえば財産的価値の照応の保証）がある限り、これらの2つの要件の必要性は相対的である。またこれらの要件は互いに補完することができる。すなわち地権者の同意の高さは公益性の低さを補うことができ、逆に公益性の高さは地権者の同意の低さを補うことができる。以下にこれらの場合のそれぞれについて説明する。

〈1〉 同意による正当化

照応原則の主要な目的は地権者の財産権の保護であるから、地権者が照応原則の不適用に同意する場合にはその同意の対象である宅地に対して照応原則を適用する必要がない。不適用の同意は自由換地の影響を受ける宅地の地権者から得なければならず、またそれで足りる。だが自由換地の影響の範囲を予測することは困難であるから、自由換地の影響の範囲が明確に限定される場合（たとえば自由換地の行われる工区とそうでない工区が区分され、後者の工区は自由換地の影響を受けないことが明確である場合）を除き、すべての地権者から自由換地の実施について同意を得なければならない。

しかしながら、地権者の財産権の保護に関する制度的保証がある限り、そして自由換地に相当の公益性がある限り、自由換地についての同意は一定の範囲の地権者から獲得することで足りると考える。この際に得なければならない同意は自由換地を行う方法とそれが生み出す換地設計の概要についての同意である。地権者の同意状況は施行者によって異なるので、自由換地のために必要な同意要件にも差異がある。

1） 個人施行の土地区画整理事業では事業の施行も、換地計画の決定もす

べての地権者の同意に依存する（土地区画整理法8条1項・88条1項）。すなわち個人施行の事業ではすべての地権者が自由換地の実施に拒否権を持つので、拒否権が発動されない限り自由換地を行うことに問題がない。

　2）個人施行以外の土地区画整理事業では照応原則の不適用への反対者が存在する可能性がある。そこで個人施行以外の土地区画整理事業で自由換地を行うためには一定の同意要件か照応原則に優越する公益性を満たすべきである。組合施行の土地区画整理事業の施行には3分の2同意の要件があり（土地区画整理法18条）、換地計画の承認には総会において過半数の議決を得ることが必要である（同法31条・34条1項）。3分の2同意は地権者の人数と地権者が権利を有する宅地の地積について要求されるが、この要件は権利変換を包含する組合施行の市街地再開発事業の施行要件となっていること（都市再開発法14条）、またそれは土地改良区の設立要件でもあるが（土地改良法5条2項）、土地改良区が施行する区画整理では集約換地を行うことができることを考えると、これは相当に厳しい、また十分な制約であるので公益性要件を追加すれば同意要件を加重する必要はないと考える。一方、公的施行者の事業には同意要件がない。それゆえ公的施行者の事業では同意要件を追加しないで行うことができるのは高い公益性を有する自由換地に限られ、限定的な公益性を有する自由換地は同意要件（たとえば地権者の3分の2同意の要件）を追加した上で行うことができると考える。

〈2〉　公益性による正当化

　自由換地が行われなければすべての地権者が照応原則に基づく換地を得ることになる。それゆえ照応原則に優越する公益性は自由換地への反対者が存在する可能性があるときに問題になる。自由換地が照応原則より重要な公益性を持つとき、施行地区内の宅地の地権者は照応原則の不適用を財産権の内在的制約として受け入れなければならない。ところで無制約な自由換地は地権者の意思の尊重以外の公益性を持たない。逆に言うと、一人でも反対者がいる限り、無制約な自由換地を行うことはできない。したがって自由換地を反対者に受忍させる公益性は（自由換地の語感に反するが）自由換地の内容の制約によって生み出される。換言すると自由換地の制約条件は自由換地の公

益的目的の表現であり、この制約条件は通常の照応原則が実現することのできない公益を実現するための付加的な換地割付の基準にほかならない。施行地区の状況によって換地割付において配慮すべき公益性の内容は異なるが、その例を 4.6 で取り上げる。

4.6　換地設計の変異
（1）　換地設計の変異

一切の換地設計の制約のない自由換地と照応原則の厳格適用の間には、換地設計の広範な変異が存在する。

〈1〉　無制約な自由換地

一方の極である無制約な自由換地では財産的価値の照応だけが換地設計の基準となる。無制約な自由換地に適合的であるのは、おそらくは 8.3.5 で説明する土地証券制度に類した制度（たとえば施行者が裁量的に準備した換地を獲得するために地権者が従前地の評価額を対価として利用する制度）である。

〈2〉　照応原則の厳格適用

他方の極である照応原則の厳格適用では、施行者が詳細化された照応原則に則って従前地に完全に対応する換地を決定する。

〈3〉　中間的な換地設計

これらの極の中間にはさまざまな条件によって制約された換地設計がある。緩やかに解釈された照応原則の適用がその 1 つの例であり、申出換地も他の 1 つの例である。これらの例にとどまらず多くの施行者がそれぞれの事業の与件の下でさまざまな換地操作を行ってきた。これらの点について（2）で説明する。

（2）　換 地 操 作

建設省は換地操作に関する調査と集約換地に関する調査を行った。越海興一と中村哲明がそれぞれの調査について報告を行っている（越海興一 1989；中村哲明 1991）。越海が報告する調査は 1980 年度から 1987 年度までに仮換地の指定を行ったすべての地区（施行地区数 1737）を対象としているが、このうち換地操作を行ったものは 283 に上っており、これは全体の 16.3％であ

る（越海興一1989：19）。

一方、中村の報告する調査の対象は1990年4月1日に施行中の土地区画整理事業で仮換地指定の終わっているもの、かつ、地方公共団体、組合、住宅公団、地域公団が施行者であるものであるが、特定土地区画整理事業の共同住宅区と集合農地区は除かれている。調査の対象となった土地区画整理事業の総数については記述がないが、この調査によれば集約換地を行った地区は公的施行者が155地区、組合施行が148地区の合計303地区である（中村哲明1991：83）。

いずれの調査によっても相当に広範に換地操作が行われていることが明らかである。

（3）換地設計の工夫と従来の議論

以下に照応原則による換地設計の制約を乗り越えるための工夫や議論の例を紹介するが、これらの工夫や議論はそれぞれ換地設計の変異の中間に位置する。

〈1〉 照応原則の解釈：総合照応説

3.11で述べたように照応原則の法解釈では総合照応説が学説や判例の主流となっている。総合照応説は従前地と換地の間の対応関係が総合的に適正であると判断されれば、個々の照応項目に照応の程度が低いものがあっても許されると考える。この解釈は従前地に対応する換地の許容範囲を広げることで換地設計の自由度を高める。

〈2〉 立法的な照応要件の緩和

立法的に照応の要件を緩和すべきであるとする主張がある。そのいくつかを1.5.4から1.5.6にかけて紹介した。たとえば施行地区内の土地をいったん買収する第二種土地区画整理事業を提案した内田雅夫・渡瀬誠はこの事業における照応について「資産価値に重点を置き、総合的に勘案したものでよいとし、個別的な照応は緩和する」ことを主張し（内田雅夫・渡瀬誠1993：71）、小寺稔は既成市街地を対象とする再開発型土地区画整理事業の提案において、小規模建築物の密集や土地利用の混乱から飛び換地を行わざるを得ないので、「照応条件を全体としても又目的別分区毎に緩めることが必要で

第4章　照応原則とそれに代わる換地割付基準

ある」と主張する（小寺稔 1993：85）。

〈3〉　土地証券制度の提案

　従前地の位置と無関係に換地を与える手法は、終戦直後に戦災復興事業のための土地証券制度として議論された（建設省編 1991：45-50）。この制度は土地証券によって都市計画事業の施行区域内の土地を買収し、都市計画事業の終了後に土地証券と引換に整地を払い下げるものであるが、買収された土地と払い下げを受ける整地の間に位置的な対応はない。土地証券制度の詳細は **8.3.5** で紹介する。

〈4〉　申出換地

　位置の照応による制約を超える手段として広く利用されているのは、地権者の申出を基礎として申出換地区域内の換地を決定する申出換地である。申出換地を受ける宅地は位置の照応の適用を受けないか、位置以外の照応項目（たとえば利用状況）に位置より高いウェイトが与えられる。その結果、多くの宅地が申出換地区域への飛び換地を受ける。

　申出換地については第5章で議論するが、照応原則との関係が明確に整理されているのは法律上の申出換地である。その特徴は、① 照応原則の不適用の限定、② 申出換地区域の設定、③ 地権者の申出、の3点である。第一に申出換地を受ける宅地は照応原則の適用を受けないが、申出換地を受けない宅地は照応原則の適用を受ける。第二に特定の目的のために申出換地区域が設定される。第三に申出換地区域内の換地は地権者の申出に基づいて定める。だがこれらの特徴は自由換地の不可欠の要件ではない。

4.7　自由換地と換地割付の基準

（1）　無制約な自由換地

　無制約な自由換地は照応原則に対応する換地設計基準（換地割付の基準）を欠いた換地設計である。このときには暗黙のうちに前提された財産的価値の照応が唯一の換地設計基準となる。実務上は従前地に対応する換地の地積（権利地積）又は価額（権利価額）が換地設計式によって算出され、その要件に適合する換地が街区に割り付けられるので、換地設計式の指示が唯一の換

地設計基準となる。無制約な自由換地はすべての地権者の同意に基づいて行われなければならないが、逆に同意に基づくことによってそれはそれ以外の公益性を考慮する必要がない。

（2） 申出換地区域内の換地設計

法律上の申出換地制度は申出換地区域内に申出換地を与えることを定めるが、申出換地区域内の申出換地の配置については基準を定めない。もっとも実務上は抽象的な基準が定められていることがある。たとえば土地区画整理事業の準公式のマニュアルとして広く利用されている「土地区画整理事業定型化（改訂版）」（日本土地区画整理協会1984）には、特定土地区画整理事業で共同住宅区と集合農地区を設ける場合の基準が次のように記述されている。また実際の特定土地区画整理事業においてもこれに類した規定が事業固有の換地設計基準として定められることが多い

〈1〉 共同住宅区

「共同住宅区を定める場合における換地は、整理前の画地の位置及び整理後の建築物の配置計画等を考慮して定めるものとする。」（換地設計基準案第16（同上：258））

〈2〉 集合農地区

「集合農地区を定める場合における換地は、整理前の画地の位置、農地としての利用状況及び整理後の農地整備計画等を考慮して定めるものとする。」（同上）

このような基準は実務上の十分な指針を提供しないので、多くの判断が施行者に委ねられる。したがって申出換地の配置については無制約な自由換地と同一の状況が存在する。

（3） 換地割付の基準の必要性

換地は特定の位置の、特定の形状の宅地であるから、換地割付の制度的な基準がない場合でも、換地設計式が指示する換地を割り付けるためにはなんらかの換地割付基準を準備しなければならない。また複数の地権者が互いに両立しない換地の希望を持つ可能性があるから、換地について地権者の希望を聴く場合にはそれらの希望の間の調整ルールを準備しなければならない。

たとえば同一の位置の換地を希望する複数の地権者が現れたときには特定の地権者を選択するための基準が必要になる。換地割付基準とは無縁な方法（たとえば抽選）を選択の基準として採用することもできるが、その場合でも施行者が地権者に提示する換地案を生み出す際には換地割付基準が必要になる。一方、換地設計の内容にかかわる調整ルール（たとえば宅地の用途に基づく調整ルール）はそれ自体が実質的な換地割付基準となる可能性がある。

4.8 照応原則に代わる換地割付基準とその適用手続き

以上の議論から照応原則に代わる換地割付基準の内容と適用手続きを次のように提案する。

〈1〉 新たな換地割付基準では現行の照応原則が明示的に示さない2つの原則、すなわち ① 財産的価値の照応、② 地権者間の公平、を明文で表現する。

〈2〉 条文上で公益性を配慮して換地を定めることができることを定める。公益性を配慮することによって位置の照応の制約を排除し、飛び換地を行うことが可能になる。

〈3〉 換地設計において配慮することのできる公益性の例を列挙する。その中核となるのは都市計画的な観点からの宅地の再配置の必要や望ましさであろう。たとえば ① 再開発のための集約換地（再開発事業への参加希望者の有する宅地の飛び換地など）、② 用途規制と適合させるための宅地の再配置（用途純化のための飛び換地）、③ 新市街地の中心地区形成や中心市街地活性化のための宅地の再配置（新市街地では地権者の宅地利用の意向と土地利用計画を適合させるための宅地の再配置、中心市街地では商業地区の業種構成を多様化するための宅地の再配置など）、④ 農業的土地利用と都市的土地利用の分離、⑤ 小規模宅地への日照の配慮や大小の宅地の混在による不整形な宅地の発生防止のための規模別の宅地の再配置、⑥ 複数の宅地の一体的利用、⑦ 同一地権者の有する宅地の集約、などがその例である。

これらの公益性の程度は同一ではない。たとえば⑤から⑦までに掲げた公益性はおそらくは他の種類の公益性に比べると限定された公益性である。そ

こで公益性の程度を区分し、4.5で述べたように公益性の程度が弱い場合には公的施行者の事業では地権者の同意要件を満たすことを要求すべきである。なお土地区画整理事業に優先する土地利用計画、たとえば地区計画などの都市計画は強い公益性を有するものとして取り扱うべきであろう。

〈4〉 これらの列挙された公益性に基づき、土地区画整理事業ごとに、換地設計で配慮する公益性の内容およびそれを具体化する換地割付の方法（たとえば地権者の申出手続きや飛び換地の要件など）を規準、規約、定款又は施行規程で定める。個人施行の事業などでは規準等の内容の適法性・妥当性は都市計画や事業目的などに照らして認可権者の審査を受けることになり、さらに認可された規準等に基づいて定められた換地計画は再び認可権者の審査を受けることになる。

4.9 自由換地と建築物の移転・除却補償

自由換地のもう1つの問題は従前地上の工作物の移転・除却費用の負担である。土地区画整理事業の施行のために建築物などの移転や除却を行う際には、施行者はその補償を行わなければならない（土地区画整理法78条（移転等に伴う損失補償））。だが自由換地によって広範囲に宅地の移動が行われると補償費がかさむ。この増加した補償費を負担する第三者がいなければ、それはすべての地権者が減歩によって負担しなければならない。この問題は申出換地の場合にも起こるが、法律上の申出換地制度は申出換地を建築物のない宅地などに限って認めることでこの問題を回避する（たとえば大都市地域における住宅及び住宅地の供給の促進に関する特別措置法（大都市法）14条（共同住宅区への換地の申出）2項）。

自由換地においてもこのような限定を置くことが現実的であるが、建築物の移転や除却に大きな公益があるなら、その費用を公的に負担する余地がある。現に市街地再開発事業では従前の建築物は施行者の負担で除却されるが、これは施行地区内の建築物の更新に大きな公益があるからである。密集市街地などで土地区画整理事業の平面換地を行う場合でも、それに併せて建築物を更新することには大きな公益がある。そこで施行者が（そして最終的には地

第 4 章 照応原則とそれに代わる換地割付基準

権者が）建築物の移転・除却の補償を負担しなくてすむ場合（たとえば公的主体が別種事業によってその費用を負担したり、建築物の所有者がその費用を負担する場合）には、建築物がある宅地を自由換地の対象とすることに不都合はない。

4.10 終わりに

　この章では照応原則の適用と不適用にかかわる問題について議論した。そして照応原則は地権者の財産権の保護を目的とするが、照応原則は宅地の利用ポテンシャルを保持する唯一の手段ではないこと、またすべての土地区画整理事業において照応原則の制約が必要であるとは限らないこと、むしろいくつかの場合には照応原則に代わる換地割付基準を採用すべきであることを明らかにした。この章では照応原則に代わる換地割付基準の採用を提案したが、この新たな換地割付基準に関する制度の骨子は次の通りである：①換地割付基準として財産的価値の照応と地権者間の公平の2つの原則を定めること、②法令上に列挙された公益性要件に基づいて、事業ごとに、規準等で、換地設計において配慮する公益性とそれを具体化する換地割付の方法を定めること、③法令上で公益性の程度を区分し、公的施行者が弱い公益性に基づいて新たな換地割付基準を採用する際には地権者の3分の2同意を得ること。

　新たな換地割付基準は換地設計において配慮すべき公益性を土地区画整理事業ごとに定めることを許容し、施行地区の状況に応じた換地設計を可能にする。たとえばそれは照応原則の制約下では不可能な、土地区画整理事業終了後の土地利用計画に適合した換地の配置を可能にする。新たな換地割付基準の有力な候補は一般化された申出換地であるが、申出換地についてはさらに議論すべき点があるので第5章で独立して取り上げる。

第5章　照応原則と申出換地

5.1　問題と背景

　土地区画整理事業の申出換地は地権者の申出を基礎として申出換地区域内の換地を定める方法である。これには法律の特別の規定に基づいて行われるもの（法律上の申出換地）と法律の特別の規定に基づかないで行われるもの（運用上の申出換地）がある。法律上の申出換地は根拠法が定める条件の下で行われるが、運用上の申出換地は事業ごとの特定の目的や施行地区の個別的な条件に対応するために施行者の裁量によって行われてきた。申出換地は土地区画整理事業のポテンシャルを利用する有力な方法であり、何人かの論者は広範に申出換地を採用することを主張する（たとえば清水浩（清水浩1981：201-202）、小寺稔（小寺稔1993：83）、小澤英明（小澤英明1995：69））。だが運用上の申出換地には照応原則との関係でいくつかの法的な問題があり、これらの問題については十分な議論が尽くされていない。そこでこの章では申出換地に含まれる法的な問題について分析するとともに、一般的な申出換地制度の導入を提案し、制度の設計に際して考慮すべき点を提示する。

5.2　申出換地制度

（1）　申出換地制度の概要

　最初に申出換地制度について説明する。通常の土地区画整理事業では換地設計基準に基づいて施行者が換地設計を行う。これに対して申出換地を採用する土地区画整理事業では施行地区内に1以上の申出換地区域を設定し、地権者の申出を考慮して当該区域内の換地を決定する（図5－1）。申出換地区域は営農や商業などの特定の目的のために設定される。

〈1〉　通常の土地区画整理事業においても地権者は換地について希望を申し出ることがあり、また換地設計の参考に地権者の意向調査が行われることがある。これらの方法による地権者の意向への対応と申出換地の最大の差異

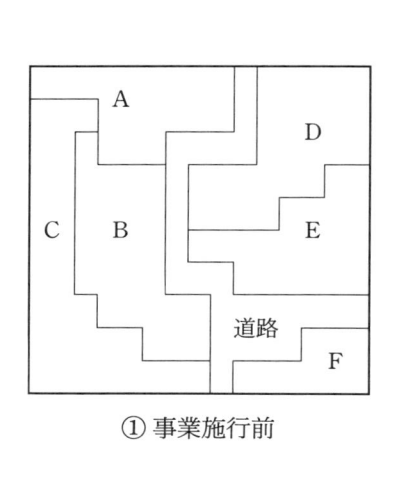

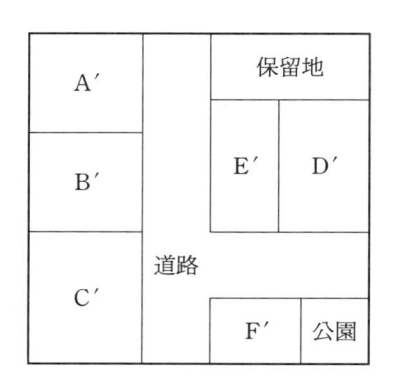

② 通常の換地設計

申出換地区域

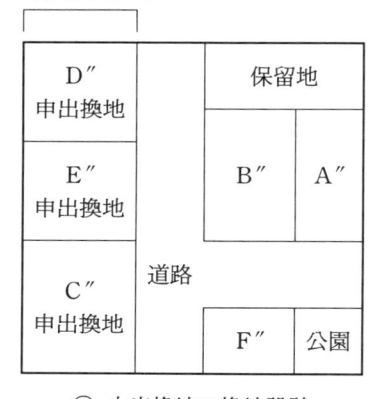

③ 申出換地の換地設計

① 事業施行前

図5－1：申出換地の施行イメージ図

注1：A、B、C、D、E、Fが従前地、それぞれに対する通常の換地がA'、B'、C'、D'、E'、F'、申出換地が行われる場合の換地がA"、B"、C"、D"、E"、F"である。

注2：通常の換地設計では従前地の位置に対応して換地が与えられているが、申出換地実施時の換地設計では申出を行った宅地C、D、Eの換地が申出換地区域に定められ、当該区域周辺に従前地があった宅地AとBの換地は当該区域の外に定められている。

は、申出換地区域の設定の有無にある。

〈2〉 照応原則は「位置、地積、土質、水利、利用状況、環境等」の照応項目について従前地と換地が照応することを要求するが、申出換地では位置の照応に優先する目的が導入される。それによって位置の照応は排除されたり、二次的な配慮が払われるにとどまり、申し出された宅地の多くが申出換地区域への飛び換地（従前地の位置から離れた位置への換地）を受ける。

〈3〉 申出換地区域の面積に比べて申出換地の申出が多すぎたり、少なすぎたりするときは、抽選などの方法で申出換地を受ける宅地を限定したり、申出換地区域の面積を変更したりして両者を適合させる努力が払われる。申出換地を受けない宅地には通常の換地設計基準に基づいた換地が与えられる。

〈4〉 土地区画整理法95条（特別の宅地に関する措置）は公益上の理由から照応原則の例外とする特別の宅地を列挙するが、これらの特別の宅地が集約換地されることがある（たとえば墓地の集約換地について「区画整理技術40年のあゆみ」編集委員会1997：147を参照せよ）。このような集約換地も地権者の申出や同意に基づいて行われることが多いが、これは同条に根拠を置く点で他の申出換地とは異なっている。

（2） 申出換地の種類

申出換地は制度的な位置づけによって、①法律上の申出換地制度、②運用上の申出換地制度、の2つに区分される。運用上の申出換地はさらに、①通常の照応原則の枠内で行われるもの、②通常の照応原則の枠外で行われるもの（申出換地の影響を受ける地権者の同意に基づいて行われるもの。5.7で議論する）、の2つに区分される（図5－2）。

```
申出換地─┬─法律上の申出換地
         │
         └─運用上の申出換地─┬─通常の照応原則の枠内の申出換地
                             │
                             └─通常の照応原則の枠外の申出換地
```

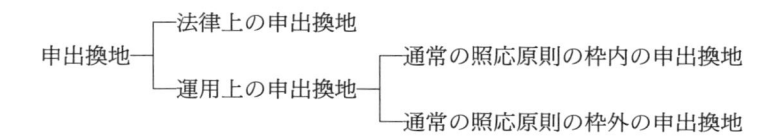

図5－2：申出換地の種類

5.3 申出換地の一般的な効果

申出換地には、① 土地利用の整序、② 土地利用の効率化、③ 地権者の希望の考慮、の３つの一般的な効果がある。これらの効果は単独で、あるいは組み合わされて申出換地の目的となるが、実際は付加的な条件を加えてさらに特化した目的が追求されてきた。たとえば大都市地域における住宅及び住宅地の供給の促進に関する特別措置法（大都市法）に基づく共同住宅区への申出換地は、共同住宅の建設促進を最大の目的とする。法律上の申出換地制度については5.4で説明するが、ここではこれらの一般的な効果について説明する。

（１）　土地利用の整序

土地利用の整序とは異なった種類の土地利用をそれぞれの土地利用にふさわしい区域へ振り分けることである。土地利用の整序は市街地環境を向上させる。このためにこの理念は都市的土地利用と農業的土地利用を区分して、また都市的土地利用をさらに詳細に区分して規制する根拠となっている。土地区画整理事業の換地処分は施行地区内の宅地を移動させるので、土地利用を整序する機会を提供する。この機会を市街地環境の向上のために利用しないのは不合理であるが、無制約な宅地の移動は地権者の権益の保護の観点から不適切である。この点については5.7で議論する。

（２）　土地利用の効率化

特定の種類の宅地の集約は土地の利用効率を向上させることがある。いくつかの例を挙げる。

〈１〉　農業的土地利用と都市的土地利用が混在するよりは、その両者が分離されるほうが効率的である。農業の場合には通作が容易になり、複数の農地の共同作業が行いやすくなる。また農地へのゴミ捨てなどの被害が減少し、近隣住民からの農薬散布への苦情も減少する。都市的土地利用の場合には市街化密度の高さが都市的サービスを効率化させ、その提供を促進する。

〈２〉　同一所有者の有する宅地の集約は土地の利用効率を向上させることがあり、相互に補完的な土地利用（たとえば異なった種類の商業的土地利用）の集約はその区域の利便性や集客力を向上させることがある。

〈3〉 住宅の建築予定地の集約は住宅を対象とする商業施設の立地を促し、それは住宅の立地をさらに促進させる可能性がある。
（3） 地権者の希望の考慮
りんご1山とみかん1山の市場価格が同一であっても、その一方を他方より選好する者がいるように、地権者は財産的価値の等しい複数の土地について異なった選好を持つことがある。そこで換地について複数の選択肢があるときには、その選択について地権者の希望を考慮することでパレート最適化を図ることができる。

5.4 法律上の申出換地
（1） 法律上の申出換地制度
法律上の規定によって行われる申出換地には5つの種類がある。**表5－1**にその概要を示す。

表5－1：法律上の申出換地制度

事業・制度	根拠法	申出換地の内容
住宅先行建設区制度	土地区画整理法	住宅先行建設区への申出換地
市街地再開発事業区制度	土地区画整理法	市街地再開発事業区への申出換地
特定土地区画整理事業	大都市地域における住宅及び住宅地の供給の促進に関する特別措置法	共同住宅区と集合農地区への申出換地
一体型土地区画整理事業	大都市地域における宅地開発及び鉄道整備の一体的推進に関する特別措置法	鉄道施設区への申出換地
被災市街地復興土地区画整理事業	被災市街地復興特別措置法	復興共同住宅区への申出換地

（2） 法律上の申出換地制度の特徴

法律上の申出換地制度は法律の明文で申出換地の根拠を置き、申出換地を受ける宅地について照応原則の適用を除外する。申出換地を受けない宅地は照応原則の適用を受けるが、申出換地によって照応原則の内容は変化している。この点については 5.6 で議論する。

（3） 農住組合の土地区画整理事業

農住組合法に基づいて農住組合が施行する土地区画整理事業の事業計画では一団の住宅地等と一団の営農地等の区域を定めることができる（農住組合法 8 条 4 項）。これらの区域へはそれぞれ住宅建設を希望する地権者の有する宅地と営農を希望する地権者の宅地が飛び換地を受ける可能性が高いが、法令上も、通達上もその旨の記載がなく、これらの区域の位置づけはあいまいである。したがってこれらの区域への申出換地の手続きも定められていない。いずれにしても農住組合の土地区画整理事業は全員同意の共同施行型事業として施行されるので（同法 8 条 1 項）、換地の配置には大きな自由度がある。

5.5　運用上の申出換地

運用上の申出換地は法律上の特別の規定に基づかないで行われる申出換地である。多様な施行例があるが、顕著な例のいくつかを挙げる。なお運用上の申出換地では事業の立ち上がりの段階で申出換地の実施について地権者の同意を得ることが通例となっている。

（1） 段階土地区画整理事業

通達が定める申出換地制度に段階土地区画整理事業がある。この事業方式は建設省の公式の通達によって根拠づけられている点で重要な意義がある。湯沢市寺沢地区、仙台市柳生地区、滋賀県日野町日野中部地区での施行例がある（波多野憲男 1994：201 注 1）。制度の概要は次の通りである。

〈1〉　段階土地区画整理事業の目的は土地区画整理事業と農業の間の調整を図ることである。その大まかな仕組みは 1982 年の建設省の都市局長通達「先行的都市基盤施設整備のための土地区画整理事業の推進について」（1982 年 8 月 13 日建設省都区発第 50 号建設省都市局長通達）と区画整理課長通達「段

階土地区画整理事業の施行について」(1982年8月13日建設省都区発第53号区画整理課長通達) に定められている。

〈2〉 営農の便宜を図るために施行地区を2つの区域に区分し、工事を段階的に施行する。営農の継続のために設定される区域が留保地区、すなわち「公共施設等の工事の全部又は一部を換地処分後に行い、当面の営農等の継続を希望する者の換地を集合する地区」(区画整理課長通達1(3))である。営農希望者の申出に基づいて留保地区への飛び換地が行われ、そこで営農が行われる。

(2) 営農継続のための集約換地

営農継続のための集約換地が純粋に運用上で行われる例があり、数の上ではそのほうが段階土地区画整理事業の施行例より圧倒的に多い。これらの集約換地はたいていは施行地区内に営農のための地区を定め、地権者の申出によって当該地区への換地を定める。文献で報告されている例に、①藤沢市の藤沢都市計画事業北部第二土地区画整理事業の「農業団地地区」、②豊明市の名古屋都市計画事業沓掛土地区画整理事業の「集約換地地区」、への集約換地がある (波多野憲男1994：93-97)。

(3) 港北ニュータウンの申出換地制度

住宅・都市整備公団が横浜市の港北ニュータウンの土地区画整理事業で採用した申出換地は運用上の申出換地制度の典型として広く知られている (以下に参照する文献のほか川手昭二の論文 (川手昭二1981) 及び村田夏来・金井正樹の論文 (村田夏来・金井正樹1997) が港北ニュータウンにおける換地手法を紹介している)。要約的に説明する。

〈1〉 この土地区画整理事業は首都圏近郊のスプロールの防止と新市街地の開発を目的に1974年度に事業認可を得て始まった (「区画整理技術40年のあゆみ」編集委員会1997：158, 232)。港北ニュータウンの従前の土地利用は宅地が4％、公共用地が6％であり、残りのほとんどが山林原野と農地である。これらの土地の評価には大きな差がなかった (清水浩1981：201)。

〈2〉 施行地区の大半は第1種住居専用地域内の一般住宅地となる予定であったが、事業施行後の計画的な土地利用のために、①センター用地、②

アパート・マンション等用地、③工場・倉庫・資材置き場等用地、④集合農業用地、の4類型の特別な用地を設定した。センター用地はさらに、タウンセンター用地、駅前センター用地、近隣センター用地の3つに区分されている（同上：217）。

〈3〉 換地先の用地の種類によって宅地の単価は異なり、減歩率も異なる。それぞれの用地の想定減歩率は表5－2の通りである。換地の配置について地権者の希望を調査し、地権者はこの想定減歩率を参考に申出の決定と換地の種類の選択を行った。申出換地の希望を表明しない地権者の宅地は一般住宅地に換地された（同上：208、215）。

表5－2：特別の用地の種類と想定減歩率

用地の種類	想定減歩率
タウンセンター	65—75 %
駅前センター	55—65 %
近隣センター	40—50 %
アパート・マンション	35—45 %
工場・倉庫	35 %
集合農地	35 %

出所：清水浩1981：220—224

〈4〉 センター用地とアパート・マンション用地への換地の申出は従前地の面積が指定された規模以上でなければ行うことができないが（同上：220-222）、この敷地規模の要件は複数の地権者の共同の申出によって満たすことも、土地の買い増しによって満たすことも認められた（同上：218）。

〈5〉 それぞれの地区（用地の種類ごとの区域）への換地希望者ごとに地権者からなるグループが作られた。それぞれのグループは当該地区の換地設計について議論し、大まかな決定を行った（同上：206）。

（4） 再開発・共同利用関連の集約換地

再開発や建築物の共同利用にからんで集約換地が行われることがある。2

つの例を紹介する。

〈1〉 大宮駅西口の土地区画整理事業

よく知られている例の1つに大宮駅西口の土地区画整理事業がある。この事業の施行地区内の共同事業街区には共同商業ビルの建設が予定されていたが、地権者の希望に基づいて共同事業街区への申出換地が行われた。共同事業街区では短冊型に換地が配置され、それらの換地の上に地権者が出資するビル会社が商業ビルを建設した（山中哲夫 1979 pp. 12-14；大宮市事業局西口開発部 1991 p. 37）。

〈2〉 瑞江駅北部土地区画整理事業

東京都江戸川区の瑞江駅北部地区の土地区画整理事業では共同化を希望する16人の地権者の土地を集約し、7階建ての共同住宅を建築した（今西一男・福川裕一 1996：663）。地権者は共同住宅と共同化住宅敷地の共有持分を得たが、この集約には土地区画整理法91条3項の共有化が利用された（同上：666）。

なお、この共同化事業は優良建築物等整備事業として調査設計費と共有部分建築費の約6分の5の補助金（9000万円）を受けた。これは総事業費の約23％に当たる。しかし、従前の状態ではこの事業の要件である1000㎡以上の敷地面積を満たすことができなかった。一方、江戸川区は宅地の最低敷地規模を70㎡に誘導しているが、このために土地区画整理事業施行地区内で宅地の買い増しを行う場合には1500万円を限度に年利2％の貸し付けを行う助成制度を持っている。そこで共同化を希望する地権者16人のうち9人がこの助成制度を利用して宅地を共同購入し、事業の要件を満たした（同上）。

（5） 土地信託と組み合わせた申出換地

土地を売却するための管理処分型土地信託と組み合わせた申出換地のユニークな例（アイウエオ換地）が埼玉県加須市の加須インター周辺土地区画整理事業で採用されている。来栖豊の報告（来栖豊 1995；来栖豊 1997）をもとに要約する。なおアイウエオ換地はこの事業の関係者による呼称であるが、これは換地が地権者の名簿順（アイウエオ順）に定められたことに由来する。

加須インター周辺土地区画整理事業は1994年に認可された組合施行事業である。施行地区の面積は33.7ヘクタールであり、事業の目的は流通工業団地の造成である。組合員の大部分は農家であるので、流通工業団地に換地を受けても自己利用は不可能である。流通工業団地に進出する企業が購入を希望する土地の面積は$10000\,m^2$から$15000\,m^2$であると推察されたが、個々の換地でこの希望面積を満たすことは不可能である。そこで換地の売却を円滑に行うことができるように、また進出企業の希望を地権者が共同で満たすことができるように、既存住宅とそれに隣接する野菜畑以外のほとんどの土地を信託銀行に信託した。この信託は土地の管理と売却を行う管理処分型の土地信託である。

　すべての宅地を同時に販売することは困難であるので、販売は4期に区分して行われることになったが、通常の換地を行うと地権者の換地の位置によって販売時期に差が生じる。信託されたすべての土地を共有にすれば問題は解決するが、これは現在の法体系では無理であるとされ、次善の策として地権者ごとにその換地を販売時期に応じて区分された工区に配分した。それぞれの工区への換地の配分は面積によって限定したが、その限定方法は次の通りである：第一販売区画：$1000\,m^2$、第二販売区画：$1500\,m^2$、第三販売区画：$3000\,m^2$、第四販売区画：残りのすべての宅地。たとえば$9000\,m^2$の換地を得る地権者は第一販売区画に$1000\,m^2$の換地を、第二販売区画に$1500\,m^2$の換地を、第三販売区画に$3000\,m^2$の換地を、第四販売区画に残りの換地（$3500\,m^2=9000\,m^2-1000\,m^2-1500\,m^2-3000\,m^2$）を得る。この方法を承認する地権者からはこの換地方法を希望する旨の申出書を提出させることにしたが、すべての地権者がこの方式に賛同した。また販売時期の差による土地の価格差の問題については異議を唱えないことが合意された。

　一方、流通業務としての利用を考慮して標準区画の面積は$10000\,m^2$とされた。このために個々の区画は複数の換地からなることになった。複数の換地は短冊状に1区画に割り付けたが、この際には、地権者の了解を得て、販売工区ごとに地権者名簿順（アイウエオ順）に換地の位置を定めた。

（6）　その他の例

第5章　照応原則と申出換地

　このほか小規模宅地の集約換地（「区画整理技術40年のあゆみ」編集委員会1997：140）、工区間飛び換地の際の意向調査に基づく換地（同上：140）、茨城県の龍ケ岡地区における住宅建築促進街区と多目的街区への申出換地（下山健司1993；「区画整理技術40年のあゆみ」編集委員会1997：163-164）、横浜市新本牧地区における全域の選択申出換地（横浜市都市計画局管理課1991：118-126）、浜松市東第一地区における官公庁用地の集約換地（田中耕平1992：4-16）などの例がある。なお、千葉県企業庁の報告書（千葉県企業庁1997）と村田夏来・小林重敬・高見沢実の論文（村田夏来・小林重敬・高見沢実1999）が運用上の申出換地の事例を詳しく報告している。

5.6　申出換地がもたらす影響

　申出換地にかかわる法的問題を理解するためには、まず申出換地がもたらす影響を理解しなければならない。以下に申出換地の物理的影響と照応原則への影響を説明する。

　（1）　申出換地の物理的影響

　申出換地が行われる場合には、次の3点の物理的影響が現れる。

　〈1〉　申出換地区域の設定の影響（図5－3）

　　申出換地区域は公共施設用地や保留地などと同様に、一般の換地に充てられる区域に優先して設定される。それによって一般の換地に与えられる部分（図5－3の一般宅地部分）の面積や形状は通常の場合とは異なるものになる（先取り効果）。さらに申出換地を受ける宅地以外の宅地は申出換地区域の外部へ押し出される（押し出し効果）。

　〈2〉　申出換地の取扱い

　　申出換地を受ける宅地は一般の宅地と区分され、照応原則の適用を受けずに申出換地区域への換地を受ける。

　〈3〉　飛び換地の影響（飛び出し効果）

　　申出換地を受ける宅地が申出換地区域外に位置していたとき、その宅地は一連の宅地の中から飛び出して申出換地区域へ移動する。申出換地を受けない宅地が申出換地区域内に位置していたとき、その宅地は申出換地区域か

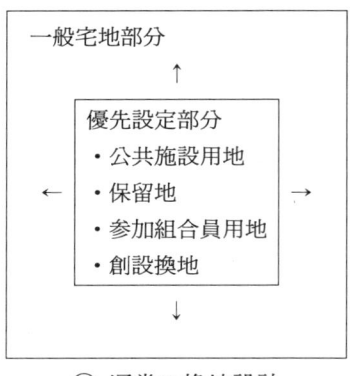

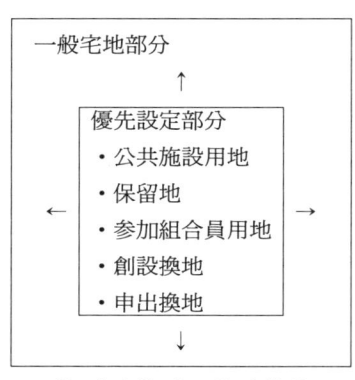

```
┌─────────────────────────┐      ┌─────────────────────────┐
│      一般宅地部分        │      │      一般宅地部分        │
│          ↑              │      │          ↑              │
│  ┌───────────────┐      │      │  ┌───────────────┐      │
│  │  優先設定部分  │      │      │  │  優先設定部分  │      │
│  │ ・公共施設用地 │      │      │  │ ・公共施設用地 │      │
│ ←│ ・保留地      │→     │      │ ←│ ・保留地      │→     │
│  │ ・参加組合員用地│      │      │  │ ・参加組合員用地│      │
│  │ ・創設換地    │      │      │  │ ・創設換地    │      │
│  └───────────────┘      │      │  │ ・申出換地    │      │
│          ↓              │      │  └───────────────┘      │
└─────────────────────────┘      └─────────────────────────┘
     ① 通常の換地設計              ② 申出換地の換地設計
```

図5－3：申出換地区域の設定の影響

ら飛び出して申出換地区域外の宅地の連なりの中へ移動する。さらにこれらの飛び換地は玉突き的に別の飛び換地を生み出すことがある。これらの飛び換地によって申出換地実施時の換地の配列は、通常の場合とは異なったものとなる（図5－1を参照せよ）。

（2）　申出換地による照応原則への影響

　照応原則は事業計画や特別の宅地の取扱いを前提として、一般の宅地に換地を配分するための基準である。照応原則の内容（照応原則が許容する（そして要求する）換地の範囲）はこれらの前提に依存し、これらの前提の変化によって変化する。申出換地は申出換地区域の設定によって、また申出換地のための飛び換地によって照応原則の内容を変更する。図5－4に一般の宅地が与えられるべき換地の範囲の概念図を示す。通常の照応原則が許容する換地の範囲がXであり、申出換地実施時に照応原則が許容する換地の範囲がYである。XからYへのシフトが申出換地の効果である。

5.7　申出換地の正当性

　申出換地は施行地区内の宅地に通常の換地設計を超えた影響を与えるので、無限定に行うことはできない。申出換地を受けない宅地に与える影響を考慮

第5章　照応原則と申出換地

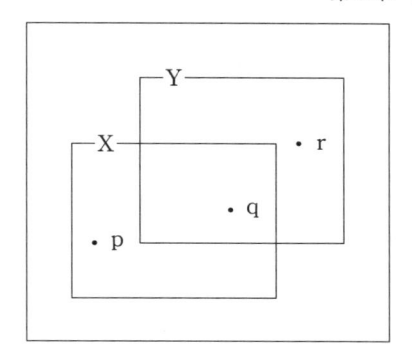

図5－4：申出換地と照応原則の許容範囲の変化

　　X：通常の照応原則の許容範囲
　　Y：申出換地実施時の照応原則の許容範囲
　　p：通常の換地設計で与えられる換地の例
　　q：申出換地実施時に与えられる換地の例
　　r：申出換地実施時に与えられる換地の例

申出換地の正当性 ─┬─ 通常の照応原則との適合
　　　　　　　　　└─ 通常の照応原則との不適合 ─┬─ 影響を受ける地権者の同意
　　　　　　　　　　　　　　　　　　　　　　　　└─ 申出換地の公益性

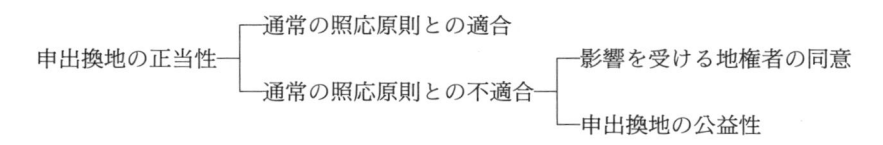

図5－5：申出換地を受けない宅地が受ける影響と申出換地の正当性

すると、申出換地が許容されるのは次のいずれかの場合である：① 申出換地を受けない宅地が受ける影響が通常の照応原則の許容範囲に納まる場合、② 申出換地を受けない宅地が通常の照応原則から逸脱する換地を受けるが、それが何かの理由によって正当化される場合。後者はさらに、① 地権者の同意がある場合、② 申出換地に通常の照応原則に優先する公益性がある場合、に区分される（図5－5）。以下に、これらの場合のそれぞれについて説明する。

　（1）　通常の照応原則に適合する換地

109

通常の換地設計でも換地にはどれだけかの許容範囲があり、その範囲内でどの換地を与えるかは施行者の裁量に委ねられている。申出換地が行われる場合でも申出換地を受けない宅地に対して与えられる換地が通常の照応原則の範囲内にとどまることがあるが、その場合には照応原則との緊張関係は生まれない。図5－4によって説明すると、通常の照応原則によって与えられる換地がpであり、申出換地の実施によって与えられる換地がqであるとき、換地qは通常の照応原則の許容範囲（X）に含まれているので照応原則との抵触は起こらない。

（2）　同意に基づく申出換地

照応原則の主目的は地権者の財産権の保護であるから、地権者が照応原則の不適用に同意する場合にはその同意の対象である宅地に対して照応原則を適用する必要がない。そこで申出換地を受けない宅地の地権者から同意を得た場合には、当該宅地について通常の照応原則を適用せず、申出換地によって変更された照応原則を適用することができる。

申出換地の影響を受ける宅地は申出換地を受ける宅地と申出換地を受けない宅地に区分されるが、申出換地の申出はその宅地が申出換地の対象となり、通常の換地設計を超えた変化を受けることの容認を含意する。したがって法的に重要であるのは申出換地の対象とならない宅地が受ける影響である。申出換地の対象とならない宅地には、① 申出換地の申出が行われなかった宅地、② 申出換地の申出が行われたが、申出換地の対象とならなかった宅地、の2つがある。後者の宅地について申出が行われたことは当該宅地の地権者が申出換地の実施を容認することを含意する。だがそれは申出換地の対象となることの同意であるから、その宅地が申出換地の対象とならなかったときに一般の宅地と異なった取扱いを行う根拠にはならない。したがってこれらの2つの種類の宅地は同一の取扱いを受けるべきである。

（3）　公益性に基づく申出換地

申出換地が照応原則より重要な公益性を持つなら、申出換地を受けない宅地の地権者は、財産権の内在的制約として、その宅地に（通常の照応原則ではなく）申出換地によって変更された照応原則が適用されることを受け入れな

ければならない。法律上の申出換地制度はこの論理に基づき、それぞれに目的とする公益性を根拠に申出換地を正当化する。だが運用上の申出換地では法律上の照応原則に優越する公益性を設定することはできない。

5.8 運用上の申出換地と照応原則

運用上の申出換地は法律上の申出換地が包含しない目的のために、また地権者の多様な希望に対応するために利用されてきた。運用上の申出換地は法律の規定に基づかないので、照応原則との関係を独自の方法で整理しなければならない。しかしながら運用上の申出換地と照応原則の関係はいつも明確ではなく、いつも明言されるわけでもない。しかも両者の関係が争点化することはまれであるので、この点について司法上の判断が示されることもなかった。だがこの点は運用上の申出換地の成否にかかわる重要な争点である。限られた数の議論しかないが、それらを紹介する。

（1） 段階土地区画整理事業

段階土地区画整理事業の根拠通達である区画整理課長通達（5.5に記載）は留保地区への農地の換地と照応原則との関係について次のように述べる：「施行地区内の農地等の所有者から、当該農地等について留保地区内に換地を希望する旨の申出があり、かつ、当該申出に係る農地等について使用収益権を有する者の同意があつた場合においては、施行者は、〔土地区画整理〕法第89条に規定する照応の範囲内において、その申出に配慮して換地を定めること。」（区画整理課長通達1（7））。上位通達である都市局長通達（5.5に記載）も段階整備手法を「土地区画整理法第89条の規定の適用の例外となるものではないこと」（都市局長通達3（2））に留意を促している。それゆえこれらの通達は運用上の申出換地と通常の照応原則の適用が両立可能であることを想定する。

（2） 清水浩の議論

申出換地の熱心な提唱者である清水浩は、自らが施行に携わった港北ニュータウンの例に基づいて詳細に申出換地と照応原則の関係を議論する。そして港北ニュータウンの申出換地の「特別な用地としての取扱いが照応換地の

範疇にあることを確認して見る」(清水浩1981：199)ための議論で、一方では地権者の同意に、他方では利用状況のより適切な照応に申出換地の根拠を求める。

〈1〉 まず事業計画の縦覧と建設大臣の認可が行われたことは、「権利者が、将来の街づくり、土地利用に対する合同目標を設定し、縦覧された設計図を基に、大規模造成を行い、センター地区や集合住宅用地、更に、一般住宅用地などの土地利用計画にあわせた換地計画のため、換地割込設計が行われることに同意し、監督官庁が、これを是認したとみることができる。」(同上：201)とする。

〈2〉 他方で照応については「照応の度合、各要素のウエイトの置き方は、時の社会状勢、個々の区画整理事業の基盤、立地条件等諸般の事情を考慮して酌量されなければならず、換地は単一、絶対的に定められるものではなく、施行者に委ねられた裁量権を有効適正に駆使し、換地処分を行なわなければならない。」(同上)として施行者の一般的な裁量権を認める。その上で当該施行地区について見ると、「土地利用の照応といっても、従前の土地の利用状況は、先に見たように、ほぼ均質なものであり、整理後の多様な土地利用計画との対応で、単純に照応条件を求めるというのは極めて困難であるし、実態にもそぐわない。」(同上：202)。なぜなら「照応は、従前地の土地利用の現況のみでなく、将来での蓋然性を現時点で捉え、整理後の土地利用計画との対比において配慮してゆこうとするものである」からであり、「たとえ、主観的な『権利者の意向』であっても、位置主義ともいうべき原位置換地を行った場合よりも計画的土地利用が実現される見込は高いと思われる」(同上)からである。

（3） 住宅・都市整備公団の議論

住宅・都市整備公団がほぼ同一の表現で清水浩の意見に同調するのは不思議ではない(「区画整理技術40年のあゆみ」編集委員会1997：160)。一方、住宅・都市整備公団の区画整理の技術史は別の箇所で次のように述べる：「現行法による申出換地は、大都市法での規定以外に法的根拠がないことから、施行者の任意によるものとなり権利者との合意形成を図ることで成り立って

第5章　照応原則と申出換地

いる。」（同上：163）

（4）　小澤英明の議論

小澤英明も申出換地を推奨するが、小澤は申出換地を原位置換地と対比してとらえ（小澤英明1995：64）、原位置以外の位置に換地を与えることが合理的である場合があるとする（同上：67、69）。この主張は申出換地を受ける宅地が照応原則の例外となることを正当化するものであるが、小澤は申出換地を受けない宅地が申出換地から受ける影響とそれが許容される根拠については議論を行わない。

（5）　運用上の取扱い

運用上も地権者の同意の獲得に注意が払われているが、同意に基礎を置いて行われたことが報告されている例に、①市川市の妙典地区の事業（大谷一幸1996：32）、②加須市の加須インター周辺地区の事業（来栖豊1997（5.5に紹介）：73）、③那覇市新都心地区の事業（沢田俊作・新垣清・高江州広美1997：113、115）、がある。

5.9　運用上の申出換地の問題点

5.8で紹介した議論から、①地権者の同意、②利用状況の照応、の2つが運用上の申出換地の主要な論拠となっていることが推測される。これらの論拠の問題点について順に説明する。

（1）　同意に基づく説明の問題点

地権者の同意が運用上の申出換地の根拠であるとき、同意は申出換地から影響を受ける宅地の地権者から得なければならず、またそれで足りる。だが申出換地の影響の範囲を予測することは困難である。また同意を得た宅地以外の宅地に申出換地の影響が現れたときには、その宅地について新たに同意を得なければならない。だが事後的な同意の獲得はしばしば困難であり、さらに同意の獲得に失敗したときには換地設計を修正しなければならない。そこで申出換地の影響範囲が明確に限定される場合（たとえば工区や街区の間で飛び換地が行われず、特定の街区や工区は申出換地の影響を受けないことが明確である場合）を除き、すべての地権者から申出換地の実施について事前に同意を

113

得なければならない（この点は 4.5 でも議論した）。

　しかしながら、これには次の2つの問題がある：① すべての地権者から事前の同意を得ることは事務的にも、また事実上も困難であること、② 地権者の全員同意の原則を貫徹する限り、少数の反対地権者が存在すれば同意による正当化の根拠が揺らぐこと。

（2）　利用状況に基づく説明の問題点

　〈1〉　利用状況の照応が運用上の申出換地の根拠であるとき、申出換地は利用状況の照応を他の照応項目に優先させた結果である。このとき申出換地の影響は通常の照応原則の範囲内にとどまる。図5−4によって説明すると、この主張では照応原則の許容範囲の X から Y へのシフトは照応項目のうち利用状況に高いウェイトをかけた結果である。それによって換地 r が正当化される。

　〈2〉　利用状況に他の照応項目より高いウェイトを置くためには、地権者の宅地利用の意図を利用状況に含ませなければならないことがある。だがこれには次の難点がある：① 地権者の意図が明示されないとき、それを正確にとらえることは困難であること、② 地権者の意図が明示されても、その実現の時期には不確実さがあること、③ 地権者の意図が変わる可能性があること、④ 地権者の意図はなんらかの理由によって（たとえば資金的な制約や行政上の規制や民事的な制約によって）実現不可能である場合があること、⑤ どのような理由によってであれ地権者の意図が実現されないとき、それを強制的に実現させる方策は限られていること。

　〈3〉　地権者の意図に依存する利用状況に上記の不確定性があるとき、それに他の照応項目より高いウェイトを与えることはいつも適切なわけではない。また運用上の申出換地において設定される申出換地区域の効果は法律上の申出換地のそれと大きな差異がない。このとき換地設計を通常の照応原則で説明することは困難であり、それよりは照応原則の内容が申出換地区域の設定によって変化していると考えるほうがはるかに自然である。

5.10　一般化した申出換地制度の必要性

　上記のように運用上の申出換地にはどれだけかの制約がある。そこで一般化した申出換地制度を創設してこれらの制約を乗り越えるべきである。ここで一般化した申出換地制度とは制度的に提供される枠組みの下で施行者が必要に応じて採用する申出換地制度であり、現在の法律上の申出換地制度のように特定の要件によって限定された申出換地制度ではない。その理由を要約する。

　（1）　照応原則との抵触の回避

　一般化した申出換地制度を創設すべき最大の理由は照応原則との抵触の回避である。申出換地の先取り効果や押し出し効果や飛び出し効果によって申出換地を受けない宅地の多くが影響を受けるが、それらの宅地が通常の照応原則の許容範囲外の換地を与えられる可能性は状況によって異なる。申出換地の効果が通常の照応原則が許容する範囲にとどまることはあるが、申出換地によって広範囲の飛び換地が行われ、さらに申出換地の効果が互いに相殺されたり、相乗されたりするので、申出換地が一般の宅地の照応度に与える影響を完全に予測することはできない。また事業ごとに換地設計の前提は異なるから、ある事業で行われる申出換地は非申出換地の照応度に影響を与えないのに、別の事業で行われる申出換地はそれに影響を与えることがある。これらの理由から運用上の申出換地と法律上の根拠が必要な申出換地をその効果において区別することは困難である。そこで申出換地の根拠を与える一般的な申出換地制度を創設すべきである。

　（2）　地権者の同意要件の緩和

　第二の理由は地権者の同意要件の緩和である。申出換地の大きな効用と照応原則による地権者の財産権の保護を考慮すると、申出換地の影響を受けるすべての宅地について同意を求める必要はない。そこで **4.5** で検討したように申出換地の公益性との見合いで地権者の同意要件を緩和し、申出換地の利用を促進すべきである。申出換地の採用に反対である地権者は事前には事業の施行への不同意や組合総会での反対投票などによって意見を示すことができるほか、事後的には換地処分への不服申し立てや訴訟によって救済を求め

ることができる。

(3) その他の効用

一般化した申出換地制度には、上記の2つの効用に加えて、少なくとも次の2つの効果がある：①アナウンスメント効果（一般的制度化によって申出換地制度の存在が明示され、申出換地制度の利用が促進されること）、②基本的な制度の提供（申出換地制度の実質的な、また手続き的な基準の提示によって施行者の事務的な負担を軽減し、またその内容の適正さを確保すること）。

5.11 制度導入の前提

一般化した申出換地制度を導入する際には、次の2点を考慮しなければならない。

(1) 現行法の申出換地制度との関係

最初の問題は従来の法律上の申出換地制度との関係である。従来の法律上の申出換地制度はそれぞれに特化した目的を持っているが、これらの制度は一般的な申出換地の一部として再構成することができる。だが複数の法律の修正は事務的なコストの割には大きな効用を持たないので、従来の制度は特定の場合に適用すべき特殊法として残すことで足りる。

(2) 加重要件の必要性

土地区画整理事業の施行がもたらす変化に比べれば、申出換地がもたらす変化は限定的である。だが従来の土地区画整理事業で一般的な申出換地が認められていないのは、申出換地を行うには従来の事業の成立要件では不十分であると考えられてきたからである。その根拠は土地区画整理事業がもたらす影響は事業のために必要な最小限のものにとどまるべきであるという考えであり、その延長として申出換地が与える影響は土地区画整理事業が当然に内包する影響の範囲を超えるので、無限定に申出換地を認めることはできないとする考えである（1998年3月30日建設省関係者から聴取）。この論理に則る限り、一般的な申出換地制度を導入するためには土地区画整理事業にいくつかの要件を追加しなければならない。次節において、この点についても検討する。

5.12 一般化した申出換地制度の要件

一般化した申出換地制度を導入する際に追加すべき要件は、少なくとも① 公益性、② 地権者の同意、③ 目的達成の確実性、④ 申出要件、の4つを含まなければならない。この順に説明する。

（1）公　益　性

申出換地が追求すべき公益性の代表には都市計画上の必要や望ましさ、たとえば① 土地利用の整序の必要性（たとえば施行地区内の土地利用の混乱を整序すべき場合）、② 宅地の再配置の必要性（たとえば施行地区内の大半が農地や原野であり、事業施行後の都市化に対応して宅地を再配置することが望ましい場合、また再開発事業や建築物共同化事業を行うために宅地を再配置することが望ましい場合）、がある。立法上は予測しがたい要因を包含するように要件を包括的に定めることが賢明であろう。

〈1〉 公益性の要件は、① 事業要件、② 申出換地要件、の一方又は両方によって定めることができる。事業要件による限定は特定の要件を満たす土地区画整理事業（たとえば新市街地型の事業又は都市計画事業）だけに申出換地を認める方法である。申出換地要件による限定は申出換地の申出をする宅地の要件（たとえば宅地の利用方法、宅地利用の時期、宅地の地積など）によって申出換地を受ける宅地を限定する方法である。

〈2〉 申出換地は公益性に付随する次の2つの要件を満たすべきである：① 効果の公平性（特定の者に申出換地の目的との関係で不必要な、また過度の利益又は不利益を与えないこと）、② 申出換地区域の区分の合理性（申出換地区域の区分が申出換地の目的との観点で合理的であること）。

〈3〉 **4.5**と**5.10**で検討したように申出換地の公益性と地権者の同意の2つの要件は相対的であり、また互いに補完することができる。すなわち照応原則に優越する公益性の程度は地権者の同意の程度との兼ね合いによって判断されるので、地権者の同意の高さは公益性の低さを補うことができ、逆に公益性の高さは地権者の同意の低さを補うことができる。

〈4〉 申出換地の目的である公益と照応原則の主目的である財産権の保護の関係は（少なくとも）ある範囲内では相対的であり、その一方が他方に絶

117

対的に優越するものではない。したがって申出換地の公益性によって申出換地が一般の宅地に与える影響（申出換地が行われる際に一般の宅地に与えられる換地が通常の照応原則に基づいて与えられる換地から逸脱する程度）の許容範囲が定まる。すなわち申出換地の公益性が高いほど通常の照応原則からの逸脱はより広い範囲で許容され、申出換地の公益性が限られているほど逸脱はより限定的な範囲で許容される。

（2） 地権者の同意

地権者の財産権の保護に関する制度的保証（たとえば照応原則）がある限り、そして申出換地に相当の公益性がある限り、申出換地についての同意は一定の範囲の地権者から獲得することで足り、すべての地権者から獲得する必要はない。地権者の同意状況は施行者によって異なるので（表2-2を参照せよ）、申出換地のための加重要件にも差異が現れる。この点については4.5で議論したが、その内容を要約すると次の通りである。個人施行の土地区画整理事業では換地計画の決定に当たってすべての地権者の同意が要求されるので（土地区画整理法88条1項）、そもそも申出換地を行うことに問題がない。組合施行の事業では地権者の3分の2同意の原則があるので、公益性要件を追加すれば地権者要件を加重する必要はないと考える。一方、公的施行者の事業の場合には地権者の同意要件がない。それゆえ公益性要件に加えて地権者同意（地権者の人数と地権者が権利を有する宅地の地積についての3分の2同意）の要件を追加することで従来の法律上の申出換地制度より低い公益性の申出換地を制度化することができると考える。この同意は事業の立ち上がり段階で、又は申出換地を含む換地設計基準を施行規程として定める段階で得なければならない。

（3） 目的達成の確実性

目的の達成が確実でない手段のために地権者の財産権を制約することは不適切である。そこで申出換地の目的は申出換地によって相当の確度で達成されることが見込まれなければならない。

申出換地の目的が達成されるかどうかは、しばしば申出換地とともに用いられる手段の効果に依存する。利用可能な手段の例には次の3つがある：①

申出の基準設定、②特定の責務の義務づけ、③事実上の工夫。従来の申出換地はもっぱら①と②の手段によって申出換地の目的の達成を担保しようとしてきた。③の例には短冊換地によって共同利用以外の利用を困難にする大宮駅西口の事業の例やアイウエオ換地の例がある（5.5を参照せよ）。

もっとも確実な方法は施行者の代替的土地利用制度の導入である。代替的土地利用制度では特定の土地利用等を申出換地の申出の条件とし、申出換地で予定された土地利用が行われない場合にはその換地を施行者が買い取って、自ら、又は第三者に売却して予定された土地利用を実現する。この制度がすべての事業において利用可能であるとは限らないが、いくつかの条件の下では大きな利用価値があると思われるので、このような制度の導入も検討する余地がある。

（4）申出要件

どの程度の申出を受け入れることができるかは申出換地区域の広さや申出換地の設定要件（たとえば面積要件など）によって異なる。だが他の条件が同じである限り申出換地を受ける機会はできるだけ多くの地権者に与えるべきであるから、過度に限定的な申出要件は不適切である。したがって申出の基準は申出換地の目的の達成に必要な最小限度のものでなければならない。また、より多くの地権者に申出の機会を与えるために、単独では申出要件を満たせない地権者に申出要件を満たす機会を与えるべきである。たとえば都市計画上の理由などから宅地の地積について最低基準を設ける場合には、それを満たせない宅地の所有者が共同してそれを満たすことを可能にすべきである。特定土地区画整理事業（大都市地域における住宅及び住宅地の供給の促進に関する特別措置法（大都市法）15条）、**5.5**に記述した港北ニュータウンにおける土地区画整理事業や東京都江戸川区の瑞江駅北部土地区画整理事業にこの例がある。

5.13 終わりに

この章では申出換地に関する制度と運用の実態を分析し、申出換地が内包する問題について議論した。また法制度上の適正化を図るとともに、申出換

地の利用を推進するために一般的な申出換地制度の導入を提案した。申出換地は施行地区内の宅地の配置と地権者の土地利用の意向を適合させる点ではきわめて効果的な手法である。だが申出換地は一般の地権者の権益の保護と抵触する可能性があり、これは申出換地の利用を抑制する要因となっている。そこで一方では申出換地の利用を促進するように、他方では一般の地権者の財産権を保護するように、一般化した申出換地制度を定めることが望ましい。この際には申出換地の達成する公益性と地権者の同意の関係、目的達成の確実性、申出要件などについて考慮しなければならない。これらの要因に配慮した申出換地制度を導入することができれば申出換地の手続きと内容が適正化され、より多くの土地区画整理事業において申出換地を利用することが可能になる。これは土地利用計画に基づいて施行地区内を作り替えることを容易にするが、それによって土地区画整理事業は都市計画の実現手段としての価値を高めることになろう。

第 6 章　小規模宅地対策

6.1　問題と背景

　小規模宅地対策とは小規模な宅地について特別の取扱いを行うことである。小規模宅地対策は多くの土地区画整理事業で採用されているが、小規模宅地対策にはいくつかの法律上の問題があり、改善の余地がある。この点は多くの土地区画整理事業の関係者に認識されている。小規模宅地対策の制度的な改善提案は土地区画整理基本問題部会の提言に取り上げられてきたし、土地区画整理事業制度を所管する建設省の関係者も小規模宅地対策の改善について言及してきた。たとえば建設省に在職した渡部与四郎・相澤正昭は1975年に組合施行の土地区画整理事業の施行地区に既存の小団地内の小規模宅地が含まれるとき、その取扱いに苦慮している例が多いとする。そして「立法的に解決をせざるをえない時期にきていると考えられる。」(渡部与四郎・相澤正昭 1975：139) と述べる。1979 年に建設省区画整理課長であった和田祐之は過小宅地の適正化を土地区画整理事業の課題に取り上げ (和田祐之 1979：17)、建設省区画整理課の係長であった丸谷浩明は 1987 年に小規模宅地対策の調査の報告において「組合施行についての小規模宅地対策の確立・適正化が重要であると考える。建設省としても、この調査の結果を踏まえ、小規模宅地対策の充実及び適正化のための施策の実施を検討する方針である。」(丸谷浩明 1987：31) と述べている。

　しかしながら小規模宅地対策に関する制度改正は 1988 年の土地区画整理法の一部改正による宅地の共有化制度の創設に限られている。また小規模宅地対策の問題点と改正に関する議論は簡潔なものにとどまっており、小規模宅地対策に関する認識が深化することはなかった。たとえば小規模宅地対策の法的な含意についての検討が報告されたことはなく、制度設計上の検討も乏しいままになっている。その最大の理由は法的な要請と現実の必要の間の調整が困難なことである。そこでこの章では小規模宅地対策の制度と現状を

分析し、それらに包含される法的争点について検討する。その上で小規模宅地対策の拡充を提案し、その際に配慮すべき事項について検討する。

6.2 小規模宅地対策の種類

（1） 小規模宅地対策の概念

小規模宅地対策は小規模宅地の減歩の効果を緩和する手法の総称である。最初に小規模宅地対策に関連する事項を説明する。

〈1〉 小規模宅地について一貫した定義はない。土地区画整理法は過小宅地対策の対象となる小規模宅地の基準を定めているが、小規模宅地の範囲はこの基準に従って土地区画整理事業ごとに定めることになっている（**6.5**で説明する）。また多くの事業では土地区画整理法に基づかないで小規模宅地対策が行われている。そこである土地区画整理事業の小規模宅地の基準は100 m²であるのに、他の土地区画整理事業では300 m²であることがある。

〈2〉 「減歩の効果を緩和する手法」には減歩の緩和そのもののほか、換地処分後に地権者が利用する宅地を増やす手法（たとえば付け保留地）が含まれる。

〈3〉 土地区画整理法上の小規模宅地対策と小規模借地対策はそれぞれ過小宅地対策、過小借地対策と呼ばれているが（**6.5**で説明する）、小規模宅地対策にはこれらの手法のほか、土地区画整理法に基づかないで行われる手法が含まれる。

〈4〉 小規模宅地対策の中でもっとも重要であり、またもっとも大きな法的争点を含んでいる手法は小規模宅地に対する減歩率の修正である。小規模宅地に対する減歩率の修正は小規模宅地対策と同義で使われることが多い。この章ではこの狭義の小規模宅地対策を主なテーマとして議論するが、その前に（2）で広義の小規模宅地対策の種類について説明する。

（2） 建設省の1986年調査

建設省の区画整理課は1986年に「土地区画整理事業における小規模宅地の取扱いに関する基礎調査」を行った（丸谷浩明1987）。この調査の目的は小規模宅地対策として採用されている手法を網羅的に調べることである。この

第6章 小規模宅地対策

調査が小規模宅地対策として挙げるのは次の10種類の手法である：① 付け保留地、② 付け換地、③ 増し換地・0 減歩・減歩緩和、④ 立体換地、⑤ 集約換地及び共同利用、⑥ 90条換地不交付、⑦ 91条・92条換地不交付、⑧ 先買い、⑨ 買い増し合併換地、⑩ 土地評価手法による対処。これらの手法は、通常、小規模宅地対策として理解されている手法の範囲をはるかに超えているが、議論の前提としてこれらの手法について説明する。なお、1988年の土地区画整理法の改正では宅地の共有化が小規模宅地対策のメニューに追加されたので、最後にこの手法についても説明する。

〈1〉 付け保留地

付け保留地は小規模宅地の換地の隣に、その換地の所有者に買い取らせるために設定される保留地である。通常の保留地は施行地区内の1箇所又は数箇所に相当の規模で設定されるが、付け保留地は隣接する換地の減歩分を補充するために、それぞれの換地に隣接して設定される。岩見良太郎がいくつかの事例を紹介している（岩見良太郎1978：256-259）。埼玉県内の公的施行者施行事業において換地設計基準に定められた付け保留地の根拠条文の例を次に紹介する。

（既存宅地の措置）
　第14条　建築物（工作物は除く）のある画地については、街区の形状、建築物の配置、規模、建ぺい率等の利用状況を考慮して換地設計上特に必要と認める場合は、保留地を換地に隣接して定めることができるものとする。

〈2〉 付け換地

付け換地は小規模宅地の換地の隣に、その換地の所有者に買い取らせるために設定される特定の地権者（たとえば土地区画整理事業の公的施行者や開発事業者など）の換地である。住宅・都市整備公団施行事業などで例があるが、付け換地を行うためにはその原資となる土地が必要であり、これはたいていは事業施行前の宅地の先買いによって手当てされる。

〈3〉 増し換地・0減歩・減歩緩和

この手法は小規模宅地の地積について通常の照応原則の適用を排除し、減歩率を修正する手法である。① 増し換地（従前地の地積以上の地積の換地を与えること）、② 0減歩（従前地の地積と同一の地積の換地を与えること）、③ 減歩率の緩和（通常の減歩率より低い減歩率を適用すること）、の3種類があるが、ここではこれらのすべてを減歩緩和と総称する。減歩緩和を受けた宅地が減歩として引き受けるべきであった負担は清算金の支払いによって相殺される。

〈4〉 立体換地

立体換地は土地区画整理法93条（宅地の立体化）によって行われる立体換地である。同条1項は過小宅地対策として立体換地を行うことができることを定めている。だが立体換地は実施例が乏しく、1986年の建設省の調査当時には実施例がない。立体換地については**7.4**で説明する。

〈5〉 集約換地及び共同利用

集約換地及び共同利用として通常理解されているのは1地権者の有する複数の従前地を1換地に集約したり、複数の地権者が有する複数の従前地に互いに隣接する換地を与えることである。だが建設省の調査が「集約換地及び共同利用」と呼ぶのは特定土地区画整理事業における共同住宅区への申出換地とその際の小規模宅地の共有化（大都市地域における住宅及び住宅地の供給の促進に関する特別措置法（大都市法）15条（宅地の共有化））や市街地再開発事業との合併施行である（同上：17）。

〈6〉 90条換地不交付

90条換地不交付は土地区画整理法90条（所有者の同意により換地を定めない場合）に基づき、小規模宅地の換地を不交付とするものである。90条に基づく換地不交付は地権者の申出又は同意に基づく換地不交付であり、またその対象は小規模宅地に限られない。そこで同条に基づく換地不交付が小規模宅地対策として挙げられることはまれである。

〈7〉 91条・92条換地不交付

91条・92条換地不交付は土地区画整理法91条（宅地地積の適正化）、92条（借地地積の適正化）に基づいて行われる換地不交付である。詳細は**6.5**で説

明する。

　〈8〉　先買い

　先買いは土地区画整理事業の施行前にその事業の施行者予定者らが小規模宅地を買収する手法である（同上）。これは換地手法とは無縁の小規模宅地対策である。

　〈9〉　買い増し合併換地

　買い増し合併換地は「小規模宅地の権利者が前もって地区内の他の土地を購入しておき、換地設計上の配慮により合併換地することによって十分な宅地規模を確保する手法」（同上：18）である。この手法は同一地権者の有する異なった宅地を一体化する点で集約換地の1類型である。なお東京都江戸川区における例について **5.5** を参照せよ。

　〈10〉　土地評価手法による対処

　土地評価手法による対処は小規模宅地に通常の場合より高い評価を与えて、その宅地に本来適用されるべき減歩率より低い減歩率を適用することである。この土地評価手法による対処の変異の1つに、建付地（たてつけち：建築物の存在する宅地）に対して更地より高い評価を与える手法がある（春日井市の実例について鵜飼一郎の紹介（鵜飼一郎 1993：31）を参照せよ）。この方法は〈3〉に掲げた方法と同様の小規模宅地の減歩率の修正にほかならないが、それが土地評価の段階で行われることに特徴がある。

　なお、建設省は愛知県内の土地区画整理事業の仮換地指定に関する再審査請求を受けて 1993 年 12 月に建築物の有無だけを理由に土地評価を変えるのは理由がないとした。これを受けて愛知県では組合施行の事業について換地設計の指導マニュアルが新たに作成された（「愛知県土地区画整理組合換地規程（案）・土地評価基準（案）」（1994）（この経緯と詳細については大場民男 1998 a、大場民男 1998 b を参照せよ）。

　〈11〉　宅地の共有化

　宅地の共有化は土地区画整理法 91 条 3 項に基づき、小規模宅地とその隣接地をそれぞれの地権者の同意に基づいて共有化すること（換地に代えて宅地の共有持分を与えること）である。実際の適用例は乏しいが、東京都江戸川区

の土地区画整理事業でこの規定を根拠に宅地の共有化を行った例がある（5.5を参照せよ）。

6.3 小規模宅地対策の背景

土地区画整理事業において小規模宅地対策が必要となる主要な理由は次の4つである：① 都市計画上の理由、② 換地設計上の理由、③ 宅地規模による宅地利用の制約、④ 地権者対策。この順に説明する。

（1） 都市計画上の理由

小規模宅地は市街地の美観の低下や防災上の危険の増加や居住密度の上昇による混雑などによって都市環境を悪化させることがある。このような都市計画上の難点は都市計画法12条の4（地区計画等）5項2号が地区整備計画で建築物の敷地面積の最低限度の規制を認める根拠となっている。土地区画整理事業による減歩は小規模宅地を増加させ、また既存の小規模宅地の地積を減少させることによって、これらの問題を深刻化させる可能性がある。

（2） 換地設計上の理由

土地区画整理事業の換地設計ではすべての宅地について接道義務を満たすとともに換地を整形化することに配慮が払われる。だがこれらの条件を満たして小規模宅地を配置するためには、小規模宅地以外の宅地に不整形な形状の換地を与えなければならないことがある。

（3） 宅地規模による宅地利用の制約

同一の減歩率が適用されても、小規模宅地はそれ以外の宅地より利用の制約を受けやすい。相当の規模の宅地であれば、減歩後も従来と同様の土地利用を継続することができる場合が多いが、小規模宅地の場合には地積の絶対規模の減少によってそれが困難になったり、土地利用に大きな制約がかかることがあるからである。これは地権者が土地区画整理事業に反対する大きな根拠となってきた（その主張と反対運動の例について岩見良太郎を参照せよ（岩見良太郎1978：242-247））。

（4） 地権者対策

小規模宅地が受ける減歩の影響が重大であることから、小規模宅地の地権

者は土地区画整理事業への頑強な反対者になりやすい。このために小規模宅地が受ける減歩の効果を緩和し、これらの地権者の同意を取り付けることが事業施行上の重要な要件となっている（**2.8**を参照せよ）。

6.4 小規模宅地対策の現状

1986 年の建設省の調査以外には小規模宅地対策の調査は乏しい。そこで小規模宅地対策の現状をこの調査に基づいて説明する。なお **6.2** で述べたように宅地の共有化制度が創設されたのは 1988 年の土地区画整理法の一部改正であるので、この調査には宅地の共有化が挙げられていない。

〈1〉 調査対象

1986 年の建設省の調査対象は昭和 51 年度から 55 年度までに事業認可を受けた地区である（丸谷浩明 1987：18）。回答地区数は 894 地区である（同上：19）。

〈2〉 小規模宅地対策の採用状況

建設省に回答を寄せた 894 地区のうち、なんらかの小規模宅地対策を行っている地区は 610 地区にのぼる。これは回答地区の 68％ である（同上：20）。施行者別の内訳では個人施行で 14％、組合施行で 69.7％、公共団体等施行で 88.8％、公団等では 78.6％ が小規模宅地対策を行っている（同上：21）。

小規模宅地対策を採用した 610 地区で利用された小規模宅地対策の延べ数は 1091 である。小規模宅地対策を採用した 1 地区当たりでは 1.8 の手法を利用している（同上）。なお、この延べ数 1091 は **表 6 − 1** の延べ数 1072 と異なるが、この差異の理由は不明である。

〈3〉 小規模宅地対策の種類別内訳

表 6 − 1 に小規模宅地対策の種類別内訳を掲げる。付け保留地、増し換地・0 減歩・減歩緩和、90 条換地不交付の 3 つの手法の利用例が多い。このうち 90 条換地不交付について丸谷浩明は「不交付とする理由が権利者からの申出によるものも含まれるほか、対象となる宅地が私道であること、利用不可能な狭小遊休地であること等、小規模宅地であることではない場合も

表6－1：小規模宅地対策の種類別内訳

小規模宅地対策の手法	件数	比率（％）
付け保留地	324	51.3
付け換地	21	3.4
増し換地・0減歩・減歩緩和	300	49.2
立体換地	0	0.0
集約換地及び共同利用	12	2.0
90条換地不交付	296	48.4
91条・92条換地不交付	44	7.2
先買い（小規模宅地の先買い）	16	2.6
買い増し合併換地	13	2.1
土地評価手法による対処	23	3.8
その他	23	3.8
合計	1072	175.7

　　　出所：丸谷浩明1987：22の表5－1を一部修正。
　　　注(1)：複数回答があるので、合計が100％を超えている。
　　　注(2)：「その他」については丸谷浩明1987に説明がない。

あり、また、換地不交付となる宅地の面積的割合も非常に小さいことから、小規模宅地としての位置づけは数字に現れたよりも弱いと考えられる。」（同上：22-23）と述べる。

6.5　法律上の小規模宅地対策

　土地区画整理法に定められている小規模宅地対策について説明する。
　（1）　土地区画整理法上の根拠
　土地区画整理法91条（宅地地積の適正化）は公的施行者（個人施行者と土地区画整理組合の2種類の施行者を除く施行者）が行う小規模宅地対策を定める。また同法92条（借地地積の適正化）は借地地積についてこれと同様の対策を

定める。公式にはこれらの規定が小規模宅地対策の根拠となってきた。順に説明する。

（2）　土地区画整理法 91 条（宅地地積の適正化）

土地区画整理法 91 条の内容は下記の通りである。

〈1〉　減歩緩和（1項）

災害を防止し、及び衛生の向上を図るため宅地の地積の規模を適正にする特別な必要がある場合は、地積が小である宅地について、過小宅地とならないように換地を定めることができる。

〈2〉　過小宅地の基準地積（2項）

過小宅地の基準となる地積は、政令（土地区画整理法施行令 57 条（過小宅地の基準））で定める基準に従い、施行者が土地区画整理審議会の同意を得て定める。政令で定められた基準は、①換地計画区域の区分（換地計画区域を区分してそれぞれに過小宅地の基準を定めることができること）、②過小宅地の基準（過小宅地の基準地積は 100 m² 以上（商業地域などでは 65 m² 以上）とすること）、③特例宅地（派出所などの特別の宅地について過小宅地の基準の適用を排除すること）、である。

〈3〉　小規模宅地の共有化（3項）

小規模宅地の所有者及びその隣地の所有者の申出があったときは、当該申出に係る宅地について換地を定めないで、施行地区内の土地の共有持分を与えるように定めることができる。

〈4〉　換地不交付（4項）

土地区画整理審議会の同意があったときは、地積が著しく小であるため増し換地を与えることが適当でない宅地について換地を定めないことができる。

〈5〉　強減歩（5項）

換地が過小宅地とならないように換地を定める必要がある場合には、土地区画整理審議会の同意を得て、「地積が大で特に余裕がある宅地について」、「地積を特に減じて」換地を定めることができる。通常、適用されるべき減歩率以上の減歩率を適用することが強減歩と呼ばれている。たとえば従前地の地積が 100 であり、通常の照応原則の下では 70 の地積の換地が与えられ

るべきときに50の地積の換地が与えられることをいう。地権者は強減歩相当分について清算金を取得する。

（3）　土地区画整理法92条（借地地積の適正化）

土地区画整理法92条は借地についても、宅地の場合と同様に地積の適正化を行う根拠を与えたものである。

〈1〉　減歩緩和（1項）

91条1項と同様の規定である。過小借地対策の対象となる借地権が一筆の宅地の全体を目的とする場合には、その宅地そのものが過小宅地対策の対象となる。これは92条2項において過小宅地の基準が過小借地の基準とされていることから明らかである。このとき借地権の目的である宅地に対しては91条1項による過小宅地対策が行われ、その借地権に対しては92条1項による過小借地対策が行われることになる。

〈2〉　過小借地の基準（2項）

91条2項の過小宅地の基準を過小借地の基準とすることを定めている。土地区画整理法施行令57条に基づく特例的な基準が定められているときは、その特例的な基準も過小借地の基準となる。

〈3〉　過小借地の不交付（3項）

91条4項に対応する規定であり、過小借地を不交付とする根拠を置いたものである。

〈4〉　強減歩（4項）

91条5項に対応する借地権の強減歩の根拠規定である。だが本項の的確な説明は見当たらない。本項が適用される典型的なケースを92条1項に基づく過小借地対策と対比させて説明すると次のとおりである。

1）借地権が一筆の宅地の全体を対象とする場合には、その借地権の目的である宅地も過小宅地とならないように換地を受ける。それに伴って換地全体が借地権の目的として指定される。

2）一筆の宅地の特定の部分が借地権の目的となっている場合で、その借地権について過小借地対策を行う必要があるときには、その宅地そのものが過小宅地対策の対象になるかどうかにかかわらず、その借地権の目的となる

部分を、その宅地に対する換地において相対的に拡大する必要がある。この場合に借地権の目的である部分以外の部分に所有権以外の使用収益権が存在しないときには、92条1項によって過小借地対策を受ける借地権の相対的な拡大の根拠が置かれている。

3) しかしながら借地権の目的である部分以外の部分に所有権以外の使用収益権が存在する場合には、過小借地対策によって借地権の目的となる部分が拡大する結果、その借地権とこれらの使用収益権の間で権利の目的となる範囲を調整する必要がある。これらの使用収益権も照応原則の適用を受けるので、これらの権利について照応原則に無とんちゃくにその目的となる範囲を定めることはできないからである。

4) そこで92条4項は照応原則で許容される程度を超えて既存の使用収益権を強減歩する根拠を置き、それによって過小借地対策の実施を可能にする。借地権が拡大される宅地又はその部分に担保物権がある場合には、その担保物権の目的となる範囲が相対的に縮小するので、これらの担保物権の価値に影響が出る。この影響は宅地の所有者又は権利者に与えられる清算金に物上代位することによって救済される(土地区画整理法112条(抵当権等が存する場合の清算金等の供託))。

(4) 類似の立法例

土地改良法は土地改良事業として施行される区画整理の根拠法であるが、同法には土地区画整理法91条に類する規定は存在しない。一方、都市再開発法には土地区画整理法の小規模宅地対策に類する過小床対策が定められている(79条(床面積が過小となる施設建築物の一部の処理))。その内容は増し床(同条1項)、権利床不交付(同条3項)であり、これはそれぞれ土地区画整理法91条1項及び4項に対応する。

6.6 運用上の小規模宅地対策（減歩緩和）

(1) 運用上の小規模宅地対策（減歩緩和）の例

運用上の小規模宅地対策は土地区画整理法91条又は92条に基づかない小規模宅地対策である。建設省の1986年の調査が挙げるようにこれにはさま

131

ざまな手法があるが、換地手法としてもっとも重要であるのは減歩緩和である。減歩緩和の方法にもさまざまな変異があるが、以下に3つの例を挙げる：①近年の首都圏の住宅・都市整備公団施行の土地区画整理事業の例（表6－2）、②1999年現在、富山県下で公的施行者が施行中の土地区画整理事業の例（表6－3）、③1999年現在、愛知県下で土地区画整理組合が施行中の土地区画整理事業の例（表6－4）。なお岩見良太郎は基礎控除方式と名付ける減歩緩和の事例を紹介している（岩見良太郎1978：254-256）。埼玉県下で公的施行者が施行中の土地区画整理事業における基礎控除方式の例を挙げる。

（減歩控除の措置）
第13条　整理前の画地の基準地積が100平方メートル未満の場合においては、原則として整理前の画地地積を換地地積として定める。
2　整理前の画地の基準地積が100平方メートル以上の場合においては、100平方メートルを控除した残りの地積に減歩をする。
3　前2項において、整理前の画地の基準地積とは、同一所有権者及び同一借地権者の合計地積とする。但し、私道等の地積については合計地積から除くものとする。
　　なお、私道が区画街路として決定し又は決定される場合における街路の拡幅及び隅切り等によるときは原則として減歩をするものとする。
4　第1項及び第2項の規定により換地地積を定めた場合は、減価差額分について金銭で清算するものとする。

（2）　運用上の小規模宅地対策（減歩緩和）の法的根拠
小規模宅地対策が照応原則の例外であるとき、それはなんらかの法的根拠に基づいて行われるべきである。しかしながら運用上の小規模宅地対策で減歩緩和を行う根拠については議論が見当たらない。以下の節でこれに関連する事項について議論する。

第6章　小規模宅地対策

表6-2：住宅・都市整備公団施行事業の減歩緩和（首都圏）

従前地の地積	減歩緩和方針
166㎡〜330㎡	減歩率緩和
165㎡以下	同積換地

出所：「区画整理技術40年のあゆみ」編集委員会1997：154の表を一部修正

表6-3：富山県下の公的施行者施行事業の減歩緩和

従前地の地積	減歩緩和方針
165㎡〜265㎡	減歩率緩和
165㎡以下	同積換地

出所：富山県A市の土地区画整理事業担当者からの聴取

表6-4：愛知県下の組合施行事業の減歩緩和

従前地の地積	算定権利地積	換地地積
135㎡以上	135㎡以上	算定権利地積
	135㎡未満	135㎡
135㎡未満	—	同積

出所：愛知県の土地区画整理事業担当者からの聴取
注：算定権利地積は比例評価式換地設計式に基づいて算定された権利地積である。

6.7 法律上の小規模宅地対策と運用上の小規模宅地対策の違い

法律上の小規模宅地対策と運用上の小規模宅地対策の違いを、実施主体と内容の制約について検討する。

(1) 小規模宅地対策の実施主体

第一の違いは実施主体である。法律上の小規模宅地対策の実施は公的施行者だけに限られているが（土地区画整理法91条1項）、1986年の建設省の調査が示すように運用上の小規模宅地対策は施行者の種類には無関係に採用されている。(2)に示すように法律上の小規模宅地対策には大きな制約があるので、公的施行者も運用上の小規模宅地対策を選好することが多いからである。

(2) 小規模宅地対策の内容の制約

第二の違いは小規模宅地対策の内容である。運用上の小規模宅地対策の内容は多様であるので、法律上の小規模宅地対策と運用上の小規模宅地対策を単純に比較することはできない。しかしながら法律上の小規模宅地対策の利用が限られているのはそれに大きな制約があり、施行地区の状況に対応する柔軟さが欠けているからである。これに対して運用上の小規模宅地対策はそれらの制約に縛られないで行われている。以下に法律上の小規模宅地対策の3つの制約条件を取り上げて説明する。

〈1〉 小規模宅地対策の要件

土地区画整理法上は「災害の防止及び衛生の向上」が小規模宅地対策の要件となっている。すなわち災害の防止と衛生の向上の2つの必要がなければ小規模宅地対策を実施することはできないが、現在の日本の市街地では小規模宅地が連続する区域でも相当に衛生的な条件を満たすことができる。そうするとこの要件を厳格に適用する限り、小規模宅地対策を実施することは不可能である。そこで建設省は1987年の土地区画整理基本問題部会の提言とその後の立法過程で、「災害の防止及び衛生の向上」を「災害の防止又は衛生の向上」に変えることで要件を緩和しようとした。しかし、内閣法制局はその必要の立証が十分でないとして受け入れなかったものである（1998年10月30日建設省元担当者から聴取）。

第6章　小規模宅地対策

〈2〉　過小宅地の基準

6.5 で説明したように、法律上の過小宅地の基準は $100 m^2$ 以上（商業地域などでは $65 m^2$ 以上）とされている。ところでこの基準の効果については異なった解釈がある。松浦基之は「施行後には一定基準未満の面積の宅地の存在を許さないということには必ずしもならない。」とし、「100平方メートル未満の宅地の存在を容認してもよいのではないか。」（松浦基之 1992：431）とする。だが建設省都市局区画整理課が監修した準公式的な解説書は1955年の準公式の解説書の見解（都市計画研究会 1955：79）を踏襲し、「過小宅地の整理を行う場合においては、原則として施行後百 m^2 未満の宅地が存してはならないこととなる」（土地区画整理法制研究会 1995：333）とする。この見解によれば過小宅地対策はその地積要件に該当するすべての宅地について行うべきであり、特定の小規模宅地をその対象からはずすべきではない。過小宅地対策は地権者の財産に大きな変化を与えるので、その対象を十分な根拠なく選択するのは不適切であるからである。

この準公式の解釈に基づく限り、$100 m^2$ より相当に大きな規模（たとえば $165 m^2$）を過小宅地の基準にする場合でも、換地処分後はその基準に満たない規模の換地は存在してはならないことになる。これらの基準に満たない小規模宅地に換地を与えるためには（小規模宅地の規模別分布によるが）相当に大きな減歩緩和の原資が必要であるが、これはたいていは一般宅地の減歩率の上昇を意味するからいつも地権者の感情に適合するわけではない。そこで多くの運用上の小規模宅地対策は小規模宅地の規模に応じて累進的に減歩緩和を行う。

〈3〉　強減歩の対象

　法律上の小規模宅地対策は強減歩の対象を大規模宅地に限り、それ以外の宅地（中規模宅地）の強減歩は認めない。だがこれは大規模宅地をねらい打ちにすることになるから、大規模宅地の地権者の反感を招きやすい。このため、**表6−2**から**表6−4**までに掲げた例から推測されるように、ほとんどの運用上の小規模宅地対策では小規模宅地以外のすべての宅地が普遍的に減歩緩和の原資を負担する（1998年3月30日建設省都市局区画整理課担当者から

の聴取）。

6.8　小規模宅地対策の拡充：その根拠と課題
（1）　小規模宅地対策の拡充の必要

小規模宅地対策の現状は以上の通りであるが、小規模宅地対策の拡充が必要であり、あるいは望ましいだろうか？　次に掲げる理由から小規模宅地対策の実施主体を拡大すること、それとともに小規模宅地対策の内容を限定的に拡大することには少なくない意味があると考える：① すでに小規模宅地対策が多くの土地区画整理事業において採用されていること、② 小規模宅地対策の採用はしばしば土地区画整理事業の施行の不可欠の条件であること、③ 現行の法律上の小規模宅地対策には非現実的な制約があるために、それが利用される例はまれであること、④ 小規模宅地対策の無限定な実施には財産権の保護や公平の観点から大きな危険が含まれていること。

（2）　渡辺孝夫の議論

小規模宅地対策の拡充に関する議論は限られているが、**6.1**に掲げた建設省関係者の主張から推測されるようにその拡充あるいは適正化が必要であることには大きな異論がない。

小規模宅地対策の拡充について詳細な議論を展開しているおそらくは唯一の例は渡辺孝夫である。やや古い時代の議論であるが、渡辺は法律上の小規模宅地対策が利用しにくいので換地設計上の運用によってこの問題に対処すべきであるとする（渡辺孝夫1968）。渡辺の提案は土地区画整理事業による宅地の利用増進は一定の地積以下の宅地には生じないという説に立っている。渡辺の提案の内容を要約すると次の通りである：① 標準画地以下の宅地のうちもっとも小規模な宅地については従前地積をそのまま換地の地積とし、評価額は土地区画整理事業の前後について同額とする、② 標準画地以下の宅地のうちもっとも小規模な宅地以外の宅地についてはその従前地積から一定の限度地積を控除した上で暫定的に換地の地積を算定し、それに限度地積を加算して最終的な換地地積を算定する（同上：5）。これは換地算定上の操作によって行う小規模宅地対策であるので、「本提案を実施するに当っては

別に法改正の必要もなく――現に法律には減歩という表現は全くない――換地設計基準中に小規模限界地積を定め区画整理審議会諮る〔まま〕ことと、併せて評価員にこの評価要領を諮れば足りる。」(同上：7)。

渡辺の提案は実務上の対処方法として価値があるが、問題は小規模宅地対策を単純に運用上で行うことの適切さである。運用への委任には基準の設定にどれだけかの恣意性のリスクがつきまとう。したがって地権者間の公平にかかわる問題についてはできるだけ法制度上の手当を行わなければならない。また小規模宅地対策を法制度的に拡充することによって現行の法律上の小規模宅地対策の制約をはずすことができる。以下の節で小規模宅地対策を拡充するに際して考慮すべき事項を議論する。

6.9　財産権の保護と地権者間の公平

小規模宅地への減歩緩和を減歩率の修正によって行うためには、小規模宅地以外の宅地に強減歩をかけなければならない。この強減歩が財産権の保護の観点から、また地権者間の公平の観点から、許容されるかどうかが問題になる。憲法上、財産権の内容は法律で定めることとされているが（憲法29条2項）、法律が無制約に財産権の内容を定めることが許されるわけではない。以下にこの問題を、① 地権者の同意、② 小規模宅地対策の内容の限定、の2つの要因に区分して議論する。

（1）　地権者の同意

小規模宅地対策が換地に影響を与えることについてすべての地権者が同意するときには、小規模宅地対策の実施に問題がない。すなわち小規模宅地対策が地権者に与える影響は、地権者の同意によって正当化される。地権者の同意状況は施行者によって異なる（表2-2を参照せよ）。個人施行の事業ではすべての地権者が小規模宅地対策の実施に拒否権を持つので（土地区画整理法8条1項・88条1項）、拒否権が発動されない限り、どのような内容であっても小規模宅地対策を行うことに問題がない。一方、組合施行の土地区画整理事業と公的施行者施行の土地区画整理事業では事業にどれだけかの強制力がある（すなわち事業の施行がすべての地権者の同意に基づくとは限らない（2.8

に記載))ので、無限定な小規模宅地対策を行うことは許されない。
（2） 小規模宅地対策の内容の限定

小規模宅地対策の原資の提供と減歩緩和は清算金の収受によって相殺されるはずである。だが清算金の算定が時価評価以外の方法で行われるとき、これは資産再配分の効果を持つ。清算金の算定が時価評価で行われるときも、それは財産形態の変化をもたらす。だが土地区画整理事業は都市計画の手段であり、小規模宅地対策はその限りで許容されるに過ぎないから、土地区画整理事業を便宜的な手段として地権者間の資産の再配分や地権者の財産形態の変更を行うべきではない。また都市計画上の最低限度の必要を超えた望ましさは強減歩の根拠にはならないから、良好な市街地にふさわしい規模の宅地を生み出すために強減歩を伴う小規模宅地対策を利用すべきでもない。したがって小規模宅地対策がこれらの制約を超えることのないように、その内容を限定すべきである。

6.10 小規模宅地対策が与える影響

小規模宅地対策が小規模宅地以外の宅地に与える影響には、次の要因がかかわっている：①小規模宅地対策の種類、②小規模宅地以外の宅地の強減歩の方法、③施行地区内の宅地の規模別分布。したがって小規模宅地対策の内容を定める場合には、これらの要因に考慮を払わなければならない。この順に説明する。

（1） 小規模宅地対策の種類による影響の違い

小規模宅地対策としてよく利用されている減歩緩和、付け保留地、換地不交付の影響は次の通りである。

〈1〉 減歩緩和は小規模宅地以外の宅地の強減歩を要求するので、小規模宅地以外の宅地に大きな影響を与える。

〈2〉 付け保留地は保留地の一部である。保留地の規模は換地設計以前に定まっているから、付け保留地を定めることで減歩率が高まるわけではない。また付け保留地はそれが付随する宅地の隣に定められ、しかもその地積は当該宅地の減歩緩和の程度に限られているから、その設定が他の宅地に与える

影響は限定的である。

　付け保留地に類する手法に付け換地があるが、付け換地の場合も付け換地の原資となる従前地は施行地区内に存在するので、それによって減歩率が高まるわけではない。また付け保留地の場合と同様に、付け換地はそれが付随する宅地の隣に定められ、その地積も限られるから、その設定が他の宅地に与える影響は限られている。

　〈3〉　換地不交付は一般宅地の減歩を緩和する。

（2）　小規模宅地以外の宅地の強減歩の方法

　小規模宅地以外の宅地の強減歩を原資として小規模宅地対策を行うとき、強減歩の対象とする宅地の範囲、強減歩の方法（たとえば宅地規模別の減歩率の累進性）などがこれらの宅地への影響を決定する。

（3）　施行地区内の宅地の規模別分布

　宅地の規模別分布は小規模宅地以外の宅地が小規模宅地対策によって被る影響を決定する。多くの小規模宅地と少数の大規模宅地の組み合わせでは大規模宅地が受ける影響は大きく、逆に少数の小規模宅地と多くの大規模宅地の組み合わせでは大規模宅地が受ける影響は限られている。しかしながら法律上の小規模宅地対策は施行地区内の宅地の規模別分布を無視する。すなわち土地区画整理法91条5項は「過小宅地とならないように換地を定めるため特別な必要があると認められる場合」に限って（換言すれば過小宅地対策の必要だけを要件として）大規模宅地の強減歩を認めるが、宅地の規模別分布には（したがってそれが大規模宅地に与える影響にも）注意を払わない。一方、運用上の小規模宅地対策は宅地の規模別分布を考慮して定められることが少なくない。

6.11　施行者の種類と小規模宅地対策

（1）　現行制度の前提

　現行の法制度は小規模宅地対策を公的施行者に限って認めるが、その暗黙の前提は、① 公的施行者の施行する土地区画整理事業の公共性の高さ、② 公的施行者の廉直性、の2つである。

〈1〉 公共性の高さ

まず公共性の高さについて見ると、公的施行者の行う土地区画整理事業は公共性の高い事業であることが想定されている（土地区画法制研究会1995：331）。渡部与四郎・相澤正昭は小規模宅地対策の実施を公的施行者に限る根拠をこれらの施行者が「都市計画事業としてしか土地区画整理事業を施行できない」ことに求める（渡部与四郎・相澤正昭1975：130）。これに対して個人施行者又は土地区画整理組合が施行する土地区画整理事業は都市計画事業ではない事業として施行されることがあるから、それほどの公共性があるとは限らないことになる。したがって渡部・相澤の主張も最終的には公的施行者の施行する土地区画整理事業の公共性の高さに論拠を置いている。

公的施行者の行う土地区画整理事業の公共性の高さは公的施行者が都市計画決定された施行区域に限って事業を施行すること（土地区画整理法3条（土地区画整理事業の施行）3項・4項、3条の2（都市基盤整備公団の施行する土地区画整理事業）1項、3条の3（地域振興整備公団の施行する土地区画整理事業）1項、3条の4（地方住宅供給公社の施行する土地区画整理事業）1項）、また施行区域についての土地区画整理事業が都市計画事業として施行されること（土地区画整理法3条の5（都市計画事業として施行する土地区画整理事業）1項）に根拠を持っている。施行区域は土地区画整理事業を施行すべき区域についての都市計画であるが、施行区域は一体的な面的整備の必要性によって決定されるから（都市計画法13条1項7号）、施行区域の都市計画決定は土地区画整理事業による整備が都市計画上の重要性を有することを示している。このために土地区画整理法は公的施行者の施行する土地区画整理事業について地権者の同意に無関係に小規模宅地対策と立体換地を行うことを認めており（91条（宅地地積の適正化）から93条（宅地の立体化）まで）、逆に公的施行者が施行する土地区画整理事業が財産的価値の減少をもたらすときにはそれを補償するために減価補償金制度の定めをおいている（109条（減価補償金））。

〈2〉 公的施行者の廉直性

施行者の廉直性について見ると、公的施行者は法の趣旨に忠実であるから恣意的に地権者の財産権を侵害することはないと想定される。これに対し

第 6 章 小規模宅地対策

て個人施行の土地区画整理事業では 6.9 に述べたようにすべての地権者に拒否権があるので、財産権が恣意的に侵害されることはない。だが土地区画整理組合は地権者からなる施行者であり、しかもその事業は（議決事項によって）3 分の 2 又は過半数の多数決によって施行される。そこで土地区画整理組合は大規模宅地の地権者の犠牲の下に多数派である小規模宅地の地権者に有利に土地を再配分する可能性がある。

（2） 個人施行者・土地区画整理組合と小規模宅地対策

では個人施行者と土地区画整理組合には小規模宅地対策を認めるべきではないだろうか？ 個人施行者又は土地区画整理組合が施行する土地区画整理事業にも都市計画事業であるものはあるから、公的施行者の施行する土地区画整理事業が個人施行者又は土地区画整理組合の施行するすべての土地区画整理事業より常に高い公共性を有するわけではない。さらに小規模宅地対策の必要は施行者の種類とは無関係である。そこで小規模宅地対策の内容が拡充され、また認可によって内容の適正さが確認されるなら、それをすべての施行者に認めるべきである。土地区画整理組合が施行する事業では反対地権者にも小規模宅地対策の実施による負担が課されることになるが、この強制は施行区域において土地区画整理事業を施行することの都市計画上の必要と小規模宅地対策の内容の適正さによって正当化することができると考える。

なお都市再開発法 79 条（床面積が過小となる施設建築物の一部の処理）1 項及び 3 項は市街地再開発事業について施行者の種類を問わずに過小床対策を行うことを認める。市街地再開発事業の施行地区要件は土地区画整理事業の施行地区要件より厳格である。それゆえこれから直ちに土地区画整理事業においても施行者の種類を問わずに小規模宅地対策を認めるべきであるということにはならないが、この例は高い公益性があるときには（一定の地権者同意要件が満たされる限り）小規模宅地対策の強制が許容される余地があることを示している。

6.12　小規模宅地対策の内容の限定

地権者の財産権の保護と地権者間の公平を保証するために、小規模宅地対

141

策の内容には一定の基準を設けるべきである。もっとも2.15で触れたように公平は多義的であるから、いつも一義的な解を生み出すことができるわけではない。したがって土地区画整理事業ごとにどれだけかの変異は許容すべきであるが、財産権の保護や地権者間の公平の観点から制度的に小規模宅地対策の内容を限定する必要がある。小規模宅地対策の内容を限定する方法には、①減歩緩和の上限を定める方法、②強減歩の上限を定める方法、の2つの方法がある。順に説明する。

〈1〉 減歩緩和の上限

有力な方法の1つは小規模宅地について減歩緩和の上限を設けること（たとえば小規模宅地の規模別に減歩緩和の限度を定めること）である。**表6－2**から**表6－4**までに示したように多くの運用上の小規模宅地対策ではこの方法が採用されている。この方法は小規模宅地以外の宅地が負担しなければならない原資を限定するが、このとき必要となる原資を決定するのは小規模宅地に関する要因（たとえば小規模宅地の範囲とその規模別分布）及び小規模宅地への減歩緩和の内容（たとえば宅地の規模別減歩緩和限度）であり、小規模宅地対策が小規模宅地以外の宅地にもたらす影響は一次的には原資を決定する要因とならない。

〈2〉 強減歩の上限

小規模宅地以外の宅地への影響を限定するもっとも明確な方法は、これらの宅地が小規模宅地対策のために負担する強減歩の上限を定めることである。上限はさまざまな方法で定めることができる。たとえば宅地の地積には無関係に一律に上限を定めることができるし、宅地の地積に応じて段階的に定めることができる。また宅地の評価額に応じて段階的に定めることができるし、さらにはこれらを組み合わせて上限を定めることもできる。

6.13 小規模宅地対策と地権者間の公平

小規模宅地以外の宅地の地権者が小規模宅地対策に抱く不満は元来は自らに帰属すべき宅地の価値が小規模宅地対策によって奪われることから生まれる。この問題は地権者と向き合わなければならない実務者によってよく認識

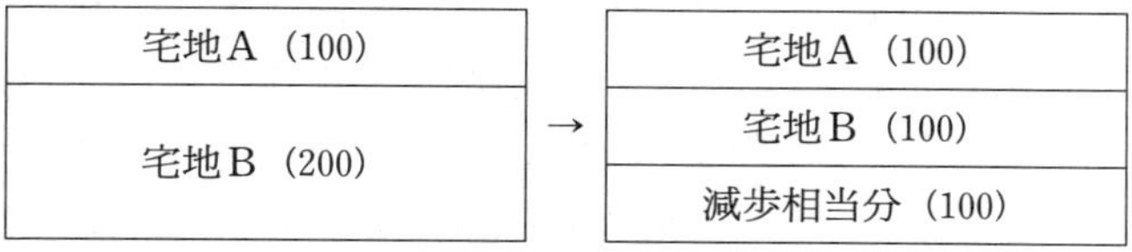

第6章 小規模宅地対策

```
┌─────────────────┐     ┌─────────────────┐
│  宅地A (100)    │     │  宅地A (100)    │
├─────────────────┤  →  ├─────────────────┤
│                 │     │  宅地B (100)    │
│  宅地B (200)    │     ├─────────────────┤
│                 │     │ 減歩相当分(100) │
└─────────────────┘     └─────────────────┘
    ① 事業施行前              ② 事業施行後
```

| | 宅地評価 ||清算金| 最終的に帰属 |
	事業前	事業後		する評価額
宅地A	100	150	−30	120
宅地B	200	150	+30	180

注：かっこ内の数字は宅地の地積

図6−1：小規模宅地対策のモデル（1）

されている。たとえば渡辺孝夫はこれを理由として法律上の過小宅地対策について土地区画整理審議会の同意が得られないこと、またそれが権利者相互の対立の誘因となることがあると述べる（渡辺孝夫1968：2-3）。そこでこの問題について検討する。

〈1〉 小規模宅地の減歩緩和は一般の宅地の財産的価値を減少させる可能性がある。図6−1で小規模宅地対策によって宅地Aは無減歩となり、宅地Bは強減歩を受けて地積が200から100に減少したとする。さらに宅地Aの地権者は清算金30を支払い、宅地Bの地権者は清算金30を受け取るものとする。土地区画整理事業施行前の宅地単価が両方の宅地について1であり、事業施行後の宅地単価がともに1.5であるとすると、宅地Aの評価額は100から150へ上昇し、宅地Bの評価額は200から150へ低下する。清算金の収受を総合すると、事業施行後に宅地Aに帰属する評価額は120（＝150−30）であり、宅地Bに帰属する評価額は180（＝150＋30）である。

このとき宅地Bの地権者は小規模宅地対策によって自らに帰属すべき財産的価値のどれだけかを失い、宅地Aの地権者は小規模宅地対策によって

自らの貢献とは無関係に財産的価値を取得する。これは土地区画整理事業の趣旨に反する財産の再配分である。公的施行者の施行する土地区画整理事業によって施行地区内の宅地価額が減少する場合（すなわち地権者の有する財産的価値が減少する場合）にはその補償が減価補償金として支払われること（土地区画整理法109条（減価補償金））に照らし合わせると、このような小規模宅地対策は許容すべきではない。現行の土地区画整理法91条にはこの趣旨の限定がないが、この趣旨は同条に基づく小規模宅地対策に適用されるべきであると考える。個人施行と組合施行の土地区画整理事業においてもこれと同様に、すべての地権者の同意がない限り、小規模宅地対策によって一般宅地の換地に帰属する財産的価値が従前地の財産的価値を下回らない場合に限って小規模宅地対策を許容すべきである。

〈2〉 次の問題は事業損益の配分方法である。減歩率を修正する小規模宅地対策は事業損益の配分方法の修正にほかならない。そこで問題はその許容範囲、すなわち事業損益の配分と従前地の価値の相関の程度である。

図6－2で小規模宅地対策によって宅地Cは無減歩となり、宅地Dは強減歩を受けて地積が300から200に減少したとする。さらに宅地Cの地権者は清算金30を支払い、宅地Dの地権者は清算金30を受け取るものとする。土地区画整理事業施行前の宅地単価が両方の宅地について1であり、事業施行後の宅地単価がともに2であるとすると、宅地Cの評価額は100から200へ、宅地Dの評価額は300から400へ上昇する。清算金の収受を総合すると、事業施行後に宅地Cに帰属する評価額は170（＝200－30）であり、宅地Dに帰属する評価額は430（＝400＋30）である。宅地Cについては評価額100が170に変わり、宅地Dについては評価額300が430に変わったので、比率からすれば宅地Cのほうが事業の施行から多くの利益を得ている。しかしながらこれが容認することのできない不公平であるとは限らない。このような事業損益の配分方法を容認するかどうかは事業ごとに判断すべきである。

〈3〉 地権者間の公平に関する論点を要約すると次の通りである。減歩率の修正を伴う小規模宅地対策は一般宅地について財産的価値の減少をもたら

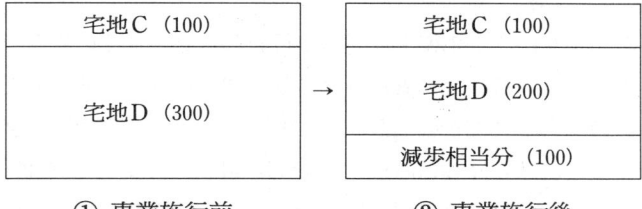

```
┌─────────────────┐        ┌─────────────────┐
│   宅地C (100)    │        │   宅地C (100)    │
├─────────────────┤   →    ├─────────────────┤
│                 │        │   宅地D (200)    │
│   宅地D (300)    │        ├─────────────────┤
│                 │        │  減歩相当分(100)  │
└─────────────────┘        └─────────────────┘
    ① 事業施行前                ② 事業施行後
```

	宅地評価		清算金	最終的な評価額の帰属
	事業前	事業後		
宅地C	100	200	−30	170
宅地D	300	400	+30	430

注：かっこ内の数字は宅地の地積

図6－2：小規模宅地対策のモデル（2）

すものであってはならない。だがこの最低基準を満たした上でどのように事業損益を配分すべきかは土地区画整理事業ごとの条件（たとえば土地利用の状況や宅地規模の分布）によって異なる。そこで事業損益の配分方法は土地区画整理事業ごとに定めることにすべきである。この際には清算金についても考慮する必要があるが、この点は **6.14** のほか第10章で取り上げる。

（3）　組み合わせによる公平の追求

　小規模宅地対策を実施する際の地権者間の公平は、上記の方法のいずれかあるいはそれらの組み合わせによって達成することができる。土地区画整理事業ごとに適切な小規模宅地対策の内容は異なるから、小規模宅地対策の内容の決定は施行者に委ねるべきである。そこで施行者がこれらの手段を適切に組み合わせて小規模宅地対策の内容を定めるとともに、その効果を明示することを義務づけるべきである。

6.14 清　　算

　減歩率の修正を伴う小規模宅地対策が行われるとき、その恩恵を受ける地権者の最大の問題は清算金の支払いであり、強減歩を受ける地権者の最大の関心は負担の見返りに受け取る清算金である。ところで土地区画整理事業では清算金の算定にはしばしば時価以外の宅地評価（たとえば相続税評価額）が利用されてきた。だが一般宅地の地権者にとっては強減歩は土地の部分収用と等価である。そこで強減歩については土地収用法71条（土地等に対する補償金の額）の適用がある場合と同様の適正な補償を行うべきである。この点については第10章で議論する。

6.15　換地不交付から生まれる原資の用途の限定

　換地不交付は施行地区内の減歩率を緩和するが、現行制度ではその効果の配分方法には限定がない。だが任意の換地不交付から生まれる減歩緩和の原資を小規模宅地対策に限定して利用すれば、小規模宅地以外の宅地が小規模宅地対策のために負担しなければならない減歩は軽減される。そこで換地不交付から生まれる原資を小規模宅地対策に限定して利用する制度を設けるべきである。この制度では任意の換地不交付から生まれる原資を小規模宅地の減歩緩和に限定して利用するので、その原資に対応する分は小規模宅地対策のために必要となる一般宅地の強減歩を減少させる。

　これに類する例が土地改良事業にある。土地改良法は通常の減歩（共同減歩）による創設換地を限定する。その要件は次の2つである：① 土地改良法がカバーしている範囲の施設の用地であること、② その施設が地区内農家が共同で土地を出し合っても差し支えない程度の共同利用性を持っていること（森田勝1992：135）。だが地権者の自由意思に基づく換地不交付や強減歩見合いの創設換地（従前地を持たず、換地処分によって新たに生み出される換地。2.1で説明した。）については、その用途を土地改良区の組合員が共同利用するものに限定する必要がないとする。これらの換地不交付や強減歩は法律的には土地の権利者による自由な意思に基づく財産処分に該当するからである（同上：136）。そこで同法はこれらの換地不交付や強減歩から生まれる土地の

地積の合計面積を超えない範囲で特定の者が専用する農用地などを創設換地で生み出すことを認める（同法53条の3の2）。

　もっともこの制度が実際に利用されるかどうかは任意の換地不交付の数に左右され、さらに任意の換地不交付から生まれる原資に左右される。なお第8章で提案するように土地区画整理事業に交換手法を導入する際には、それに併せて宅地の譲渡（8.5.5に記述）から生まれる原資を小規模宅地対策に限定して利用する制度を創設する余地がある。

6.16　宅地の共有化

　小規模宅地の共有化は土地区画整理法91条3項に定められているが、同項は共有化を小規模宅地とその隣地に限定する。だが小規模宅地対策としての共有化の効果は共有化の対象が隣地であるかどうかには無関係である。そこでこの限定をはずすべきである。元来、1987年の土地基本問題部会の提言に含まれていた土地の共有化提案の目的は小規模宅地対策に限定されたものではなかった。しかしながらこの提言を契機とする立法過程において、共有化は最終的には過小宅地対策として、また小規模な宅地とその隣接地の間に限って制度化された。その理由の1つは市街地再開発事業担当部局と土地区画整理事業担当部局の事業調整の問題であり、もう1つは法制上の問題である。前者は単純な、しかし深刻な事業部局間の縄張り争いである。後者は第一には共有化が一般宅地に与える影響の問題であり、第二には共有化された宅地の再分割を防ぐ担保手段の問題である。後者の2つの問題について議論する。

　〈1〉　共有化の影響

　互いに隣接しない複数の宅地が共有化されるとき、それらの宅地のいくつかは位置の移動（いわば飛び換地）を余儀なくされる。このとき共有化される宅地が従前の位置から抜け出して新たな位置に飛び込むことで、一般の宅地に与えられる換地は共有化が行われなかったときに与えられる換地とは異なったものになる。そこでこの差異が正当化されるかどうかが問題になる。

　現行法の立体換地制度によって宅地が立体換地を受けるときにもこの問題

は生ずる。すなわち複数の隣接地が同時に立体換地を受けるのでない限り、いずれかの宅地は立体換地によって位置の移動を余儀なくされる。しかしながら立体換地では立体換地建築物が建築されることで立体換地に参加した宅地の一体利用が担保される。これに対していったん共有化された宅地は事業の施行後に再び分割される可能性がある。すなわち単純な共有化では立体換地のような一体利用の事後的保証がない。

〈2〉 宅地の再分割の防止

宅地の共有化はなんらかの公益性を持つかもしれないが、地権者が共有化された宅地を分割すればその公益性は失われる。共有化がこのような不確実性を持っているとき、一般宅地に通常の照応原則の与える換地とは異なった換地を与えることを正当化することはできない。

これらの事情を考え併せると、宅地の共有化は特定の都市計画上の必要を満たすために行うか、建築を包含して行うことが適当である。なお宅地の共有化には小規模宅地対策以外の一般的な効果があるが、この点は **7.6** で再び取り上げる。

6.17 終わりに

この章では小規模宅地対策の現状とその効果を分析し、小規模宅地対策にかかわる要因について検討した。そして地権者の財産権を保護するとともに、地権者間の公平を保つために小規模宅地対策を拡充することを提案した。またその際に考慮すべき事項を指摘した。

土地区画整理事業の小規模宅地対策には切実な必要性がある。しかしながら小規模宅地対策には無視することのできない法的争点が含まれており、このために小規模宅地対策を運用に委ねることには大きな危険がある。それゆえ多くの法的争点についてはさらに検討を進めなければならないが、小規模宅地対策をより制度化された枠組みの下で実施するための方策を追求する必要がある。

小規模宅地対策が拡充され、それがより制度的な根拠に基づいて行われることになったとしても、制度の拡充が運用上の小規模宅地対策の追認にとど

まる限り都市計画上の効果は限られる。しかしながら小規模宅地対策の拡充は土地区画整理事業の換地設計の適正化に大きな効果を持っている。これは土地区画整理事業の信頼性を向上させ、一般地権者の土地区画整理事業への協力を得る上で、ひいては土地区画整理事業の施行を推進する上で無視することのできない効果をもたらすに違いない。それこそが小規模宅地対策を制度的に拡充すべきもう1つの理由なのである。

　だが土地区画整理事業による宅地規模の問題への対処には重要な限界がある。その1つは多くの場合には個々の宅地利用について都市計画上の土地利用計画が欠如していること、このために土地区画整理事業の施行者が明確な指針を欠くことであり、もう1つは土地区画整理事業として小規模宅地対策を実施した後に適正な敷地規模が維持される担保がないことである。宅地の規模にかかわる問題は、元来、事業手法だけで対処することができるものではない。都市計画法は特定の場合に建築物の敷地面積の最低限度を定めることを許しているが（都市計画法8条（地域地区）3項、12条の5（地区計画）3項、33条（開発許可の基準）4項）、このような事前の計画と事後の規制を土地区画整理事業と連動させる制度を導入することを検討する必要があろう。

149

第7章　借地権と底地権の再編成

7.1　問題と背景

（1）　第7章の目的

　この章では借地権と底地権を再編成するために土地区画整理事業制度を拡張することを提案する。この章が借地権と底地権の再編成と呼ぶのは従前に組み合わされていた借地権と底地権を区分して取り扱ったり、これらの権利を他の種類の権利に変更したり、これらの手法を併合して宅地の権利関係を整理することである。これらの権利の再編成は部分的には市街地再開発事業に組み込まれており、土地区画整理事業にも立体換地制度として限定的に組み込まれている。だが市街地再開発事業の施行対象地区の数は限られているので土地区画整理事業との合併施行が可能である区域の数は多くない。一方、使い勝手の悪さから土地区画整理事業の立体換地の適用事例も限られている。だがこれらの権利の再編成には大きな潜在的需要があるから、もっと利便性の高い手法を導入すれば既成市街地の整備は促進されるはずである。そこでこの章では借地権と底地権の再編成を中心に、比較的単純な権利の再編成手法を土地区画整理事業に導入することを提案し、これらの手法の採用に際して考慮すべき点について検討する。

（2）　議論の順序

　以下の節では借地権をめぐる現状、事業法における借地権の取扱い、現行の立体換地制度の順に説明した後、権利の再編成手法のいくつかを提案し、これに関連して権利の再編成と建築、権利の再編成と地権者の同意、従前地上の建築物の除却補償、借家権の保護、制度導入上の配慮事項について検討する。

7.2　借地権をめぐる現状

　借地権は宅地の所有権とともに都市的土地利用の基礎となる権利である。

土地区画整理法でも宅地の所有権と借地権は事業の直接の当事者を決定する重要な権利である。たとえば個人施行と組合施行の土地区画整理事業では事業の施行の同意を宅地の所有者とともに借地権者からも取得しなければならない。また借地権者は宅地の所有者とともに組合の総会や総代会での投票権、公的施行者の施行する事業における土地区画整理審議会委員の選挙権を有している。

しかしながら借地の取扱いは既成市街地における土地区画整理事業にとって最大の問題の1つである。そして借地の取扱いが困難である理由の1つは借地権者と底地権者の間に借地権の内容や土地の高度利用などを巡ってしばしば潜在的な、又は顕在化した対立があることである。土地の高度利用を巡る両者の利害の対立は、主に次の2つの状況から生まれる：① 借地権者は土地の高度利用を希望するが、底地権者が建築物の建て替えによる借地権の長期化を懸念する場合、② 借地権者は高額の更新料の支払いや地代の増加を懸念して現状維持を希望するが、底地権者は地代の増額をもたらす土地の高度利用（あるいは土地の自己使用）を希望する場合。

土地区画整理事業は借地上の建築物の移転や除却を余儀なくさせるとともに施行地区内の土地利用のポテンシャルを高める。このために土地区画整理事業はしばしば借地権者と底地権者の潜在的な対立を顕在化させる。しかしながら借地が存在する区域の多くは市街地整備が必要な区域であるから、土地区画整理事業において借地を適切に取り扱うことができればそれらの区域の整備は促進されるに違いない。

ところで借地権者と底地権者の利害の対立は次の2つのいずれかによって整理することができる：① 土地利用をめぐる条件の変更、② 借地権と底地権の再編成。前者は借地権と底地権を維持しながら借地の利用をめぐる条件を両者間で変更する方法であり、後者は借地権と底地権を区分し、それぞれに独立単位として処理する方法である。この章では土地区画整理事業になじみやすい後者の方法について議論する。

7.3　現行制度における権利の再編成

　現行制度の下でも借地権と所有権の再編成を行うことができる。その1つは民事的に行う方法であり、もう1つは公的事業によって行う方法である。権利の再編成を行う公的事業には住宅街区整備事業などがあるが、もっとも主要な事業は土地区画整理事業と市街地再開発事業である。これらの2つの事業はともに都市的区域の面整備を行うが、性格の違いから借地権の取扱いにはいくつかの差異がある。以下にこれらの再編成手法について説明する。

　（1）　民事上の再編成

　民事的には借地権と底地権の再編成は次の3つの手法によって行うことができる：① 相対売却（底地権又は借地権のいずれかを他方の権利を有する者へ売却すること）、② 宅地分割（宅地を底地権割合と借地権割合で分割し、それぞれに完全な所有権からなる宅地とすること）、③ 一括譲渡（借地権と底地権を一括して第三者に譲渡すること）。

　これらの手法が生み出す都市計画上の効果は限られているが、民事上の再編成は底地権者と借地権者の合意によって任意に行うことができることが最大の利点である。もっとも底地権者と借地権者の間で合意が成立するとは限らない。たとえばこれらの当事者の一方は他方の権利を買い取る資力を持たないかもしれないし、権利の評価額について合意が成立しないかもしれない。また借地権と底地権の一括譲受を希望する第三者が現れるとは限らない。

　（2）　土地区画整理事業における再編成（表7-1）

　土地区画整理事業においてほとんどの借地権は照応原則（土地区画整理法89条2項）の適用を受け、借地権が存在した従前地に対応する換地について借地権を与えられる。したがって従前の借地権と従後の借地権は一対一で対応し、借地権と底地権は運命をともにする。平面換地においてその例外は過小借地対策である。

　一方、適用例は限られているものの、土地区画整理法には立体換地制度が準備されている（同法93条（宅地の立体化））。立体換地とは従前地又は従前地上の借地権に代えて建築物の一部（その建築物の共用部分の共有持分を含む。）と建築物敷地の共有持分を与える手法である。立体換地は市街地再開発事業

表7－1：土地区画整理事業における借地権の取扱い

照応原則	従前地に対応する換地について借地権を与える。	土地区画整理法 89 条 2 項
過小借地対策	特定要件に該当する過小借地について借地不交付などを行う。	土地区画整理法 92 条
立体換地	同意に基づき、あるいは特定要件に該当するときに、借地権を立体換地する。	土地区画整理法 93 条

表7－2：第一種市街地再開発事業における借地権の取扱い

原則型	借地権を施設建築物の一部と施設建築物の所有を目的とする地上権の共有持分に変換する。	都市再開発法 77 条
全員同意型	地権者の同意に従って権利変換を行う。	都市再開発法 110 条
特則型	借地権を施設建築物の一部と施設建築敷地の共有持分に変換する。	都市再開発法 111 条

に類似した手法であるが、その内容は 7.4 で説明する。

（3）　市街地再開発事業における再編成（表7－2）

　市街地再開発事業は宅地と宅地の借地権を従前の権利以外の権利に変換することを原則とする。たとえば原則型の市街地再開発事業では宅地の所有権を施設建築敷地の底地権又は共有持分と施設建築物の一部等に（都市再開発法 76 条・77 条）、借地権を施設建築物の一部等に（同法 77 条）変える。ここで「施設建築物の一部等」とは施設建築物の一部と当該建築物の所有を目的とする地上権の共有持分である（同法 2 条 9 項）。このために市街地再開発事業は借地権と底地権の再編成を必然的に内包する。

7.4 現行の立体換地制度

　立体換地制度は現在の土地区画整理事業において借地権と底地権の再編成を行う唯一の制度である。ところで土地区画整理事業の中核的な手法は平面換地である。平面換地は従前の状況にドラスティックな変化をもたらさない。たとえば宅地の所有権と借地権が土地の共有持分や建築物の一部に変わることはない。平面換地は従前地にかかわる民事的な関係の整理には踏み込まず、従前地に存在する民事的関係をそのまま換地の上に移行させるからである。この民事的関係への不介入、すなわち事業の中立性の原則は土地区画整理事業の重要な原則となっている。立体換地は平面換地の例外であるが、以下に現行の土地区画整理法における立体換地制度と根拠条文及びその特徴について説明する。

　（1）　現行制度
　〈1〉　過小宅地対策としての立体換地（93条1項）
　公的施行者は過小宅地対策として、地権者の同意によらないで、立体換地を行うことができる。
　〈2〉　土地利用の合理化・防災対策としての立体換地（93条2項）
　公的施行者は土地の合理的利用と防災上の必要がある場合には防火地域内で、かつ、建築物の高さの最低限度が定められている高度地区内の宅地の全部又は一部について、地権者の同意によらないで、立体換地を行うことができる。
　〈3〉　清算オプションの提供（93条3項）
　上記の2つの立体換地を受けることになる地権者は立体換地を受けないで清算金を受け取ることができる。
　〈4〉　所有者同意型の立体換地（93条4項）
　すべての施行者は宅地の所有者の同意に基づいて立体換地を行うことができる。このとき従前地の使用収益権者の同意を得なければならない。
　〈5〉　借地権者同意型の立体換地（93条5項）
　すべての施行者は借地権者が換地不交付の同意（90条）又は所有者同意型の立体換地（〈4〉に記述）の同意にあわせて立体換地を受けることを申し出

たときは、その借地権について立体換地を行うことができる。
　（２）　立体換地の特徴
　立体換地制度の特徴は次の通りである。
　〈１〉　立体換地建築物
　立体換地建築物は施行者が処分する権限を有する建築物である。そこで施行者はなんらかの方法で建築物を取得しなければならない。建築物の取得は付帯事業（いわゆる２条２項事業）として行われるが、２条２項事業の概要は事業計画の一部である設計の概要で定められるので（土地区画整理法施行規則６条２項６号）、立体換地建築物の計画もこの概要において定められる。
　〈２〉　立体換地建築物を建てる者
　土地区画整理法は建築物を建てる者については定めを置かない。したがって最終的に施行者が処分する権限を有するなら、施行者が自ら建築物を建築するか、第三者からそれを購入するかは自由である。立体換地建築物の建築は仮換地指定により使用収益権者がいなくなった土地（仮換地の裏指定又は使用収益の停止が行われた土地）の上で行われる。
　〈３〉　立体換地の効果
　立体換地では地権者が有する従前の財産的価値の一部が立体換地建築物の一部に変換される。このために立体換地を受ける宅地と借地権には高い減歩率が適用される。すなわち立体換地において宅地と借地権が立体換地建築物に関する権利に変換されるのは強減歩の代償である。強減歩の代償が清算金としてではなく立体換地建築物に関する権利として与えられることによって立体換地は地権者の従前資産との連続性を充足し、税制特例を受ける。土地区画整理事業の施行者にとっては強減歩を可能にすること（それゆえ減価補償金地区では一般宅地の減歩を緩和することができること）が立体換地の最大の魅力となっている。

7.5　権利の再編成の効果

　立体換地は借地権と底地権の再編成の１つではあるが、現行の立体換地制度はその要件においても、権利の再編成手法においても適用可能なケースが

限定されている。そこで既存の立体換地以外の手法を導入することにより、権利の再編成の需要を土地区画整理事業に取り込むべきである。この点について説明するが、説明の都合上、まずこの節で権利の再編成がもたらす効果について要約し、次節で8つの権利の再編成方式を提案するとともに、その内容を紹介する。

借地権と底地権の再編成がもたらすべき効果は次の3つに要約される：①土地の高度利用、②一般宅地の減歩緩和、③メニューの増加。これらの効果は最終的には土地区画整理事業による市街地整備を促進することになろう。順に説明する。

〈1〉 土地の高度利用

借地権と底地権の再編成は底地権者と借地権者の対立を解消し、それによって土地の高度利用を促進する。また借地権と底地権の再編成が建築物の建築を包含するときには、それによって土地の高度利用が現実化される。さらに土地区画整理事業による市街地整備は容積率改定や前面道路の拡幅による容積率制限の不適用などによって、土地の高度利用の環境を準備する。

〈2〉 一般宅地の減歩緩和

権利の再編成は次の3つの場合に権利の強減歩をもたらす：①借地権が不交付を受ける場合、②借地権が集約される場合、③宅地に関する権利の全部又は一部が建築物に関する権利に変換される場合。これによって一般宅地の減歩が緩和されることがある。①と②については次節で説明し、③については7.8で詳細を説明する。

〈3〉 メニューの増加

地権者は権利の処理について広い選択肢を獲得する。それによってより多くの地権者が土地区画整理事業の施行を受け入れる可能性が高くなる。

7.6　8つの権利の再編成方式

借地権と底地権の再編成にはさまざまなバリエーションがあるが、ここでは土地区画整理事業に下記の8つの権利の再編成方式を取り入れることを提案する（図7−1を参照せよ）。それぞれの方式の効果と限界についても説明

するが、地権者に提供されるメニューの増加とそれによる土地区画整理事業の促進効果はすべての方式に共通するので、以下の議論ではこの点の説明を省略する。これらの再編成方式が導入された後に、土地区画整理事業において地権者に与えられる選択肢を表7－3に要約した。表7－3では、便宜上、所有権を一般の所有権と底地権に区分して記載している。

表7－3：宅地の所有権と借地権の選択肢

権利	選択肢
所有権	①借地権設定、②共有化、③自由再編、④立体換地、⑤換地不交付（清算）
底地権	①独立宅地化、②借地権設定、③底地権の集約、④自由再編、⑤立体換地、⑥換地不交付（清算）
借地権	①独立宅地化、②他の宅地への移転、③借地権の集約、④自由再編、⑤立体換地、⑥借地権不交付（清算）

図7－1：8つの権利の再編成方式

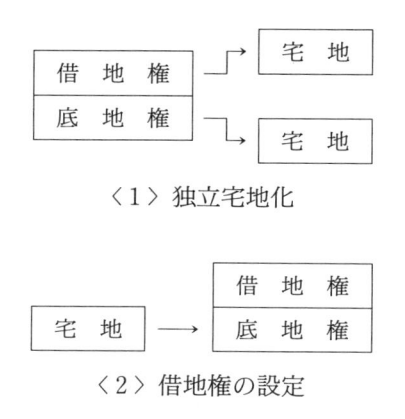

〈1〉独立宅地化

〈2〉借地権の設定

第7章　借地権と底地権の再編成

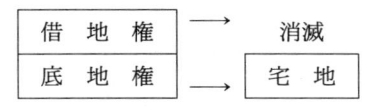

```
┌─────────┐
│ 借 地 権 │ ──→  消滅
├─────────┤
│ 底 地 権 │ ──→  ┌─────┐
└─────────┘       │ 宅 地 │
                  └─────┘
```

〈3〉借地権の不交付

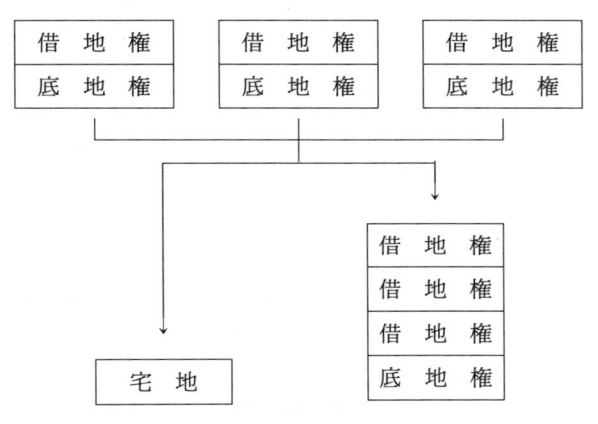

〈4〉底地権の集約

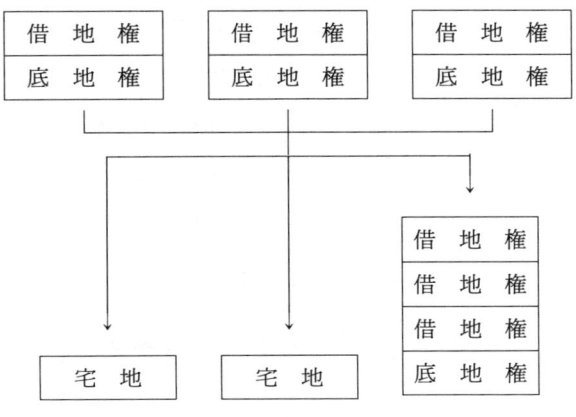

〈5〉借地権の集約

〈6〉一人立体換地

〈7〉共　有　化

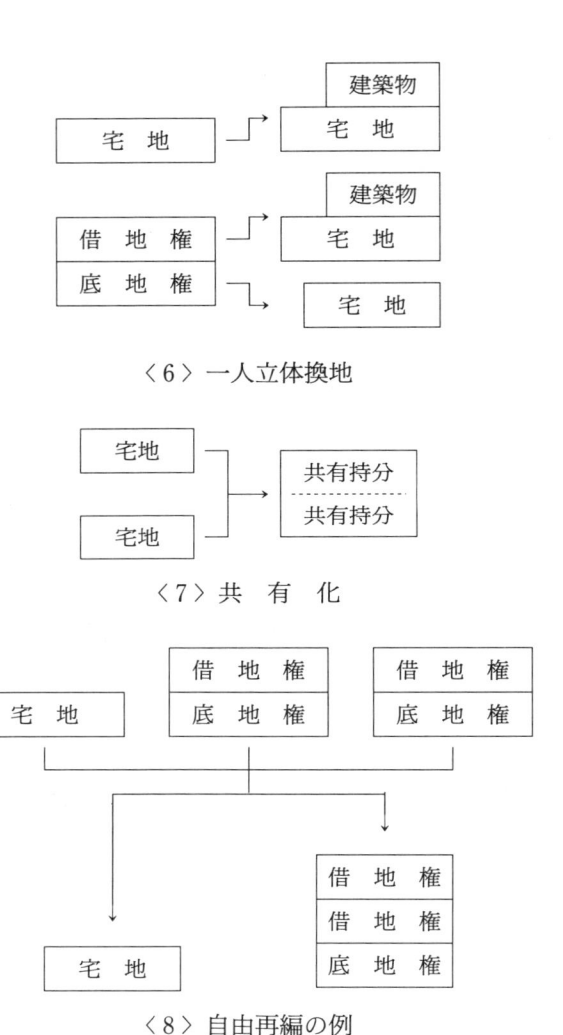

〈8〉自由再編の例

図7−1：8つの権利の再編成方式

〈1〉　独立宅地化
　独立宅地化とは底地権又は借地権を独立の宅地の所有権に変換することである。底地権又は借地権のいずれか一方が独立宅地化すれば足り、他の権利

がそれと同時に独立宅地化する必要はない。たとえば借地権が独立宅地化する一方で、底地権はそのまま他の借地権を引き受けてもよい。

　独立宅地化は民事的な宅地分割と同じであるので、それだけでは大きな効果を生み出さない。また独立宅地化は宅地を細分させる可能性がある。だがこの方式は地権者に土地の高度利用の動機づけを与える可能性がある。さらにこの方式は他の方式による権利の再編成の受け皿として必要であることがあり、その点で権利の再編成のメニューに載せる価値がある。

　〈2〉　借地権の設定

　土地区画整理事業の減歩は宅地の所有者に事業費を負担させる手段であるが、減歩の全部又は一部に代えて換地に借地権を設定することにより事業費を負担させることができる。このとき宅地の所有者は換地に借地権を設定させることによって、無減歩で、あるいは減歩とともに、事業費を負担する。借地権は新たに設定されることも、他の宅地から権利の再編成によって移転することもある。新たに借地権が設定される場合にはその取得者が対価を施行者に支払い、施行者はそれを事業費に充てる。すなわち施行者は宅地の所有者に代わって当該宅地に借地権を設定する権限を有することとなり、借地権の対価をその借地権を取得した第三者から得る。これは保留地の売却による事業費の調達と同じである。一方、他の宅地から借地権が移転する場合には、新たな借地権の価額と従前の借地権の価額の相違を清算することになろう。借地権を設定する宅地が減歩を受けない場合でも、宅地が整形され、また位置を移動することがあるのは当然である。

　借地権の設定は建築物の建築を前提として行われるから、土地の高度利用をもたらすことになる。またそれは借地権の集約や自由再編を行うために必要であることがある。もっとも借地権の設定には根強い抵抗があるので、この方式の利用は宅地の所有者と借地権者の間に信頼関係がある場合に限られることになろう。

　〈3〉　借地権の不交付

　現行の換地不交付制度は対象を宅地に限っており、借地権を対象としない（土地区画整理法90条）。だが借地権者も宅地の所有者と同様に借地権不交付

の同意をする可能性がある。そこで借地権の不交付制度を設けるべきである。借地権の不交付が行われるときに従前の借地に対して与えるべき換地は（借地権相当分が控除されるので）、見かけ上、強減歩を受ける。たとえば従前地の価額が100であり、このうち借地権価額が70、底地権価額が30であるとき、底地権に対して与えられる換地の価額は30に1から減歩率を引いた率を掛け合わせたものになるので、従前地を元にした見かけ上の減歩率は極めて高い。借地権が不交付を受ければ底地権者は底地権の処理方法を定めなければならないので、借地権の不交付については底地権者の同意を得るものとすべきである。

　借地権の不交付は借地権と底地権が宅地分割によって独立宅地化した後に、従前の借地権相当分の宅地が換地不交付を受けることと等価である。だがそれを独立した制度とすることで宅地分割の手間と登記費用を節約することができる。もっとも現行の法制度の下では借地権には手厚い保護が与えられているので、借地権者が借地権の不交付を受けるインセンティブはかなり限られている。

　〈4〉　底地権の集約

　底地権の集約とは複数の底地権をそれぞれに借地権と区分し、複数の区分された底地権を1宅地の所有権に集約することである。底地権の集約は次の2つのいずれかによって行われる：①同一の者が所有する複数の借地の底地権を1の宅地の所有権に変換すること（単独集約）、②異なる者が所有する複数の借地の底地権を1つの宅地の共有持分に変換すること（共有化）。もっとも典型的なケースは1の底地権者が複数の借地の底地権を有しており、それらの宅地上の借地権が底地権から分離されるときに、これらの底地権を1つの宅地の単独所有権にまとめるケースである。集約後の宅地には新たに〈2〉の借地権の設定を行うことができる。

　独立宅地化と同様に底地権の集約はそれだけでは大きな効果を生み出さない。だがこの方式は土地の高度利用の動機づけとして、また他の方式による権利の再編成の受け皿として、そして最終的には土地区画整理事業の促進要因として高い価値を持つ。一方、底地権を集約するためには借地権を独立に

処理する必要がある。それが可能であるかどうかが底地権の集約を制約することになろう。

〈5〉 借地権の集約

借地権の集約とは複数の借地権をそれぞれに底地権と区分し、1宅地の上に集約することである。底地権の集約の場合と同様に、借地権の集約は同一の者が有する複数の借地権について行うことも、異なる者が有する複数の借地権について行うこともできる。異なる者が有する借地権が集約されるとき、それは借地権の共有化（地上権の共有持分の付与）又は民法269条の2の区分地上権の設定のいずれかとして行われる。

借地権の集約には次の2つの要件が必要である：①保留地として、又は換地として複数の借地権を収容する土地が提供されること、②提供された土地の高度利用によって複数の借地権を収容することができること。施行地区の状況に依存するが、借地権と底地権の再編成が課題である施行地区においてこれらの要件を満たすことは困難ではないと考える。その理由は次の3つである：①複数の借地権を収容する宅地を権利の再編成によって生み出すことができること、②高い容積率が指定されている区域では土地区画整理事業による道路整備によって容積率の完全な利用が可能になり、大きな容積を利用することができること、③土地区画整理事業に伴う市街地整備に連動して容積率が見直しされる可能性があり、そのときには大きな容積を利用することができること。

借地権の集約は従前の借地の強減歩をもたらすので大きな減歩緩和効果を持ち、さらに集約後の宅地の高度利用をもたらす。一方、異なる借地権を1つの宅地の上に集約することは借地権者に相当の実益がなければ、また借地権者間に信頼関係がければ困難であろう。

〈6〉 一人立体換地

現行の立体換地制度では、条文上、地権者は立体換地建築物の一部とその敷地の共有持分を与えられる。すなわち現行法は立体換地を複数の地権者の権利の集約として構成する。このために地権者が単独で立体換地を受けることができるかどうかに疑義がある。だが単独の地権者が強減歩を受け、強減

歩相当分の清算金で換地上に建築物を取得する場合にも強減歩の効果に変わりはない。一方、多くの地権者は建築物の区分所有と建築物敷地の共有に抵抗があるが、建築物を単独所有することには抵抗が少ない。したがって現行の立体換地制度に地権者が一人で立体換地を行うことのできる一人立体換地（「いちにんりったいかんち」又は「ひとりりったいかんち」）を取り入れるべきである。この際には借地権者にも一人立体換地を行うことを認めるべきである。

もっとも一人立体換地は宅地の部分について換地不交付を受け、それによって得る清算金で建築を行うことに等しいから、宅地の所有者はそれを任意に行うことができる。すなわちこの方式は土地と建築物の等価交換方式に類似するから、それを土地区画整理事業に取り込む必要があるかどうかに疑問がある。しかしながら一人立体換地は減価補償金地区における減歩緩和に顕著な効果を持つ。また現在の登記制度は1筆の宅地の部分について換地不交付とすることを許容しないから宅地の部分的な換地不交付に関する土地区画整理法90条の規定は効力を持たない。さらに借地権者が単独で民事的に立体換地を行うことには多くの手間が必要である。

一人立体換地は現行制度の単純な延長であるが、これらの理由によって一人立体換地制度を明確に位置づけること、また借地権を一人立体換地制度の対象として認めることには大きな価値があると考える。

〈7〉 共有化

共有化とは複数の宅地の所有権を1つの宅地の共有持分に変えること（たとえば宅地aの所有権と宅地bの所有権をそれぞれ宅地cの30％の共有持分と70％の共有持分に変えること）である。複数の底地権を集約すると同時に共有化することができるが、これは〈4〉で説明した底地権の集約に含まれる。複数の借地の借地権を1つの宅地の地上権の共有持分に変えることもできるが、これは〈5〉で説明した借地権の集約に含まれる。そこでここでは宅地の所有権の共有化だけを取り上げる。

土地区画整理法は過小宅地対策の根拠条文である91条（宅地地積の適正化）3項で小規模宅地とその隣接地の共有化を認める。この場合には共有化の目的は宅地の地積の拡大であるが、共有化のメリットはそれだけにとどまらな

い。通常の宅地の共有化のメリットは宅地の一体利用が推進されることであり、それによって土地の高度利用や有効利用がもたらされることである。たとえば別種事業として建築物の共同化事業が準備されていることがあるが、これらの事業において建築物が共同化されるとき、その敷地の共同利用を担保するもっとも有力な手段の1つは敷地を共有化することである。しかしながら建築物の共同化事業と組み合わせることのできる宅地の共有化の手段は提供されていない。そこで実務上は短冊換地が行われることがあるが（**5.5**と**5.12**を参照せよ）、短冊換地では換地の位置によって相続税評価額に差異が出ることが問題となっている。このために土地区画整理事業において宅地の共有化を一般的な制度として定めることに大きな意味がある。この際には共有化後の宅地の細分化を防ぐことが望ましいが、この点は**7.12**で議論する。なお1988年の土地区画整理法の改正によって小規模宅地の共有化制度が導入される前に運用上で宅地の共有化が行われた例があり、それに関連する判例（広島高判昭和48年6月26日行集24巻6-7合併号483）がある（下村郁夫1989を参照せよ）。

〈8〉 自由再編

自由再編とは宅地に関する権利を地権者の意向に基づいて自由に再編させることである。そのモデルは都市再開発法110条が定める権利変換手続きの特則である。同条に基づく権利変換では権利者全員の同意があるときは自由に権利の変換を行うことができるが、ここで提案する自由再編でも借地権と底地権を入れ換えたり、あるいはそれぞれを宅地の共有持分に変換したり、建築物の一部の所有権に変換したりすることができる。

市街地再開発事業では権利の自由な再編成を行うには、「施行地区内の土地又は物件に関し権利を有する者のすべての同意」が要求される（都市再開発法110条1項）。権利変換計画を工区ごとに定めるときは工区内の権利者の同意を得ればよい（同法72条4項）。土地区画整理事業においても権利の再編成の影響が区域的に限定される場合には、その影響を受ける工区その他の区域内の権利者の同意を得れば足り、施行地区内のすべての権利者の同意を得る必要はない。

自由再編の効果はその内容によって異なるが、いずれにしてもそれは地権者の事業参加意欲を高め、また土地利用上のパレート最適化を図ることができる。たとえば自由再編はここに提案した他の権利の再編成手法の補完として、あるいはそれらの組み合わせとして利用することができる。それゆえ自由再編は制度の運用に融通を与える点で価値が高い。もっとも地権者合意の形成には長い時間と多くの手間がかかるので、自由再編の利用可能性は個別の状況に依存する。

7.7　震災復興土地区画整理事業における権利の再編成

　土地区画整理事業に権利の再編成手法を導入することの提案は目新しく映るかもしれないが、実は関東大震災後の震災復興土地区画整理事業において借地権を独立宅地化した例や借家権を独立宅地化した例がある。詳細は不明であるが、権利の再編成の先行的な事例として価値が高いので要約的に紹介する。

　この事例で再編成の対象となったのは東京の神田にあった雑菓子業者の団地である。雑菓子製造業は小規模の家内工業であり、その多くが借地上に立地していた。従前の借地は10坪内外が普通であった。このため換地設計上、これらの借地を公道に接道させることは不可能であった。これらの借地権者は雑菓子営業者として組合を組織しており、また顧客の雑菓子小売商は郡部に多かった。これらの業者が都心に位置する必要はなかったので、当局はこれらの業者を一括移転して減歩を緩和することとし、1924年（大正13年）に計画の遂行に着手した（復興事務局1932：212-213）。

　当局が作成した移転案は530名を錦糸町、大平町2丁目、柳島町元陸軍糧秣廠跡地に移転するものである。この際の方針は下記の通りである（同上：213-214）。

　〈1〉　組合員の借地の上に組合員が居住する場合においてはその借地権の評価に対して土地の所有権を交付する。

　〈2〉　組合員以外の者の借地の上に組合員が居住する場合においても、同様に、その借地権の評価に対して土地の所有権を交付する。

〈3〉 これらの場合において当該部分の土地の所有権は買収する。ただし借地権の価格を控除して現在の地区内に換地し、又は土地の所有者が組合員である場合にはこれを新たな区域に換地することを妨げない。

〈4〉 借地権のない土地の上に組合員が居住する場合（自己所有の土地の上に居住する者及び土地所有者の家屋に居住する者）には、その部分の土地に対し新たな区域において換地を交付する。

この方針は当時であっても異例のことであった。すなわち「該方針は区画整理換地処分上已に異例に属するものであつて之が実行上に付き法理論に於て種々論議せられたのであるが敢て違法にあらずとして決定せられたのである。」（同上：214〔漢字を現代表記に修正した。〕）。

当局が提示した案に対して組合員は賛成派と反対派に分裂した。反対派は従前の立地の歴史的経緯を強調して不便不潔な工場地域への移転に反対した。そして他の適切な場所（浅草区向柳原松浦邸跡、一橋商科大学跡、又は小石川区砲兵工廠跡）に移転するか、現地に残留することを希望した。賛成派は現地の不便さ、営業上の不利益を強調し、集団的営業が必要なので集団的移転でなければ賛成できないとした（同上：214-215）。

過半数の組合員は賛成派であったが、賛成派はいくつかの要望を当局に陳情した。このうち重要なものは借家人に土地を交付することを求めた次の要望である：「組合員の大多数は即ち之等借家人に属するを以て之等にも特別の方法を以て一戸当約十坪宛の土地を与えられ度し」（同上：216〔漢字を現代表記に修正した。〕）。

当局は多くの要望に沿うことに努めた。この際、「最も困難なる問題は借家人に対し如何にして土地所有権を与ふるの途を講ずるかと云ふ点にあつたのであるが、此問題を解決せんが為に借家権〔注：おそらく借地権の間違い〕を共有せしめ此借地権に対して飛地に於て所有権を与ふるの方法」を採用した。すなわち「共同借地権者に対しては其の借地権面積の如何に拘らず各一人の持分に対し十坪を新編入地に換地す。但し地主又は借家人と雖も共同借地権重複する場合は其一に対し十坪を交付す」という方針によって換地設計を行った（同上：217〔漢字を現代表記に修正した。〕）。

神田元地における借地権評価は土地評価の4割（付近一般の土地借地権評価は3割5分）とされたが、本所飛び地における土地評価の結果、大体の借地権者は清算金の交付を受けた（同上：218）。最終的には反対派は本所に移転せず、浅草区新谷町20ノ2、芝崎町51ノ1の東京市電気局用地の払い下げを受けて、一団となって営業を営むことになった（同上：219）。

7.8 権利の再編成への建築の包含

立体換地には地権者に与える建築物の取得が包含されているが、7.6 で提案した権利の再編成にも建築物の建築を含むべきだろうか。ここで建築の包含とは地権者の有する宅地に関する権利（の一部）を建築物に関する権利に置き換えることである。先に掲げた8つの再編成方式のうち借地権の不交付は建築とは無関係であり、一人立体換地はそもそも建築を包含する。そこでこの問題は残りの6つの方式について検討すべきである。まずこの問題に含まれているいくつかの争点について説明した後、建築を包含する仕組みを提案する。

（1）建築の包含にかかわる争点

建築を権利の再編成に包含することには次に掲げる効果と問題がある。順に説明する。

〈1〉効　果

1）一般宅地の減歩緩和

建築が権利の再編成に包含され、地権者が建築物に関する権利を取得するとき、その対価は強減歩によって支払われる。減価補償金地区以外の地区では建築費用が一般宅地の減歩によってまかなわれるので施行地区の減歩率には変化がなく、それゆえこの強減歩は一般宅地に恩恵を与えない。だが減価補償金地区では建築費用が公的負担によってまかなわれるので、建築を権利の再編成に包含することによって一般宅地の減歩を緩和することができる。

2）土地の高度利用

事業に建築を包含することは土地の高度利用を現実化し、公的な観点から望ましい建築物が建築されることを担保するもっとも確実な方法である。こ

れが市街地再開発事業で建築物の建築が事業の一部となっている理由である。そこで土地の高度利用と特定の建築物の建築を担保することが望ましいときには、土地区画整理事業にも建築を包含して特定の建築物の建築を現実化すべきである。

3）借家権の保護

従前の借地上の建築物に借家人がいるときは借家権を移転させるために建築物を手当てすることが必要である場合がある。

〈2〉問　題

1）建築への地権者の同意

権利の再編成に建築を包含するとき、地権者の有する権利の一部は建築物に変化する。これは重要な財産形態の変化であるから、地権者の同意に基づかないで地権者の有する権利を建築物に変化させることは相当の公共的な必要がない限り不適切である。

2）建築の確実性

立体換地では施行者が処分する権限を有する建築物を地権者に与えることになっている（土地区画整理法93条）。これは実際に建築が行われることを担保するためであり、また従前従後における資産の税制上の連続性を確保するためである。一方、権利者の意向に適合する建築物を完成させるためには権利者自らが建築物を建築することが望ましい。また建築の監理責任と換地処分前に完成した建築物の管理責任を権利者に委ねることで施行者の責任は軽減される。だが建築が地権者に委ねられるとき、建築が確実に行われるとは限らない。

3）建築計画の都市計画適合性

建築が地権者に委ねられるとき、建築が都市計画的な観点から適切なものであるとは限らない。

4）強減歩の範囲

建築の対価は強減歩であるが、権利の再編成に参加する宅地の減歩率が高いほど減価補償金地区における一般宅地への減歩緩和効果は高い。だが権利の再編成に参加する地権者がその意思に基づかないで無制約に強減歩を受け

るのは不適切である。
　（2）　建築の包含方法
　建築を権利の再編成に包含する際には、上記の問題に対処しなければならない。この点について以下に議論する。
　〈1〉　建築への地権者の同意
　権利の再編成が地権者の同意に基づいて行われる限り、建築も地権者の同意に基づいて行うものとすべきである。地権者の同意に基づく建築は地権者同意型の立体換地に類似したものとなる。
　〈2〉　建築の主体
　建築が確実に、また適切な建築計画に基づいて行われることが担保されるなら建築を施行者以外の者に委ねることに支障はない。これは市街地再開発事業で施行者以外の者による施設建築物の建築が認められていること（都市再開発法99条の2から99条の9まで）からも明らかである。そこで権利者に権利の再編成に伴う建築物を自ら建築する権限を与えるべきである。これとともに現行の立体換地制度についても地権者の自己建築制度を導入すべきである。
　ところで権利者に建築する権限を与えるとき、その原資は権利者が強減歩の代償として取得する清算金である。しかしながら権利者が取得した清算金で建築を行う保証はない。これは課税上の問題を引き起こす。そこで交付された清算金が実際に建築物の建築に利用されるように、税制上は建築物の建築に必要な期間は清算金への課税の延納を認めるとともに、適切な建築物の建築を条件として強減歩に由来する清算金の支払いがなかったものとみなし、また従前の権利の譲渡がなかったものとみなすべきである。このとき地権者が換地上に建築する建築物のすべてに税制優遇措置を与えるのは不適当であるから、従前の権利に対応する建築物の部分に限って税制特例の対象とすることになる。実際は仮換地指定の段階で権利者に仮清算金を支払い、権利者はそれによって建築を行うことになろう。
　〈3〉　建　築　計　画
　適切な建築が行われることを担保するために事前の確認制度を設けるべき

である。この事前の確認制度では建築を希望する地権者に事前に建築計画の提出を求め、その内容を都市計画上の、また土地区画整理事業施行上の観点から審査する。建築計画に不都合がなければ、その計画が適切であることを認定し、当該計画に適合する建築物の建築を認める。建築された建築物が認定された計画に合致しないときは換地計画を見直して換地処分を変更することを制度に盛り込むことができる。だが実際はその実行は困難である。むしろ計画に適合しない建築物を建築したときに地権者が清算金について課税を受けることのほうが現実的な制裁効果は高いであろう。

〈4〉 強減歩の基準

権利の再編成に伴う強減歩は無制約であるべきではない。また権利の再編成に参加する宅地とそれ以外の宅地はすべて公平に取り扱われなければならない。一方、権利の再編成に伴って適用されるべき減歩率は事業ごとに、さらには宅地ごとに異なっている。たとえば当該区域の容積率、当該区域の床需要、資金手当の可能性、最低敷地規模規制、地権者の希望などの要因が減歩率に影響する。そこで権利の再編成が地権者の同意に基づく限り、そして地権者間の公平が維持される限り、再編成を受ける権利の強減歩の程度は地権者と施行者の交渉に委ねてよいと考える。

7.9 権利の再編成と地権者の同意

権利の再編成と地権者の同意に関する問題について議論する。

（1） 同意型の整理と強制型の整理

公的事業による権利の再編成には2つの方法がある。第一の方法は同意型の再編成（権利者の同意に基づいて再編成を行う方法）であり、第二の方法は強制型の再編成（権利者の同意に基づかないで再編成を行う方法）である。

宅地の所有権と借地権の整理は財産権にかかわるから、地権者の同意に基づかないで再編成を行うには相当の公益性がなければならない。市街地再開発事業の場合には市街地の防災上の危険性や高度利用の必要性などが正当化の根拠となっているが、このために施行地区の要件が厳しく定められている（都市再開発法3条（第一種市街地再開発事業の施行区域）・3条の2（第二種市街地

再開発事業の施行区域))。一方、土地区画整理事業では平面換地が原則であり、また土地区画整理事業には市街地再開発事業の施行地区要件に匹敵する厳格な施行地区要件は存在しない。そして単純な減歩緩和や土地の高度利用の望ましさは地権者の同意に基づかないで権利の再編成を行う根拠としては不十分である。そこで土地区画整理事業における借地権と底地権の再編成は地権者の同意に基づいて行うものとすべきである。

(2) 地権者の同意の条件

地権者が権利の再編成に同意するかどうかは、地権者がそれから従前以上に有利な条件を獲得することができるかどうかにかかっている。一般に地権者の希望は第一に完全な所有権の取得であり、第二に（完全な所有権の取得が困難であったり、取得が可能な完全な所有権では宅地の利用が制約されるときには）よりよい宅地利用条件の獲得である。

まず底地権者が相当規模の単独の借地について底地権を有する場合、あるいは複数の借地について底地権を有しており、それを通算すると相当の規模に達する場合には、借地権が分離されれば大規模な宅地の完全な所有権を取得することができる。借地権の分離によって取得する宅地の規模が小さいときには単独利用が制約されることがあるが、このときには底地権者はより高額の地代収入が得られる土地利用を求める。

借地権者が完全な所有権を取得するためにはその所有権の対象である宅地が提供されなければならず、それが単独利用の可能な規模の宅地であるかどうかは従前の借地権価額とその宅地の単価によって定まる。だが借地権者は従前以上の床面積を利用することができる場合、また市街地整備の進展によってより大きな収益を獲得する機会が得られる場合には、単独利用の可能な宅地の完全な所有権の取得にこだわるとは限らない。

いずれの場合も権利の再編成は地権者に広い選択肢を提供するから、地権者はいずれかの方法で権利の再編成を受けることに同意する可能性がある。

7.10 従前地上の建築物の除却補償

権利を再編成する際には従前地上の建築物その他の工作物（以下この節で

は「建築物」で総称する。）を除却しなければならないことがある。このとき従前の制度では当該建築物について除却補償が必要になる（土地区画整理法78条）。権利の再編成を行う際には除却補償が多額に上る可能性があるから、その取扱いについて検討する意味がある。

（1）　立体換地と市街地再開発事業における取扱い

まず立体換地と原則型の市街地再開発事業の違いについて議論する。立体換地では従前地上の建築物に対して除却補償が行われる（土地区画整理法78条（移転等に伴う損失補償））。したがって立体換地では地権者が取得する立体換地資産（立体換地建築物の一部とその敷地の共有持分）は従前地に関する権利の対価であり、従前地上の建築物の対価を含まない。これに対して原則型の市街地再開発事業では従前地上の建築物に対して除却補償ではなく、施設建築物の一部が与えられる（都市再開発法73条（権利変換計画の内容）1項4号）。

次に全面買収型の第二種市街地再開発事業について見ると、この事業では建築物の所有者は建築物の対価（補償）を受けるが、それに代えて建築施設の部分の譲り受けの申出をすることができる（都市再開発法118条の2第1項）。したがって第二種市街地再開発事業でも建築物の所有者が建築施設の部分を与えられるときには、従前地上の建築物は建築施設の部分に転化することになる。

（2）　建築物資産の取扱いのオプション

結局、従前地上の建築物資産の取扱いには、おおまかには次の3つの選択肢がある：①除却補償型（除却される建築物の除却補償を与える方法。土地区画整理事業の立体換地が例である。）、②権利価額移行型（建築物の除却補償は行わないが、再編成後の建築物について従前の建築物の権利価額相当分の権利を与える方法。原則型市街地再開発事業が例である。）、③無補償型（建築物の除却補償を行わず、従前の建築物の権利価額相当分を再編成後の建築物に関する権利に移行させることも認めない方法。その根拠は権利の再編成が地権者の任意によることにある）。

除却補償型と権利価額移行型では地権者の税負担に違いがあるが、除却補償型の場合でも第二種市街地再開発事業のようにその補償を再編成後の権利の対価として利用することを認めるなら両者の違いは縮小する。

173

ところで従前地上の建築物の除却によって建築物の所有者は損失を受けるが、その所有者が権利の再編成から利益を得るなら除却補償がいつも必要であるとは限らない。移転補償を受けて平面換地を受けるよりは、除却補償が得られなくても権利の再編成を受けるほうが有利なことがあるからである。そこで除却補償型を踏襲する場合でも権利の再編成が地権者に新たな選択肢を提供することの見返りとして、建築物の所有者に建築物の除却補償の全部又は一部を放棄するオプションを与えることが望ましい。

要約すると土地区画整理事業の権利の再編成では次のような除却補償制度を採用すべきである：① 地権者に除却補償の全部又は一部を放棄する選択肢を与えること、② 地権者が取得する除却補償を地権者が取得する建築物に関する権利の全部又は一部の対価として利用する選択肢を与えること。後者の場合には第二種市街地再開発事業相応の税制特例を設けるべきである。

7.11 借家権の保護

権利の再編成を受ける借地上の建築物に借家権があるときは、その借家権の保護が問題になる。この問題に対処する方法は次の4つに区分することができる：① 不存在限定型、② 借家人同意型、③ 借家権移転型、④ 借家権収用型。順に説明する。

（1） 借家権の取扱い方法

〈1〉 不存在限定型

不存在限定型は借家権が存在しない場合に限って借地権と底地権の再編成を行うことをいう。

〈2〉 借家人同意型

借家人同意型は借地権と底地権の再編成を借家人の同意に基づいて行うことをいう。借家人同意型にはさらに次の2つの選択肢がある：① 借家契約解除型（借家契約を解除して権利の再編成を行う方法）、② 借家権設定型（権利の再編成後に建築される建築物に従前の借家権に対応する借家権を設定する方法）。借家権設定型は〈3〉で説明する借家権移転型と類似するが、借家権移転型は借家人の同意が得られない場合を含んでいる点に違いがある。

第7章　借地権と底地権の再編成

〈3〉　借家権移転型

借家権移転型は権利の再編成後に建築される建築物に、借家人の同意の有無にかかわらず、借家権を移転させることをいう。ところで権利の再編成が底地権者と借地権者の同意に基づいて行われることを考慮すると、借家人の同意を得ずに借家権の移転を強制することには合理性がない。市街地再開発事業では借家人は同意するかしないかには無関係に施設建築物へ移転することが義務づけられるが、これは市街地再開発事業に重要な公益性があり、それが市街地再開発事業の施行地区要件によって保証されているからである。土地区画整理事業の施行地区の中に市街地再開発事業の施行地区要件に匹敵する要件を満たす区域を設定することができない限り、ここで提案する権利の再編成では借家権の移転は借家人の同意によらせるべきである。このとき借家権移転型と〈2〉に挙げた借家権設定型の差異は消滅する。

〈4〉　借家権収用型

借家権収用型は借家権を収用することをいう。土地区画整理事業における権利の再編成では借地権と底地権が収用されることはない。そして借地権と底地権が収用される可能性がないときに借家権を収用することには合理性がない。すなわち借地権と底地権の再編成の望ましさだけでは借家権を収用する根拠にはならないと考える。したがって借家権の収用を土地区画整理事業の権利の再編成に採用することはできない。

（2）　権利の再編成との適合性

上記の4つの方法のうち借家権移転型と借家権収用型は、（1）に掲げた理由から、ここで提案する権利の再編成とは不適合である。そこで権利の再編成には不存在限定型と借家人同意型の一方又は両方を採用すべきである。不存在限定型は借家権の問題を完璧に回避することができるが、権利の再編成が適用される区域では借家人が存在しないことはまれである。このためにこの方法だけを採用すると権利の再編成の適用は事実上不可能である。一方、借家人同意型では借家人の同意の獲得が課題となるが、区域を問わずに適用することができる。このうち借家契約解除型では借家契約の解除の対価が求められることがあるが、この対価は建築物の所有者と借家人の間の交渉で定

めれば足り、土地区画整理事業の施行者が介入する必要はない。新たな建築物についての借家権の設定も同様に建築物の所有者と借家人の交渉で定めれば足りる。

7.12　制度導入上のその他の配慮事項

　権利の再編成制度を導入するに当たっては、このほかいくつかの点について制度の改正や運用の変更を行わなければならない。順に説明する。
　（１）　立法の方法
　権利の再編成を現行の土地区画整理法に組み込むためには、同法の大きな原則のいくつかについて検討を加えなければならない。たとえば現行の土地区画整理法は借家権については未対処であり、また権利の再編成に伴う権利価額の評価方法についても十分な対処がない。だがこれらの点を含めて土地区画整理法を見直すには同法の根幹にさかのぼって検討しなければならず、これには相当の時間が必要になる。そこでとりあえずは権利の再編成に関する一連の法制度を土地区画整理法の特別法として立法すれば足りよう。
　（２）　立 法 事 項
　権利の再編成を立法化する際に法律上の整備が必要となる事項を掲げる。
　〈１〉　独立宅地化
　底地権又は借地権を独立の宅地の所有権に変換することは照応原則（土地区画整理法 89 条）の例外になるので、その根拠規定を置く必要がある。
　〈２〉　借地権の設定
　借地権の設定を減歩に代えることは照応原則の例外になる。そこでその根拠規定を置く必要がある。これとともに借地権の設定の権限規定を置く必要がある。
　〈３〉　借地権の不交付
　現行の換地不交付制度（土地区画整理法 90 条）は対象を宅地に限っているので、同条に借地権の不交付の根拠規定を置く必要がある。
　〈４〉　底地権の集約
　複数の底地権をそれぞれに借地権と区分し、１宅地の所有権として集約す

第7章　借地権と底地権の再編成

ることは照応原則の例外になる。そこでその根拠規定を置く必要がある。

〈5〉　借地権の集約

複数の借地権をそれぞれに底地権と区分し、1宅地の上に集約することも照応原則の例外になる。そこでその根拠規定を置く必要がある。また保留地上に借地権を集約するためには、保留地に借地権の設定を認める規定を置く必要がある。

〈6〉　一人立体換地

現行の立体換地の規定（土地区画整理法93条）は宅地の所有者が一人で立体換地を行うことを許容するかどうかが不明確である。そこで同条が一人立体換地を排除しないことを確認的に示す必要がある。一方、借地権者の同意又は申出による立体換地については定めがないので、それを許すように同条の規定を修正する必要がある。

〈7〉　共有化

現行の宅地の共有化規定は小規模宅地対策として共有化を認めているに過ぎない（土地区画整理法91条3項）。そこで小規模宅地対策から独立した、一般的な共有化の根拠規定を置く必要がある。

〈8〉　自由再編

自由再編については都市再開発法110条の権利変換の特則に準じた規定を置く必要がある。

（3）　他の地権者への影響

借地権と底地権の再編成が行われるときの換地設計とそれが行われないときの換地設計には差異がある。そこで借地権と底地権の再編成が一般の地権者に正当化することのできない不利益を与えないように換地設計基準を定めるべきである。たとえば一般の地権者に大きな影響を与える権利の再編成は一定の公益性を満たすときに一定の範囲で認めるべきであるが、この際に権利の再編成が満たすべき公益性と許容される範囲は土地区画整理事業ごとに定めれば足りる。そこでその趣旨を法律上に定めるべきである。

（4）　宅地の細分化対策

底地権や借地権の独立宅地化は小規模宅地を増加させる可能性がある。こ

177

れは市街地整備上、望ましくないことがある。そこで宅地の細分化を防ぐために一定の規模以上の宅地への変換が可能である底地権又は借地権に限って独立宅地化の申出を認めるべきである。申出の要件を満たすことができない借地の権利者は単独で、あるいは他の権利者と共同して他の種類の権利の再編成の申出をすることができる。これらの点については大都市地域における住宅及び住宅地の供給の促進に関する特別措置法（大都市法）14条（共同住宅区への換地の申出等）及び15条（宅地の共有化）に類似の立法例がある。なお事業終了後に敷地規模を維持するには地区計画などによる土地利用規制を利用することができる。

（5）　換地処分に至るまでの建築物の管理

権利の再編成による建築物の建築は仮換地指定の段階で行われるから、換地処分に至るまでの建築物の管理と利用権原の設定、すなわち仮換地段階の建築物の管理が重要な問題になる。地権者が自ら建築物を建築する場合にはその管理責任は地権者にあり、その利用権原も地権者にあるが、建築物の建築を施行者が行う場合にはなんらかの手当を置くべきである。これは現在の立体換地制度にも共通する問題であるので、現行の立体換地制度と権利の再編成を通じて、法律に施行者が建築物を建築する際の管理に関する規定（仮立体換地制度）を定める必要がある。なお、この点は土地区画整理基本問題部会において何度か指摘されたほか（**1.5.2**を参照せよ）、丸山正も提案したことがある（**1.5.5**を参照せよ）。

（6）　清算の評価

強減歩を受けた地権者は施行者から清算金を取得する。ところで土地区画整理事業の清算に採用される評価方法の多くは相続税評価額や固定資産税評価額などを基準とする。これらの評価方法は地権者の権利について時価より低い評価を生み出すことが多い。しかしながら強減歩の清算が時価評価に満たない評価で行われれば地権者は大きな不利益を受ける。そこで清算に時価評価以外の評価方法を採用する場合には、強減歩の清算を一般の不均衡是正の清算とは区別して時価評価を適用すべきである。この点については第10章で議論する。

第7章　借地権と底地権の再編成

7.13　終わりに

　この章では底地権や借地権の再編成にかかわる制度の現状を分析し、平面換地を原則として構成されてきた既存の制度が既成市街地の整備に必要な手法を十分には提供していないことを確認した。土地区画整理事業は既成市街地の整備にも有効な手法であるが、既成市街地において土地区画整理事業を推進するためには借地権者と底地権者の両方の賛成を得ることが重要である。さらに土地区画整理事業のポテンシャルを有効に活用するには既成市街地における複雑な権利関係を再編成する手段を備えることが望ましい。しかしながら立体換地制度の改善に関する提案を除くと、これらの点に関する議論は限られている。また権利の再編成は市街地再開発事業によっても行うことができるが、市街地再開発事業は施行地区要件の厳しさや仕組みの大仰さから、限られた数の地権者がスポット的な権利の再編成を行うには向いていない。

　そこでこの章では土地区画整理事業に権利の再編成を行うための8つの手法を取り入れることを提案し、それぞれの効果について議論するとともに、その制度化に当たって考慮すべき点を指摘した。これらの手法は従来の土地区画整理事業の延長ではあるが、今までの事業制度が対応しなかった方法で既成市街地の再編成をもたらすことができる。それによってこれらの手法は既成市街地における土地区画整理事業の施行を容易にし、また効果的にする。権利の再編成を制度化するに当たってはここで提案した8つの再編成手法どうしの組み合わせ、またこれらの方式と既存の立体換地制度その他の制度との組み合わせについても検討する価値があるが、いずれにしてもこれらの手法は土地区画整理事業の換地手法を拡張する端緒として大きな意味を持つことになろう。

第8章　宅地の移動

8.1　問題と背景

　土地区画整理事業は換地手法によって宅地を整備し、また宅地を移動する。だが換地手法は宅地を移動する唯一の手段ではない。換地手法はおそらくは面整備に不可欠の手段であろうが、換地手法以外の手段には換地手法にはない利点がある。それゆえ換地手法以外の宅地を移動する手段を利用することができれば土地区画整理事業のポテンシャルを有効に活用することができる。そこでこの章では宅地移動の手法について比較検討を行い、土地区画整理事業に交換手法を導入することを提案する。このために次の順序で議論を行う：① 宅地移動の手段である換地手法、交換手法、証券化手法の比較、② 土地区画整理事業の換地手法の制約と交換手法の利用による解決策、③ 土地区画整理事業に交換手法を導入する際の立法上の問題の検討。

8.2　宅地の移動

（1）　宅地の移動の意味

　この章が対象とする宅地の移動は、宅地に関する権利の対象を変更すること、すなわち宅地1について存在した権利が宅地2について存在することとし、宅地1については存在しないこととすることである。たとえば宅地1の所有権を宅地2の所有権に変化させること、あるいは所有権の対象を宅地1から宅地2に変更することをいう。

　単純な宅地の移動は宅地の買い替え（宅地の譲渡と別の宅地の取得）として行うことができるが、ここで対象とする宅地の移動は権利の対象が直接に変更される点で宅地の買い換えと区別される。宅地の買い換えの場合には宅地の譲渡所得への課税や宅地の取得への課税が行われるが、宅地の移動には税法上の特例が設けられている。

（2）　宅地の移動の要件

宅地の移動は私法上の権利の対象の変更である。私法上、いくつかの重要な権利（たとえば所有権）の変更は登記によって対世的効力を備える。そこでこれらの権利の対象の変更は登記によって初めて完成する。このために公的事業による宅地の移動は、①宅地に関する権利の対象の変更、②移動後の権利の登記上の整理、の2つを要件としなければならない。

(3) 宅地の移動の種類

宅地の移動には、①一方向型（宅地1に関する権利の対象が宅地2となるが、宅地2に関する権利の対象は消滅するもの）と、②両方向型（宅地の交換。宅地1に関する権利の対象が宅地2となり、宅地2に関する権利の対象が宅地1となるもの）、③連鎖型（3以上の宅地の間で、権利の対象の変更が行われるもの）、の3つの種類がある（図8-1）。現行の換地手法は連鎖型に該当するが、このとき移動する宅地の区画は、通常、移動先の宅地の区画を引き継がない。

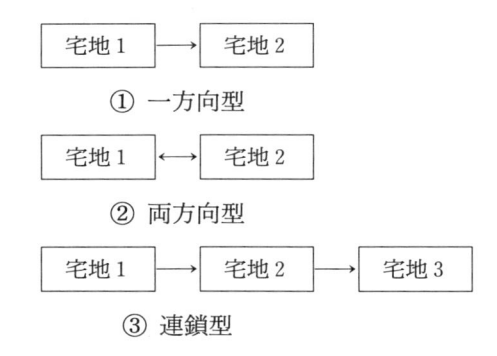

```
┌─────┐   ┌─────┐
│宅地1│──▶│宅地2│
└─────┘   └─────┘
    ① 一方向型

┌─────┐   ┌─────┐
│宅地1│◀─▶│宅地2│
└─────┘   └─────┘
    ② 両方向型

┌─────┐   ┌─────┐   ┌─────┐
│宅地1│──▶│宅地2│──▶│宅地3│
└─────┘   └─────┘   └─────┘
    ③ 連鎖型
```

図8-1：宅地の移動と移動の方向

8.3 宅地の移動手法

現在までに制度化されたり、議論されたことのある宅地移動の手法には、①換地手法、②交換手法、③証券化手法、の3つがある。換地手法は農業分野では土地改良事業において、都市計画分野では土地区画整理事業において広く用いられている。交換手法は民法において一般的な交換制度が設けられているほか、土地改良法などの農業法において交換分合として制度化され

ている。証券化手法は換地手法の1変異であるが、土地区画整理事業の換地手法と対比してその採否が議論されたことがある。これらの手法にはさまざまな付随的要素が付加されているが、まず現行の換地手法と交換手法について説明し、その後、かつての議論に基づいて証券化手法を紹介する。

8.3.1 換地手法

　換地手法は従前地に代えて、従前地に対応する換地を与える手法である。換地手法は農業分野では土地改良法のほか農用地整備公団法に例があり、都市計画分野では土地区画整理法のほか大都市地域における住宅及び住宅地の供給の促進に関する特別措置法（大都市法）に基づく住宅街区整備事業と新都市基盤整備法に例がある。ここでは土地区画整理法に基づいて換地手法の主要な特徴を説明する。

　〈1〉　土地区画整理事業は施行地区内の面整備を行うが、換地手法は面整備の1過程であるとともに、その成果を固定するための従前地と換地の置き換えである。

　〈2〉　施行地区内の面的整備を行う原資の多くは宅地の減歩によって生み出される。そして減歩は換地手法によって行われる。

　〈3〉　換地処分は換地計画に基づいて面的に（すなわち複数の宅地を包括して）行われる。換地計画では従前地と換地の位置、地積、土質、水利、利用状況、環境等が照応するように定めなければならない（土地区画整理法89条）。地権者の同意があった場合などは、従前地に代わる換地を与えないこと（換地不交付）ができる（同法90条から93条までと95条）。換地の交付又は不交付について不均衡が生ずるときは金銭で清算する（同法94条）。

　〈4〉　換地は整備された宅地である。

　〈5〉　地権者は適切に定められた換地を拒否することができない。

　〈6〉　換地処分の公告の日の翌日から換地は従前地とみなされる（同法104条）。

8.3.2 交換手法

(1) 交換手法の種類

交換手法とは所有権その他の宅地に関する権利の対象を変更することである。交換手法には、①民法586条に基づくもの、②農業法に基づくもの、の2つがある。前者は任意に行われる土地の交換であるが、後者は農業政策の一環として行われる土地の交換であり、交換分合と呼ばれている。交換分合は土地改良事業など事業の一部として利用されている。民法586条1項に基づく交換、農業法の交換分合の順に説明する。

(2) 民法586条1項に基づく交換

〈1〉 民法586条の規定は次の通りである。このうち宅地の交換にかかわるのは1項である。

> 民法586条　交換ハ当事者ガ互ニ金銭ノ所有権ニ非ザル財産権ヲ移転スルコトヲ約スルニ因リテ其効力ヲ生ズ
> 当事者ノ一方ガ他ノ権利ト共ニ金銭ノ所有権ヲ移転スルコトヲ約シタルトキハ其金銭ニ付テハ売買ノ代金ニ関スル規定ヲ準用ス

〈2〉 所得税法58条は固定資産の交換が次の条件を満たすときに資産の譲渡がなかったものとして課税を繰り延べる特例を定めている：①交換した資産が同じ種類の資産であること、②交換した資産を相互に1年以上保有しており、かつ、交換の相手方が有していた資産は交換目的で取得されたものでないこと、③交換した資産を従前の資産と同一の用途に供すること、④交換した資産の間の差額が時価の高いほうの金額の20％以内であること。

(3) 農業法の交換分合

〈1〉 農業政策として行われる土地の交換分合は土地改良法、農業振興地域の整備に関する法律、農住組合法、集落地域整備法、市民農園整備促進法、農用地整備公団法に定められている。これらの中でもっとも歴史が古いのは土地改良法であり、他の法律は交換分合について土地改良法の規定を準用することが多い。そこでこの項では土地改良法における農用地の交換分合を例

に取って説明する。

〈2〉 土地改良法の交換分合の目的は「農用地の集団化その他農業構造の改善に資する」こと（同法101条1項）、すなわち営農条件を改善し、農業生産性を向上させることである。そして交換分合は「工事又は管理といった物理的行為によることなく、権利の移転、設定又は消滅という法律行為のみを内容とする事業」（森田勝1993：20）である。

〈3〉 交換分合は交換分合計画に基づいて行われる。交換分合計画は交換分合により所有者が取得すべき農用地及び失うべき農用地を定める（土地改良法102条1項）。所有者の取得すべきすべての農用地と失うべきすべての農用地とは、用途、地積、土性、水利、傾斜、温度その他の自然条件及び利用条件を総合的に勘案して、おおむね同等になるように定めなければならない（同条2項）。この際、所有者の同意がない限り、地積と価額のいずれかにおいて2割以上の増減があってはならない（同条3項）。交換分合によって相殺することのできない部分は金銭で清算する（同条4項）。

〈4〉 民法上の交換は2者間における特定の財産の交換であるが、交換分合の構成はそれとは異なっている。すなわち交換分合では「二以上の権利者間での所有権の交換関係が定められるのではなく、交換の結果としての所有者が取得すべき農用地と失うべき農用地が定められる（土地改良法102条1項）。」（同上：22）。〈3〉に掲げた交換分合の基準（土地改良法102条2項）も交換される特定の農用地のペアごとに適用されるのではなく、所有者が取得し、また失うべきすべての農用地について総合的に適用される。1農業経営主体が有する複数の農用地を1団地に集約することが交換分合の主目的であるからである。そこで森田勝は「誰とどの農用地を交換したかということは交換分合の成立要件ではないので、交換分合は個々の交換契約の集合体又は交換契約の束というよりも、所有権の消滅と帰属によって所有関係を一括して再編成する行政処分というべきであろうか。」（同上）と述べる。

それゆえ交換分合は結果的に、そして実質的に権利の交換をもたらすが、交換分合計画は個々の所有者が取得し、失うべき農用地、先取特権等の設定その他の条件を定めているだけであり（土地改良法102条1項、103条1項）、

権利の交換はその集合的効果として生まれることになる。

〈5〉 土地改良事業として交換分合を行うことができるのは5つの事業主体に限られているが、事業主体によって交換分合の要件にはいくつかの差異がある。対象地区と権利者の同意要件に関する主要な差異を**表8－1**にまとめた。

表8－1：土地改良法上の交換分合制度の差異

事業主体	対象地区	権利者の同意要件
農業委員会	農業委員会の管轄区域（97条1項・2項）	権利者の3分の2以上の同意（97条3項）
土地改良区	土地改良区の地区内（15条1項）	権利者会議で3分の2以上の権利者の出席、出席者の3分の2以上の同意（99条2項）
農業協同組合	無限定	権利者全員の同意（95条2項・100条）
農地保有合理化法人	無限定	権利者全員の同意（95条2項・100条）
市町村	市町村営土地改良事業に関連する区域（100条の2）	土地改良区と同様（100条の2第2項）

8.3.3　換地処分と交換分合

（1）　換地処分と交換分合の差異

換地手法と交換分合はともに宅地を移動する手段として利用されるが、両者にはどのような差異があるのだろうか？　土地改良法は換地手法（換地処分）と交換分合の両方の手段を持つが、森田勝は両者の違いを次のように説明する。

〈1〉 土地改良法2条2項6号が明記するように、交換分合の対象は権利である。これに対して「換地処分では、権利の対象である土地の方が従前の土地から換地へ代るのであって、その間に権利の移動はまったく生じないと

いう法律上の取扱いをする」（森田勝 1993：21）。

〈2〉 換地処分と面整備は不可分であり、換地処分は「いわば工事の施行に伴う権利関係の再編成手段である」（同上）。すなわち「〔換地処分は〕区画再編機能を持っている。しかし、交換分合は土地の不動性を前提とするので、土地の形状には一切かかわらない。交換分合と併せて区画を変更しようとするときには、分筆又は合筆という通常の登記手続きによることが必要になる。」（同上）。

〈3〉 そこで森田勝は「一般的には、二筆以上の土地にわたって区画形状の改変が行われるため、二人以上の権利者の間で土地の権利関係の再編整理が必要となるときには換地処分が必要〔となる〕」とし、逆に次のときには換地処分が不必要であるとする：①1筆の土地の範囲内で工事が完結し、土地の区画に変更が生じないとき、②2筆以上の土地にわたって工事が施行されても、区画に変更を及ぼさないとき、③2筆以上の土地にわたって工事が施行され、区画に変更が生じるが、土地が同一人に属し、他に権利者がいない場合（森田勝 1992：19）。

（2） 宅地の整備と宅地の移動

森田勝が述べるように土地改良法上は、そして土地区画整理法上も、換地手法は面整備と結び付いているが、換地手法によって単純な土地の交換を行うことができないわけではないから、換地手法が必ず宅地の整備と結び付かなければならないものではない。一方、宅地の整備を行った後で整備後の宅地と従前の宅地を交換することもできるから、交換手法と宅地の整備を組み合わせることも不可能ではない。したがって両者の間に本質的な差異があるわけではない。

しかしながら宅地の移動とともに宅地の整備を行うためには少なくとも次の3つが必要である：①事業主体の設定、②宅地の整備を行う財源の手当、③宅地を整備する間の権利関係の整理（宅地を整備する権原の取得と整備中の宅地に関する権利の取り扱い）。現行の換地手法はこれらに関する制度を準備しているが、交換手法にこれらの付随的な仕組みを加えると交換手法は換地手法に近づく。そうすると宅地の整備とともに宅地の移動を行う限りはすでに

制度が整備されている換地手法を利用することで足りる。このときの問題は現在の換地手法の持つ制約である。

8.3.4 証券化手法

　ここで証券化手法と呼ぶのは宅地に関する権利を証券化し、その証券を別の宅地に関する権利と置き換える手法である。第二次世界大戦の敗戦直後には戦災復興事業を推進するために証券化手法である土地証券制度の採用が検討された。証券によって取得する宅地が特定されているなら、証券化手法と換地手法には実質的な違いがない。だが証券が複数の宅地の中からいずれかの宅地を選択する機会を与えるとき、両者の間に差異が生じる。次の2項においてこれらの点を取り上げる。

8.3.5 土地証券制度に関する議論
　（1）　土地証券制度の経緯

　戦災復興事業を推進するために提案された土地証券制度は都市計画事業一般に適用される制度であり、「関係土地を収用して、自由且つ迅速に土地整理を施行し、事業完了後に地券所有者に払戻そうとの趣旨」に基づくものであった（建設省編1991：47）。土地証券制度を利用した土地整理の提案は土地区画整理事業制度の対案としての意味を持っていたが、これは従来の土地区画整理方式では理想的な区画の整備をすることは困難であると考えられたからである（同上：50）。戦災復興院は土地証券制度を市街地整理法案として論議したが、この法案は最終的には採用されるに至らず、その代わりに土地区画整理方式を採用した特別都市計画法（1946年法律19号）が制定された（同上）。だが土地証券制度の提案は証券化手法の代表的なものであり、この提案とそれをめぐる議論は証券化手法の効果と問題点を明確に示している。

　（2）　土地証券制度の内容

　戦災復興誌第1巻の記述（同上：45-50）をもとに、提案された土地証券制度の内容を要約する。

　〈1〉　都市町村の都市計画事業のために必要があるときは、政府は事業区

域内の土地について発行する土地証券によって当該土地を買い上げることができる。永小作権、地上権、売買の慣行のある借地権、小作権がある場合には、これらに対して土地証券に準ずる準土地証券を発行する。土地証券を発行した土地上の「地上物権」〔注：建築物などの工作物を指すと推測される。〕は公共団体が買収する。

〈2〉 土地証券は1筆ごとに発行し、所有者、地番地目、用途、等級（甲乙丙）、面積、価格（坪当たりと総額）、地上権などの権利、発行年月日などを記載する。政府は土地証券の記載価格に対して毎年利子を支払う。

〈3〉 土地証券は売買譲渡することができるが、名義書換をしなければ第三者に対して効力を持たない。土地証券の所有者が政府の指定する銀行に土地証券の買い上げを請求したときは、銀行はそれを直ちに買収する。

〈4〉 都市計画事業の実施によって払い下げるべき整地が生じたときは、事業区域内の土地所有者に対して競争入札、抽選、割当の方法などによって譲渡する。整地代金は土地証券によって納入する。整地の譲渡価格と土地証券との差額は現金で支払う。土地証券所有者が準土地証券所有者に権利の設定を認めて整地の払い下げを希望するときは、その者に優先的に整地を払い下げる。

〈5〉 最小敷地面積を維持するため、一定金額又は一定面積以下の土地証券所有者には整地の払い下げを行わない。最小敷地面積は政府が標準を定める。

〈6〉 東京都の区部などの特定の市町村の土地証券所有者は、土地証券の発行を指定された他の市町村の都市計画区域の土地の払い下げを希望することができる。政府はこの希望に特別の取扱いをする。

〈7〉 政府は公益上の必要があると認めるときは、整地を土地証券を所有しない公共団体、公法人、私人に払い下げることができる。土地証券の所有者と準土地証券の所有者が整地の払い下げを希望しないときには、土地証券を所有しない者に整地を払い下げることができる。整地の払い下げを受けない土地証券の所有者には、事業の進行に応じ5カ年以後15カ年以内にその記載金額を交付する。この場合には事業の成績を勘案して割増金を付加する。

〈8〉　土地証券と準土地証券の発行の際、土地所有者や小作権者等が不分明のときは、政府が土地証券と準土地証券を一定期間保管し、それでも不分明のときは国庫に帰属させる。
　〈9〉　整地の払い下げによる収入と都市計画事業の受益者負担金は都市計画事業の費用に充てる。
（3）　土地証券制度の評価
　当時の議論では土地証券制度の効果は次の3つである：①自由な都市計画が可能であること、②飛び換地や過小宅地の処理が容易であること、③地権者が土地を失わないこと（同上：47）。
　一方、この制度の短所は次の8つである：①過剰収用の性質が多分にあること、②整理施行者が損失負担を負うこと、③土地証券を手形のような有価証券とする方法と土地や権利の払い下げを受ける債権証券とする方法があるが、前者では取引は保護されるが土地整理期間中にそれほど多量の取引が行われるか疑問があり、後者には転売を認めることに意味があるか疑問がある上に抵当証券法がほとんど利用されていない当時ではさらに複雑な権利関係を証券として立法するのは妥当でないと考えられること、④（③と重複するが）複雑な権利関係を証券として立法することに問題があること、⑤借地権は準土地証券となるが、それに対応する土地証券が土地の払い下げを受けない場合に借地権をどこに復活すべきかという問題があること、⑥所有権が郊外に払い下げを受けたときに、借地権がほとんど圧殺されること、⑦現実の土地の使用関係をどのように継続させるかの問題があること、⑧事務処理が複雑で困難であること（同上：47-48）。
（4）　土地の配分と土地証券制度
　土地の配分についてはさらに次のように議論されている（同上：49）。土地証券制度では理想的な宅地割が可能であり、過小宅地の整理、飛び換地や不換地による清算も容易であるが、払い下げを従前の地積、等位等によることとすれば、土地区画整理事業と大差はなく、むしろ手続きがはんさとなる。土地区画整理事業の場合には設計のウェイトが高いが、過小宅地の整理、飛び換地には困難がある。結局、技術的には両方式に大差がない。

第8章　宅地の移動

8.3.6　証券化手法と土地区画整理事業

証券化手法については次の2つの要因を考慮する必要がある。これらの要因を考え併せると、土地区画整理事業に単純に証券化手法を取り入れることの効用は疑わしい。

〈1〉　証券化の重要な効果は流動性の付与である。だが宅地に関する証券が土地区画整理事業の施行地区と結び付かないで流通すること（証券を宅地に代わるべき一般的な証書として構成し、それによって土地区画整理事業の施行地区外の宅地の取得を可能にすること）を認めるかどうかは、土地区画整理事業の事業制度の範囲を超えた問題である。逆に証券化手法が施行地区内の宅地の移動のためだけに利用されるのであれば、証券化手法は申出換地制度に近接するから証券を利用する必要が乏しい。

〈2〉　現行の換地設計の制約は換地設計に与えられている条件によるものであり、換地手法自体に由来するものではない。証券化手法を利用する場合であっても、現行の換地設計基準と同一の設計条件が与えられる限り、そして従前地に対応する換地を施行地区内に与えなければならない限り、証券化手法と従来の換地手法の間の差異は限られる。

8.4　土地区画整理事業の換地手法の制約

現在の土地区画整理事業は宅地の移動を換地手法に依存する。だが**1.6**に記載したように現行の換地手法には次に掲げる制約がある：① 施行地区内外の宅地の移動の制限、② 位置の照応による宅地移動の制約、③ 工区間飛び換地の制約、④ 換地不交付の際の清算金の算定方法の問題。これらの点について説明する。

8.4.1　施行地区内外の宅地の移動

現在の土地区画整理事業は施行地区の内外にわたる宅地の移動を行わない。だが施行地区の内外にわたって宅地を移動させることには、少なくとも次に掲げる3つの効用がある。

〈1〉　事業の促進

土地区画整理事業への参加を希望する宅地を施行地区外から施行地区内に移動させ、逆に事業への参加に消極的である宅地を施行地区内から施行地区外へ移動させることによって事業の立ち上げを容易にし、また事業の施行を容易にすることができる。一方、それによって地権者は事業に参加するかどうかを選択する機会が与えられる。

　農業分野では面整備事業を行う前に交換分合を利用した前さばきを行うことがある。2つの例を挙げる。

　1）土地改良法100条の2は市町村が交換分合を行う要件を「土地改良事業の施行に係る地域内の農用地を含む一定の農用地に関し交換分合を行なうことが、その土地改良事業の効率的な施行及びその地域内の土地につき耕作又は養畜の業務を営む者の農用地の集団化その他農業構造の改善に資することが明らかであると認められるとき」（同条1項）と定めて、交換分合で狭義の土地改良事業を施行する前に農用地の前さばきを行うことを認める。

　2）土地改良事業として行われる区画整理の換地設計実施要領（農林省農地局長通達昭和47年5月29日付け47農地）が定める換地設計基準例はもっと一般的に「事業不同意者の土地を地域外の事業賛同者の土地と交換分合を行うことにより、事業施行地域の円滑な確保を図る」（森田勝1992：425）ことを認める。

〈2〉　減歩緩和

　土地区画整理事業の施行地区内の宅地を施行地区外へ移動させ、その跡地を施行者又は施行者以外の公的主体が取得した上で公共施設用地として提供すれば、施行地区内で与えなければならない換地の総面積は減る。したがって施行地区内に残った宅地の減歩率を減少させることができる。

　従来は土地区画整理事業の施行予定区域内で公的主体や開発事業者が土地の先買いを行い、先買いした土地を公共施設用地として提供して減歩の緩和を行ってきた。この方法では先買いする土地を施行地区内に求めなければならないが、施行地区の内外にわたって土地を移動することができれば施行地区外に先買いした土地を減歩緩和の原資として利用することができる。

　なお西ドイツの建設法典が定める区画整理では施行地区外の用地の提供が

制度化されている。施行地区内の住民の用に供する公共施設の用地は減歩によって無償で提供されるが、それ以外の公共施設の用地はBプラン（地区詳細計画）で指定された公共施設に限り、代替地の提供と引き替えに取得することができる。提供する代替地は施行地区外に位置するものでもよく、提供された代替地は施行地区内の残りの用地とともに地権者に配分される（大村謙二郎 1993：101；高橋寿一 1993：126）。

〈3〉 広域的な土地利用の整序

施行地区内の宅地の適切な立地の場所をその施行地区内に与えることができるとは限らないが、施行地区の内外にわたって宅地を移動することができれば広域的な観点から土地利用の整序を行うことができる。

8.4.2 位置の照応による制約

（1） 宅地の移動の制約

施行地区内の土地利用の整序を図り、また地権者の土地利用の意向と宅地の立地を整合させるためには、施行地区内で広域的に宅地を移動させることが望ましい場合がある。だが土地区画整理法89条1項の照応原則は従前地と換地が位置について照応することを求める。3.7で説明したように位置が相対的な位置を意味するとしても、位置の照応は広域的な観点からの宅地の移動を不可能にする。

申出換地はこの制約を乗り越えるために利用されてきたが、申出換地制度は申出換地区域を定め、地権者の希望を募る大がかりな制度であるので、スポット的な宅地の移動には適さない。一方、地権者の個別の申出によって位置の照応をはずすことは不可能ではないが、この方法には不透明さがあるし、他の地権者の換地に不当な影響を与える可能性がある。

（2） 交換による移動

土地区画整理事業が換地手法を利用するのは施行地区内の面整備に伴って必要となる宅地の整理を行うためである。広域的な土地利用の整序は現行の換地手法の元来の目的ではない。位置の照応の要求はその現れである。だが換地手法自体は広域的な宅地移動のために利用することが可能であり、申出

193

換地制度はそのポテンシャルの部分的な利用である。しかしながら交換手法を導入すれば、申出換地制度の利用が困難な場合であっても、広域的に施行地区内の土地利用の整序を行うことができる（図8－2）。また宅地の交換に関する計画（交換計画）を定めることにより、宅地の移動の必要性や望ましさを公共的観点から判断することができる。

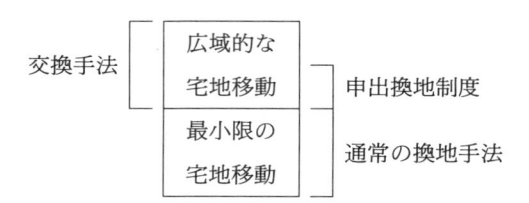

```
交換手法 ┬ 広域的な宅地移動  ── 申出換地制度
        └ 最小限の宅地移動  ── 通常の換地手法
```

図8－2：宅地移動の手法と宅地移動の範囲

8.4.3　工区間飛び換地の制約

（1）　工区間飛び換地の問題

　工区間飛び換地は1の工区で換地を定めないこととされる宅地を他の工区にあるものとみなして、当該他の工区に換地を与えることである（土地区画整理法95条2項）。工区間飛び換地には、①複数の工区の換地処分の時期、②飛び換地を受ける地権者の帰属、の2つにかかわる問題があるが、交換手法を利用すればこれらの問題を解決することができる。

（2）　複数の工区の換地処分の時期と登記上の制約

〈1〉　法務省は換地処分の時期が異なる工区間の飛び換地は財産権の保護に欠ける場合があるとし、その場合の登記を認めない。すなわちA工区内の従前地がB工区内に換地を受ける場合で、A工区の換地処分がB工区の換地処分に先だって行われるときには、この従前地に関する権利はA工区の換地処分により対象となる土地を持たないこととなる（したがって消滅する）ので憲法違反であり、全面的に無効となるとする。そして当該換地処分による登記の申請又は嘱託は受理しない。この見解（昭和36年7月3日民事甲第1566号松山地方法務局長あて法務省民事局長回答（渡部与四郎・相澤正昭

1975：140-141））のため、事実上、このような場合の工区間飛び換地は不可能となっている（同上：141；都市整備研究会1977：10）。

〈2〉 下出義明はこの問題について議論し（下出義明1982：128-130；下出義明1984：165-166、339-343）、確かに土地区画整理登記令の手続きをそのまま進めるとA工区内の従前地の登記用紙は閉鎖され、一方、B工区に受ける飛び換地については登記用紙が作成されないので、従前地の所有者はA工区に有する従前地の所有権を公示するための登記を欠くことになるとする（同上：341）。だがこの場合には飛び換地を受ける従前地の登記は土地区画整理登記令11条2項の「特別の事由がある場合」として取り扱い、「飛換地が指定されることと定められている従前の土地についての登記の抹消を除外して、一括登記の申請又は嘱託をすべき」であり、それによって従前地の登記は残るから換地処分の時期が異なることに支障はないとする（同上：166、342-343）。

〈3〉 しかしながら法務省がこの意見に同調する気配はない。法務省の重要な懸念の1つは土地区画整理事業が施行の途中で（すなわちA工区内の従前地の登記用紙が閉鎖され、B工区内については登記用紙が作成されない段階で）頓挫したときに地権者の権利の保護が欠けることである。そこで工区間飛び換地の代わりに交換手法によって宅地を1の工区から他の工区へ移動し、移動後の宅地に対して移動先の工区で換地処分を行うことにすれば、この問題を回避することができる。

（3） 工区間飛び換地を受ける地権者の帰属

〈1〉 工区間飛び換地が行われるときには、飛び換地を受けた従前地の地権者が従前地の存する工区と換地の存する工区のいずれに属すべきかが問題になる。渡部与四郎・相澤正昭は「工区間飛換地が行なわれると、組合にあっては、総会の部会（〔土地区画整理〕法35条）が設けられたとき組合員はどちらの部会に属して議決を行使するのか〔中略〕が不明確であり、また、公共団体等にあっては土地区画整理審議会の委員の選挙権をどの工区で行使するかが不明確である等法上の問題点が多〔い〕」（渡部与四郎・相澤正昭1975：139-140）と述べる。

〈2〉 この問題は工区間飛び換地のために他の工区に仮換地を受けた地権者について生じるが、土地区画整理法35条（総会の部会）2項による総会の部会への所属、58条（委員）1項の規定する土地区画整理審議会の委員の選挙権の付与は、従前地の所属によって決定される。それゆえ現行制度では工区間飛び換地を受ける地権者は換地処分の公告の日までは従前地の存する工区に属すると解される。

〈3〉 だが仮換地の指定と換地処分の間には、通常、相当の時間的懸隔がある。そして多くの地権者は、仮換地指定後、実際に仮換地の利用を始める。そこで工区間飛び仮換地によって従前の工区とのかかわりが希薄になった後には、地権者をその仮換地の存する工区に属させるのが望ましい。換地手法ではなく交換手法を利用して従前地を仮換地の属する工区に移動させれば、現行制度によっても当該地権者は仮換地の属する工区に所属することになる。

8.4.4　清算金の算定方法の問題

土地区画整理法94条（清算金）は換地を交付し、あるいは交付しない場合に、不均衡が生ずると認められるときは、金銭によって清算することを定める。だが清算金の算定方法によって地権者が獲得する財産的価値は異なる。この問題は第10章で詳しく検討するが、これは実務的には土地の評価方法に関する次の2つの問題に帰着する：① 清算金を算定するための土地の評価は時価評価によらなければならないのか、それとも時価評価以外の評価（たとえば相続税評価額や固定資産税評価額などに基づく評価）によることができるのか、② 時価評価以外の評価を採用するとき、換地不交付についてもその評価を適用してよいのかどうか。

たいていの土地区画整理事業では土地評価の低い非時価評価が採用されている。だが換地間の不均衡是正についてはともかく、換地不交付は実質的には従前地の売却にほかならないから、その評価を時価評価以外の方法で行うことは不公平である。しかしながら換地不交付に対する清算と換地間の不均衡是正のための清算がともに1つの清算として行われる限り、両者に異なった土地評価法を利用することは困難であり、特に徴収清算金の額と交付清算

金の額が同一でなければならない比例清算方式ではそれは不可能である。

　このとき従前地の実質上の売却を換地不交付ではなく交換における宅地の不交付として行うことにすれば、実質的な売却のための土地評価と換地間の不均衡是正のための土地評価を区別し、前者については時価評価を、後者については非時価評価を採用することができる。清算については第10章で検討を加える。

8.5　土地区画整理事業のための交換制度の設計

　以上のように交換手法を土地区画整理事業で利用することにはさまざまな効用があるが、交換手法を土地区画整理事業に導入する際にはいくつかの点を考慮しなければならない。以下の項でこれらの点を説明する。

8.5.1　交換制度の構成

　交換制度の構成には次の3つの問題がある：① 交換制度の汎用性（交換手法を都市計画分野の汎用的な制度として仕組むか、土地区画整理事業に専属する制度として仕組むか）、② 立法方法（交換手法を土地区画整理法に組み込むか、土地区画整理法とは別の法律に定めるか）、③ 交換手法と土地区画整理事業の関係（交換手法を土地区画整理事業とは独立の事業とするか、土地区画整理事業の一部とするか）（表8－2・表8－3）。これらの問題は相互に関連しているが、議論の便宜上、この順に取り上げる。

（1）　交換制度の汎用性

　表8－2の汎用型の交換制度は都市計画分野において汎用的に利用する交換手法であり、土地区画整理事業専属型の交換制度は土地区画整理事業だけで利用する交換手法である。汎用型の交換制度が立法されたときには、土地区画整理事業は都市計画制度や他の市街地開発事業とともにそれを利用することになる。問題は都市計画分野において汎用的な交換制度を立法することの必要性であるが、この点は本書の議論の範囲を超える。いずれにしても土地区画整理事業は交換制度の利用によって明白な恩恵を蒙るから、汎用型の交換制度が導入されない場合には土地区画整理事業専属型の交換制度を導入

表8−2：交換制度の汎用性と立法方法の区分

		交換制度の汎用性	
		汎　用　型	土地区画整理事業専属型
根拠法	独　立　法	ア	イ
	土地区画整理法	ウ	エ

表8−3：交換制度の独立性と立法方法の区分

		交換制度の独立性	
		独立事業型	土地区画整理事業型
根拠法	独　立　法	カ	キ
	土地区画整理法	ク	本　体　事　業　型
			付　帯　事　業　型

することに大きな意味がある。
（2）　交換制度の立法方法
　交換制度の立法方法は交換制度の立法上の位置づけの問題であるが、これは交換制度の汎用性とは別の次元の問題である。交換制度は土地区画整理法とは別の法律に定めることも、土地区画整理法に定めることもできる。たとえば独立法に土地区画整理事業専属型の交換制度を定めることもできるし（表8−2イ）、土地区画整理法に汎用型の交換制度を定めることもできる（表8−2ウ）。だが土地区画整理事業専属型の交換制度は土地区画整理法に位置づければ足りるから（表8−2エ）、それを独立法に定める意味は乏しい。したがって独立法で定める交換制度は汎用的な制度（表8−2ア）とすべきである。汎用型の交換制度を土地区画整理法に定める方法（表8−2ウ）については（3）〈3〉で議論する。
（3）　交換制度と土地区画整理事業の関係

第8章　宅地の移動

　交換制度は土地区画整理事業とは独立の事業として構成することも、土地区画整理事業の一部として構成することもできる。
　１）交換制度を独立の事業として構成する場合は交換制度を独立法で定めるか（表8－3カ）、土地区画整理法に定めるか（表8－3ク）を選択することになる。
　２）交換制度を土地区画整理事業の一部として構成する場合にもそれを独立法に定めるか（表8－3キ）、土地区画整理法に定めるか（表8－3本体事業型・付帯事業型）の選択になる。
　表8－3カから順に議論する。
〈１〉　独立事業・独立法型（表8－3カ）
　この方法は土地区画整理事業とは独立した交換制度を土地区画整理法とは別の法律に定める方法である。これは汎用型の交換制度になるから、本書の議論の範囲を超える。
〈２〉　土地区画整理事業・独立法型（表8－3キ）
　この方法は土地区画整理事業である交換制度を土地区画整理法とは別の法律に定める方法である。だが交換制度が土地区画整理事業である限りはそれを土地区画整理法に位置づけることが自然であるし、それを独立法に定めることには特段のメリットがない。それゆえこの方法は現実的な選択肢ではない。
〈３〉　独立事業・土地区画整理法型（表8－3ク）
　この方法は土地区画整理法に従来の土地区画整理事業とは別に交換制度を設け、その手続き規定や実質規定を定める方法である。区画整理と交換分合の両制度を独立して定めている土地改良法がこれに類似した例である。
　汎用的な交換制度の問題は前述のように本書の議論の範囲を超えるが、土地区画整理法に独立した交換制度を位置づける場合の問題は次の通りである。土地区画整理法の目的（1条）は同法の範囲を土地区画整理事業の施行に限定する。そこで土地区画整理法に汎用的な交換制度を組み込むためには、この目的規定を修正しなければならない。しかしながら土地区画整理法は土地区画整理事業に特化した法律として構成されているから、目的規定を修正し

199

てまで同法に汎用的な交換制度を組み込むことには疑問がある。そうすると交換制度が土地区画整理事業とは独立の事業であるとしても、交換制度を土地区画整理法に位置づける限りは、それを土地区画整理事業の施行に関連するものに限定すべきである。この限定によって同法の目的規定の範囲内で交換制度を位置づけることができる。交換制度を独立事業とすることで、交換の主体その他の条件は土地区画整理事業から独立させることができる。

〈4〉 土地区画整理事業・土地区画整理法型（**表8－3本体事業型・付帯事業型**）

1）本体事業としての位置づけ（**表8－3本体事業型**）

この方法は土地区画整理事業の定義（土地区画整理法2条1項）を修正し、交換を土地区画整理事業そのもの（**2条1項事業**）とする方法である。この場合には交換は土地区画整理事業そのものであるから、土地区画整理法の目的規定を修正する必要はない。このとき土地区画整理事業は① 交換手法と換地手法をともに利用するもの、② 交換手法だけを利用するもの、③ 換地手法だけを利用するもの、の3種類に区分される。交換の主体は土地区画整理事業の施行者に限られ、土地区画整理事業が立ち上がっていなければ交換を行うことができない。

この方法の第一の問題は交換手法だけからなる土地区画整理事業である。このとき交換手法は土地区画整理事業ではあるが、換地を伴う土地区画整理事業とは独立に利用することができる。これは都市計画上の汎用的な交換制度そのものであるから、それを認めるかどうかは汎用的な交換制度の必要性の判断に依存する。一方、交換制度を土地区画整理事業の施行に関連するものに限定するなら、それを本体事業とする必要は乏しい。この方法の第二の問題は交換制度と従来の土地区画整理事業との不整合である。土地区画整理事業であることによって交換制度にも土地区画整理事業の施行者の組織規定や手続き規定が適用される。だがこれらの規定は交換制度を想定していないから交換制度には不適切である。そうすると交換制度についてはこれらの規定を独自に定めなければならないが、これは土地区画整理法の構造を複雑にする。そして交換制度が土地区画整理事業そのものであるにもかかわらず土

第8章　宅地の移動

地区画整理法の構造を複雑にすることは望ましくない。

　2）付帯事業としての位置づけ（表8－3付帯事業型）

　この方法は土地区画整理事業の付帯事業の定義（土地区画整理法2条2項）を修正し、付帯事業に交換手法を加えるものである。この方法は交換制度に土地区画整理事業との関連を持たせるもっとも簡単な方法であり、また交換が土地区画整理事業の施行のための副次的な制度であることをもっとも端的に現わす方法である。付帯事業であることによって交換制度には土地区画整理事業の施行者の組織規定や手続き規定が適用されるが、これらの規定が交換制度を想定していないのは交換制度を本体事業として位置づける場合と同様である。一方、付帯事業について土地区画整理事業とは別の主体や手続きを定めることは、土地区画整理法の構造を複雑にするだけでなく、付帯事業の性格をあいまいにする。

　〈5〉　総　括

　以上の検討からこれらの選択肢の中でもっとも適切であるのは、交換制度を土地区画整理法に土地区画整理事業の施行に関連して利用される独立事業として位置づけること（独立事業・土地区画整理法型：表8－3ク）であると考える。特定の場合には土地区画整理事業の施行者以外の者が交換の主体となることが望ましく、また土地区画整理事業とは独立した手続きを置くことが土地区画整理事業と交換制度の双方の施行に好都合であるからである。この前提に基づいて以下の議論を展開する。

8.5.2　交換の主体

　（1）　施行地区内の交換主体

　施行地区内で完結する宅地の交換の権能は①土地区画整理事業の施行者、②地方公共団体あるいは行政庁、の両者に与える。同様の立法例に土地改良法99条1項がある。土地区画整理事業の個人施行者、土地区画整理組合、市町村、市町村長などは土地区画整理法86条（換地計画の決定及び認可）にならって交換計画を定めて都道府県知事の認可を受けるものとする。都道府県知事の認可は交換が土地区画整理事業の施行のために必要であること、また

交換の実施に手続き的瑕疵がないことを確認するためのものであり、交換の内容は次項で述べるように地権者の同意に委ねるべきである。
　（2）　施行地区内外の交換主体
　施行地区の内外にわたる宅地の交換の権能は地方公共団体あるいは行政庁に与える。ただし、これらの者が土地区画整理事業の施行者であるときはその権能を施行者にも与える。

8.5.3　同意に基づく交換

　表8－1に示したように農業法はいくつかの交換分合に強制力を付与しているが、これは農用地の集団化が重要な公共目的であるからである。個人施行以外の土地区画整理事業の換地手法にも強制力が付与されているが、それに加えて土地区画整理事業の交換手法に強制力を付与するためには農業法の場合の農用地の集団化に匹敵する公共的理由が必要である。だが通常の市街地整備においてこれに匹敵する目的を想定することは困難である。また交換分合に強制力を付与している農業法の場合も、実際は法律に定められた割合以上の地権者の同意がなければ交換分合の実施は困難である。

　これらの点を考慮すると、土地区画整理事業で利用する交換手法は地権者の同意に基づくものとするのが現実的である。その場合でも交換を公法上の制度に取り込み、さらにそれに税法上の特例などを与えるためにはその内容にどれだけかの限定を付ける必要がある。土地改良法の交換分合は地権者の同意に基づかずに行われることがあるが（表8－1を参照せよ）、同意に基づいて行われる交換についても同法102条2項の交換の適正さに関する基準を適用し、地権者の同意があればその基準を適用しないことを容認する（同項ただし書）。そこで土地区画整理法においてもこれに類する規定を定めることが必要となろう。交換を行う主体は換地計画の決定前に、地権者の同意を得て、交換計画を定めるものとする。同意を与える過程で地権者は交換の主体に交換についての希望を表明することになる。なお交換が地権者の同意に基づくものであっても、交換される宅地が互いに等価であるとは限らないので、それらの差額を清算するための規定を定めなければならない。

8.5.4　宅地上の工作物の取扱い

　農業法は交換分合される土地の上の工作物の取扱いについて定めを置かない。農用地には建築物等の工作物がないのが通例であるが、農業法は非農用地について行われる交換分合についても定めを置かない（たとえば土地改良法111条）。しかしながら土地区画整理事業の施行される地域では宅地上に建築物があることが多いので、この例にならうことはできない。そこで工作物の取扱いについて検討する。

　（1）　工作物に関連する問題

　宅地上の工作物に関連して生まれる問題は次の3つである。

　〈1〉　宅地上の工作物が残存するときには土地区画整理事業の施行に支障が生ずることがある。そして宅地上の工作物の移転又は除却に公的主体がかかわらないときには、移転又は除却の実行に不確実性がある。

　〈2〉　交換される宅地上の工作物の移転補償又は除却補償の範囲の問題がある。施行地区内の宅地は施行地区内で換地処分によって移動する可能性がある。その可能性の範囲を超えて宅地が交換されるときに、それらの宅地上の工作物の移転や除却を補償する根拠はないかもしれない。

　〈3〉　宅地の交換に伴う工作物の移転又は除却に補償を支払うときには、その原資が必要になる。交換される宅地上に多くの建築物があれば、これに必要な原資は巨額に上る。

　（2）　対処方法

　これらの問題に対処する方法には次の4つがある。

　〈1〉　第一の方法は工作物の存在しない土地に限定して交換を行う方法である。このような条件の設定は申出換地制度について立法例がある（**4.9**を参照せよ）。

　〈2〉　第二の方法は工作物の任意の除却を前提として交換を認める方法である。宅地上に工作物が存在していても地権者が任意にその工作物を除却するときには、その宅地を交換対象から排除する理由がない。

　〈3〉　第三の方法は土地区画整理事業による従前地上の工作物の移転補償又は除却補償を限度として工作物の移転を補償する方法である。宅地の交換

203

が行われないときには、その宅地は換地処分を受けるが、このとき土地区画整理事業の施行者は工作物の移転補償又は除却補償のいずれかを行わなければならない。そこでそのいずれかの低いほうの補償額を限度として交換される宅地について工作物の移転又は除却を補償することは不合理ではない。だが移転補償費は工作物の移転先が定まって初めて算定することができるから、このためにはまず宅地についてあり得べき換地（その宅地が換地処分を受けるとすれば得たであろう換地）を定める必要がある。

〈4〉 第四の方法は相当の公益性を有する宅地の交換に限って工作物の移転補償又は除却補償を行う方法である。完全に私的に宅地が交換されるのであれば宅地上の工作物の移転や除却を補償する理由はない。他方で交換に相当の公益性があるのであれば、それに付随する工作物の移転や除却を補償することには合理性がある。補償を受けるために交換が満たすべき公益性は土地区画整理事業ごとに異なるから、その基準は事業ごとに定めるべきであろう。

8.5.5 宅地の譲渡

宅地移動を柔軟に利用することができるように交換手法の一環として宅地を譲渡することを認めるべきである。これは代わりの宅地の所有権を取得しないで宅地の所有権を一方的に失う交換にほかならない。このような一方的な交換制度は農業振興地域の整備に関する法律13条の3、農住組合法10条に例がある。このとき所有権が失われる宅地は、交換に参加する他の地権者のほか、交換に参加しない特定の者（たとえば施行者や公的主体で交換計画で定められたもの）も取得することができるようにすべきである。この制度は農業振興地域の整備に関する法律13条の4に例がある。

8.5.6 個人施行の土地区画整理事業のための配慮

個人施行の土地区画整理事業の発足にはすべての地権者の同意が必要であり（土地区画整理法8条（事業計画に関する関係権利者の同意）1項）、また事業の施行には強制力がない。すなわち事業の施行にもすべての地権者の同意が不

可欠である。そこで個人施行事業の施行地区の内外にわたって土地の交換を行うときには、施行地区内の宅地を取得する者は事業の施行に同意することを条件とすべきである。

　もっとも事業の施行への同意は換地計画への同意を保証しない。共同施行の土地区画整理事業については判例がないが、土地改良法95条に基づく共同施行の土地改良事業においてこれが問題となったことがある。共同施行の土地改良事業については共同施行の土地区画整理事業の場合と同様の手続き的要件が定められている。最高裁は換地計画への同意を拒んだ1地権者を相手取って土地改良事業の施行者（同意を拒んだ地権者以外のすべての地権者）が行った同意の請求及び損害賠償請求を棄却した。このケースでは事業施行の認可を申請する段階ですでに換地が予定されており、訴訟の相手方の地権者はそれを了知のうえで事業の施行に同意をしたが、それでもこの者には換地計画に同意する義務はないとする（最判昭和59年1月31日民集38巻1号30、判時1105号44、判タ519号121）。

8.5.7　交換手法の導入時の留意点

　交換手法が実際に利用される度合いは交換可能な宅地の数と魅力に依存する。そこで交換手法を導入する際には少なくとも次の3点を考慮すべきである。

（1）　交換される宅地の整備

　土地区画整理事業の施行者が交換の対象である施行地区外の宅地の整備を行うこと。宅地の整備は宅地の利用可能性を向上させ、宅地の魅力を高める。だが面整備を行う区域の外での事業の施行は土地区画整理事業の範囲の問題を引き起こす。施行地区外の工事を禁止する明文の規定はないが、施行地区外の工事は施行地区の意味合いを不明確にするから、無限定に施行地区外の工事を認めるべきではない。そこで施行地区外の工事を許容する基準が必要になる。交換を行うために施行地区外の宅地の整備が必要であったり、望ましいこと、また施行地区外の宅地の整備を第三者に委ねることが事務的な、また会計的な手続きを不必要に複雑化することなどがその基準となろう。

ところで土地区画整理法2条（定義）1項は土地区画整理事業を「土地の区画形質の変更及び公共施設の新設又は変更に関する事業」と定義し、さらに同条3項で付帯事業を土地区画整理事業に含まれる事業として定義し、同条4項は施行地区を「土地区画整理事業を施行する土地の区域」と定義する。この施行地区の定義（「土地区画整理事業を施行する土地の区域」）から施行者が事業を施行する土地はすべて施行地区である。そうすると面整備を行う区域外の宅地の整備を行うと、その宅地はその土地区画整理事業の施行地区に含まれることになる。しかしながらこの宅地は別の土地区画整理事業の施行地区に含まれる可能性がある。現行制度では土地区画整理事業の重複施行は制限されているので（土地区画整理法128条（土地区画整理事業の重複施行の制限及び引継））、ある宅地が2つの土地区画整理事業の施行地区に含まれることは許されない。そこでこのような状況が生じないように複数の土地区画整理事業の間の調整規定を置かなければならない。簡単な方法は面整備を行う区域外の宅地を土地区画整理法2条2項の付帯事業によって整備するとき、その宅地を施行地区に含めない方法である。同様の立法例が被災市街地復興特別措置法16条（施行地区外における住宅の建設等）1項にある。

（2）　税制特例

　交換に土地改良法の交換分合と同様の税制上の特例を与えること。公的主体が交換計画に基づいて交換を行うことによって交換には公的性格が付与されるので、税制上の特例を与える理由がある。

（3）　保留地の提供

　換地処分が終了した工区の保留地を他の工区の宅地の交換対象として提供すること。なお換地処分前の保留地予定地は登記ができないので交換の対象にならない。そこでこの場合には換地処分後に宅地と保留地を交換することを前提として保留地予定地の利用を認め、それと引換に宅地の提供を受けることになろう。

（4）　他の土地区画整理事業との連携

　他の土地区画整理事業の施行地区内の宅地や保留地との交換の便宜を図ること。たとえば施行者を通じた情報の提供にはどれだけかの効果があろう。

8.6 終わりに

　この章では宅地移動の代表的な手法である換地手法、交換手法、証券化手法について比較検討し、それぞれの手法の効果と問題点を分析して土地区画整理事業に交換手法を導入することを提案した。また土地区画整理法の中に交換手法を位置づける方法について検討し、その際に考慮すべき点を指摘した。

　土地区画整理事業の換地手法は宅地の移動と宅地の整備を一体化した手法であり、市街地の整備に大きな効果を発揮する。だが現行の換地手法にはいくつかの制約がある。申出換地などの利用はこれらの制約のいくつかを解決するが、交換手法は残りの制約のいくつか、たとえばスポット的な宅地の移動や清算金にかかわる問題を解決することができる。交換手法が地権者の同意に基づいて行われる限り、だれもそれから不利益を蒙ることはない。しかも換地手法から独立している限り、交換手法は施行地区界にまたがる宅地の移動を行うことができる。さらに換地手法と交換手法の組み合わせによって、施行地区内外の宅地の配置は容易になる。要約すると交換手法は土地区画整理事業を促進し、宅地の移動の自由度を高める点で、土地区画整理事業の換地手法を有効に補完する手段である。したがって交換手法を土地区画整理事業制度の中に位置づけることが望ましい。

第9章　複数の土地区画整理事業の結び付け

9.1　問題と背景

　広域的に宅地の移動を行う際には宅地の移動元と移動先がたまたま別個の土地区画整理事業の施行地区に含まれることがある。このときにはこれらの土地区画整理事業の間で宅地を移動する手段があると好都合である。また施行地区の境界を超えて減歩負担の配分や宅地の再配置を行うことができるように複数の土地区画整理事業を結び付けることができれば、土地区画整理事業の施行を促進する上でも、換地設計上でも好都合である。しかしながら現行の土地区画整理法には複数の土地区画整理事業を結び付ける手段がない。そこでこの章では現行制度の制約について分析するとともに、複数の土地区画整理事業の結び付け制度の創設を提案し、その創設に当たって考慮すべき事項について議論する。

9.2　現行の土地区画整理法の取扱い

　1の宅地が複数の土地区画整理事業の施行地区に含まれるとき（すなわち複数の土地区画整理事業の重複施行が行われるとき）には、その宅地について複数の土地区画整理事業の仮換地指定や換地処分が行われる可能性がある。これは無駄であるだけでなく宅地にかかわる社会的関係に無用の混乱を生み出すことがある。そこで土地区画整理法はこのような無駄と混乱を防ぐために、また土地区画整理事業の施行者の権限と責任を明確化するために、1の宅地は1の施行地区に含まれることを、そして1の施行地区の施行者は1人であることを定めている。以下に現行法の取扱いについて説明する。

　（1）　重複施行の制限

　土地区画整理法128条（土地区画整理事業の重複施行の制限及び引継）1項は現に施行中の土地区画整理事業の施行地区については、当該施行者の同意を得なければその施行者以外の者が土地区画整理事業を行うことはできないこ

とを定める。

施行者の同意が得られた場合には同条2項の規定により土地区画整理事業が新たな施行者に引き継がれるので、1の施行地区については常に1の施行者だけが存在する。したがって同条1項の施行者の同意は土地区画整理事業が新たな施行者に引き継がれること、そしてそれによって自らが土地区画整理事業の施行権限を失うことへの同意である。

（2） 土地区画整理事業の引継

土地区画整理法128条2項は既存の施行者の同意を得て、その施行地区について新たに施行者となった者が既存の土地区画整理事業を引き継ぐことを定める。土地区画整理事業が「引き継がれる」とは従前の施行者による事業と新たな施行者による事業が一定の範囲で同一のものであること、したがって従前の事業と新たな事業が一定の範囲で連続性を有することを意味している。この結果、従前の施行者の行った行為は新たな施行者の行った行為とみなされる（土地区画整理法129条（処分、手続等の効力））。

9.3　複数の土地区画整理事業の結び付けとそれに類する事業手法

（1） 複数の土地区画整理事業の結び付けの意味

複数の土地区画整理事業の結び付けとは複数の土地区画整理事業が互いに他方の土地区画整理事業を自らの事業であるように取り扱うこと、たとえば互いの施行地区の間で宅地の移動を行ったり、あるいは減歩負担の移転を行ったりすることをいう。

（2） 広域的な宅地移動と減歩負担の方法

複数の土地区画整理事業の結び付けは広域的な宅地の移動や減歩負担の移転を可能にするが、互いに分離した区域にまたがる宅地の移動や減歩負担の移転はいくつかの方法で行うことができる。宅地の交換手法については第8章で検討したが、それ以外の主要な方法には次の3つがある（図9－1）。以下の節では、この順に議論する。

〈1〉 単独施行・分離工区型

互いに分離した複数の区域を1つの施行地区として、1つの土地区画整

第 9 章　複数の土地区画整理事業の結び付け

理事業を施行する方法
　〈2〉　共同事業型
　　　複数の土地区画整理事業が事業の一部を共同して行う方法
　〈3〉　複数事業結合型

```
        ┌─事　業─┐
     ┌──┴──┐
   │A区域│ │B区域│
```
① 単独施行・分離工区型

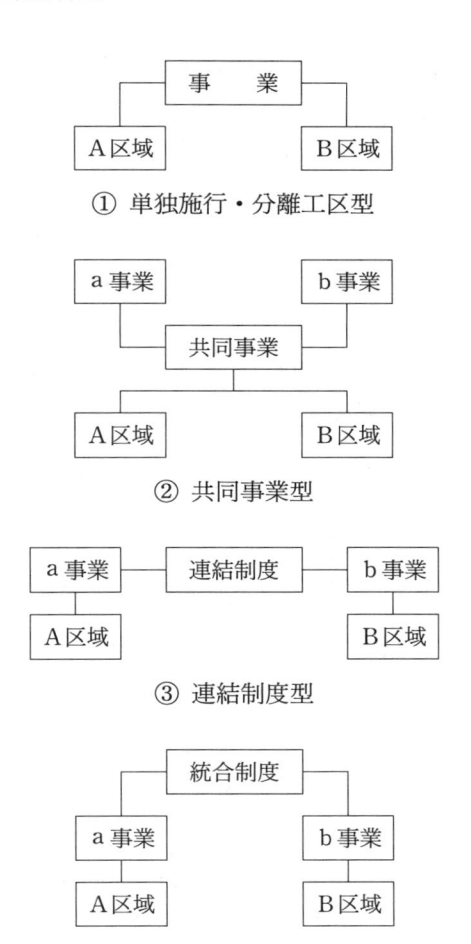

```
  │a事業│　　　│b事業│
     └──┬──┘
       │共同事業│
     ┌──┴──┐
   │A区域│ │B区域│
```
② 共同事業型

```
 │a事業│─│連結制度│─│b事業│
 │A区域│              │B区域│
```
③ 連結制度型

```
       │統合制度│
     ┌──┴──┐
   │a事業│ │b事業│
   │A区域│ │B区域│
```
④ 統合制度型

図9－1：区域の分離と土地区画整理事業

211

複数の土地区画整理事業が独立したまま結び付く方法。これはさらに①連結制度型（複数の土地区画整理事業が同格の事業として結び付く方法）、②統合制度型（複数の土地区画整理事業がそれらの上位に位置する統合制度によって結び付く方法）、の2つに区分される。

9.4　単独施行・分離工区型の土地区画整理事業
（1）　単独施行・分離工区型の法的根拠

土地区画整理事業の施行地区は複数の分離した区域から構成することができる。もっとも土地区画整理法は施行地区の区域の構成には言及しないので、施行地区が複数の分離した区域からなることが法的に許容されるかどうかに疑問が残る。だがこれが許容されているのは農住組合法の規定から明らかである。以下にその根拠を説明する。

〈1〉　農住組合法60条（組合の地区）本文は農住組合の地区に飛び農地（農住組合の主たる一団の土地に近接する一団の農地）があることを認める。飛び農地を有する農住組合は、主たる一団の土地の区域と飛び農地の区域の2つからなる。

〈2〉　農住組合は土地区画整理事業を施行することができる（農住組合法7条（事業）1項、8条（土地区画整理事業）1項）。農住組合法8条1項は土地区画整理法6条（事業計画）3項の読み替え規定であるが、この規定は農住組合の施行する土地区画整理事業の施行地区が農住組合の地区と一致すること、また市街化区域外の土地を含まないことを求める。そうすると市街化区域内に飛び農地を有する農住組合が施行する土地区画整理事業の施行地区は2つの分離した区域（主たる一団の土地の区域と飛び農地）からなることになる。

〈3〉　農住組合法8条1項は農住組合を土地区画整理事業の共同施行者とみなして土地区画整理法の規定を適用するが、当該区域については1の農住組合しか存在しないから、当該区域の土地区画整理事業の共同施行者（すなわち農住組合）も1人だけである。そこでこの共同施行者はこれらの分離した区域の施行者となる。これによって立法上、土地区画整理事業の施行地区が複数の分離した区域からなることが容認されていることが明らかである。

（2） 単独施行・分離工区型の事例と提案

複数の分離された区域からなる土地区画整理事業の事例とそれに関する提案を紹介する。

〈1〉 高崎市の例

やや古い例であるが、群馬県高崎市の中心部を施行地区に含む高崎都市計画南部第一土地区画整理事業では市街地中心部にあった墓地を郊外へ移転する必要があった。そこで市街地中心部から7キロメートル離れた丘陵地に墓地用地に充てる分離工区を設定し、市街地中心部からの飛び換地を行った（高橋周五郎 1971）。

〈2〉 北神戸第二・第三地区の例

住宅・都市整備公団が神戸市で施行した北神戸第二地区の土地区画整理事業と第三地区の土地区画整理事業は、元来は互いに独立した2つの事業であった。しかしながら、①生産・研究・学術・文化等の都市機能の導入、②住宅需要のバランスを図るために両地区を1住区構成にする必要、③両地区の一体的土地利用の促進、などのために第三地区から第二地区への飛び換地を行う必要が生じたので、1事業に一体化された（「区画整理技術40年のあゆみ」編集委員会 1997：139）。一体化後の土地区画整理事業の施行地区は2つの分離した区域からなることになった。

〈3〉 南部蘇我土地区画整理組合の例

千葉市の南部蘇我土地区画整理組合は内房線によって東西に二分される区域を1施行地区とする。この事業の施行地区内のある地権者は内房線によって分断されている区域をあえて1施行地区として事業を施行することが違法であるとして当該事業の中止と施行地区を二分して事業を施行することを求めて提訴した。この訴訟の判決で千葉地裁は次のように述べて訴えを却下した：「原告の主張する本件区画整理事業の施行地区の定め方が違法であるとの点については、右主張の内容自体に照らし、その定め方が適当であるか否かはともかく、それが明らかに違反といえるものとは到底認められず、したがって、被告に本件区画整理事業を行うべきでないという不作為義務及び前記2地区に分けて区画整理事業を行うべきであるという作為義務のいずれを

も肯定することはできない。」(千葉地判平成4年3月27日判時1445号132)。

〈4〉 ツイン区画整理の提案

1992年12月3日の土地区画整理基本問題部会の五次提言と同月9日の都市計画中央審議会区画整理部会の答申(「経済社会の変化に対応した計画的な市街化の方策、特に土地区画整理事業による市街地整備のための方策についての答申」)ではツイン区画整理の創設がうたわれた。ツイン区画整理の特徴は、密集市街地の工区と新市街地の工区からなる1の土地区画整理事業において、前者から後者への工区間飛び換地を行うことである。なお、現在(2000年10月)に至るまでにツイン区画整理が施行された例はない。

(3) 単独施行・分離工区型の問題

分離した区域について単一の土地区画整理事業を施行することには次に掲げる難点がある。

〈1〉 単一の土地区画整理事業に複数の区域を取り込むためには、すべての区域において同時に土地区画整理事業を立ち上げなければならない。組合施行の事業の場合にはすべての区域において相当数の地権者の同意を得なければならないし、公的施行者の施行する事業の場合にも実際はすべての区域で地権者への説明を行い、多くの賛同を得なければならない。これはしばしば困難である。

〈2〉 分離工区型の事業ではしばしば条件の異なる複数の区域を単一の施行地区としなければならないが、これは宅地の数や地権者の数の多さ、また異なった利害の取り込みなどの要因によって事務的負担を増大させたり、利害調整を困難にしたりしがちである。

〈3〉 単一の土地区画整理事業への複数の区域の取り込みは複数の土地区画整理事業の合併によって行うこともできるが、これは事務的に煩雑である。たとえば事業の終了と引継の事務処理には時間がかかり、また施行者の種類が異なるときには合併後にどの施行者を存続させるかを決めなければならない。

〈4〉 すべての区域で土地区画整理事業が終了しない限り、施行地区内のすべての地権者は事業とのかかわりから解放されない。

9.5　共同事業型

　共同事業型では複数の土地区画整理事業が事業の特定の部分を共同で行う。理論上は換地処分に関する事業を共同化すれば、複数の分離した区域にまたがって宅地の移動を行うことができる。

　これに類した制度に土地改良事業における土地改良区連合制度（土地改良法77条から84条まで）がある。土地改良区連合は複数の土地改良区が事業の一部を共同して行うために設立する社団法人である（土地改良法13条、77条1項、84条）。土地改良区が共同して行う事業については法律上の定めはないが、通達では土地改良区連合は「小水系別の改良区が更に大水系別に連合組織を作つて水利の合理化を図ろうとする場合、又は水系別に大地域を地区とすることが自然的、経済的、社会的その他の条件からしてその運営が困難であり、むしろ個別的な土地改良区の連合による運営が当該土地改良事業の遂行上より妥当であると思われる場合等に必要とせられる。」（「土地改良法の運用について」（昭和24年10月5日24農地926：農林事務次官通達）1（2））と述べる。実際上も用排水路の整備や管理を行う例が多く、「換地計画を定める土地改良事業をすることは少ない」（大場民男1990：512）が、区画整理を行うことも不可能ではない。

　土地改良事業には区画整理を行わないものがある。この場合には共同事業では区画整理を行い、単独の土地改良事業では区画整理を行わなければ両者が容易に両立する。だが土地区画整理事業においては換地処分を行わない事業は存在しないから、共同事業が換地処分を行うときには個々の土地区画整理事業の換地処分と共同事業の換地処分が重複する。個々の土地区画整理事業が換地処分を行う区域と共同事業が換地処分を行う区域を区分することはできるが、このときには後者の区域について共同事業が換地処分を行うことに大した意味がない。このために土地区画整理事業で換地処分に関する共同事業を採用することは現実的な選択肢ではない。

9.6　複数事業結合型

　複数事業結合型は先述のように連結制度と統合制度に区分することができ

る。この順に説明する。

(1) 連結制度

連結制度は複数の土地区画整理事業が互いに他方の事業の施行地区を自らの施行地区とみなす制度である。他方の事業の施行地区で工区の区分がされているときには、その工区を自らの施行地区の工区として取り扱う。連結制度は現行の工区区分制度の拡張であり、連結制度に参加する複数の土地区画整理事業は互いに同格である。**9.8** に掲げる理由から複数の事業の連結は施行者の同意に基づくべきであり、また連結の内容は定款などで定めるとともに事業計画又は事業基本方針でも定めるべきである。

(2) 統合制度

統合制度は公共施設用地や保留地の生み出しのための広域的な減歩負担を複数の土地区画整理事業に配分する制度である。統合制度の下位に位置する土地区画整理事業は統合制度の対象区域内で施行され、統合制度がそれらの事業に広域的な減歩負担を配分する。配分された減歩負担はそれぞれの事業の事業計画に定められ、換地計画の前提となる。

統合制度は、①統合制度の対象区域、②対象区域内で施行される複数の土地区画整理事業の施行地区、③複数の土地区画整理事業の間で配分される費用負担の対象（たとえば公共施設や保留地）、④複数の土地区画整理事業への費用負担の配分、を定める。統合制度は複数の土地区画整理事業の間の調整を行うから、その運用の主体は土地区画整理事業の認可権者（たとえば都道府県知事）あるいはこれに匹敵する者とすることが適切である。

(3) 連結制度と統合制度の違い

連結制度と統合制度の違いは土地区画整理事業との階層的関係の有無である。複数の土地区画整理事業が互いに相手方の事業計画を前提とするときには、その前提が拘束的な効果を持たなければならない。この拘束は事業間の協定の形式を取ることもできるが、複数の事業の施行者が負担の配分について合意することができるとは限らない。しかしながら統合制度は通常の土地区画整理事業に優越することで、複数の土地区画整理事業に拘束的に負担を割り当てることができる。

第9章　複数の土地区画整理事業の結び付け

9.7　複数の土地区画整理事業の結び付けの効果

　複数の土地区画整理事業の結び付けの主要な効果は、次の3つである：①宅地の施行地区間移動、②減歩負担の事業間移転、③負担の軽減。この順に説明する（①と②について、図9－2を参照せよ）。

〈1〉　宅地の施行地区間移動

　複数の土地区画整理事業の結び付けは、これらの土地区画整理事業の施行地区の間で換地処分によって宅地を移動することを可能にする。8.4.1で施行地区内外の宅地の移動について述べたように、これはそれぞれの事業の換地設計の自由度を向上させ、事業目的に沿った換地設計を容易にしたり、広域的な観点からの換地設計（たとえば施行地区界を超えた宅地の再配置）を可能にする。さらにそれは減歩負担の事業間移転の手段となる。

〈2〉　減歩負担の事業間移転

　複数の土地区画整理事業の結び付けは宅地を施行地区間で移動することによって、あるいは減歩相当分の費用を事業間で収受することによって、減歩負担の事業間配分を可能にする。減歩負担の事業間移転は、次の2つの場合に効果的である。

　1)　土地区画整理事業において広域的な公共施設（たとえば幹線道路や駅前広場）が整備される場合。広域的な公共施設の整備が周辺の土地区画整理事業の施行地区にも効果を及ぼすときには、その負担は効果を享受する複数の土地区画整理事業の間で、それぞれの受益の程度に応じて配分することが適切である。

　2)　特定の土地区画整理事業の施行地区に高い土地需要がある場合。このときにはその施行地区に保留地を集中させ、その保留地を生み出すための減歩負担を複数の土地区画整理事業の間で配分すれば、すべての土地区画整理事業を通して見ると減歩率を引き下げることができる。工区区分が行われた場合については土地区画整理法施行規則8条（施行地区及び工区の設定に関する基準）4号が次のように工区間の減歩負担の均衡を求めている。

　　土地区画整理法施行規則8条（施行地区及び工区の設定に関する基準）4号

217

施行地区を工区に分ける場合においては、土地区画整理事業の施行後における工区内の宅地の地積（保留地の予定地積を除く。）の合計の土地区画整理事業の施行前における工区内の宅地の地積の合計に対する割合において、各工区間に著しい不均衡を生じないように工区を定めなければならない。

　だが複数の事業間で保留地処分金の移転と宅地の移転が適正に行われるなら、このような不均衡が生じても問題はない。

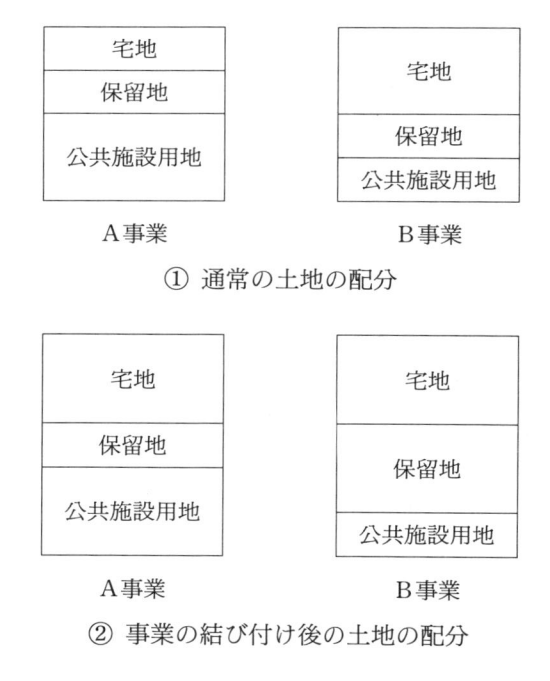

```
┌──────────────┐        ┌──────────────┐
│    宅地      │        │              │
├──────────────┤        │    宅地      │
│   保留地     │        │              │
├──────────────┤        ├──────────────┤
│              │        │   保留地     │
│ 公共施設用地 │        ├──────────────┤
│              │        │ 公共施設用地 │
└──────────────┘        └──────────────┘
     A事業                    B事業
```
① 通常の土地の配分

```
┌──────────────┐        ┌──────────────┐
│    宅地      │        │    宅地      │
├──────────────┤        │              │
│   保留地     │        ├──────────────┤
│              │        │   保留地     │
├──────────────┤        │              │
│ 公共施設用地 │        ├──────────────┤
│              │        │ 公共施設用地 │
└──────────────┘        └──────────────┘
     A事業                    B事業
```
② 事業の結び付け後の土地の配分

図9－2：複数事業の結び付け効果のモデル

〈3〉　負担の軽減

　複数の土地区画整理事業の結び付けは施行者と地権者の事務的な、また費用上の負担の軽減を可能にする。土地区画整理事業の事業進度は区域的に異

なることがあるが、それは施行地区が広い場合に顕著である。施行地区内の事業進度の違いに対処する1つの方法は工区を区分することであるが、この場合にはすべての地権者が工区への帰属とは無関係に1つの土地区画整理事業に属する。そこでこのときは最後の工区で事業が終了するまで施行者とすべての地権者が土地区画整理事業にかかわりを持たなければならない。これはさまざまな事項の連絡、会議の通知、開催、出席、議決処理などの事務的な手続きだけをとっても、地権者と施行者の双方にとって大きな負担である。だが工区を区分する代わりに土地区画整理事業自体を複数の事業に分解すれば、地権者は自らが属する施行地区を受け持つ事業の終了によって土地区画整理事業へのかかわりから解放される。複数の事業を立ち上げるときには複数の施行者が生まれるが、これらの施行者もそれぞれの事業の終了によってその施行地区内の地権者とのかかわりから解放される。

9.8 複数の土地区画整理事業の結び付けの問題

　複数の土地区画整理事業の結び付けに関して検討すべき問題を、① 施行区域と複数の事業の結び付け、② 宅地の移動と減歩負担の移転の制度化、③ 宅地の移動と減歩負担の移転の限定、④ 施行地区間の飛び換地、⑤ 統合制度の問題、⑥ その他の問題、の順に議論する。

　（1）　施行区域と複数の事業の結び付け

　施行区域は都市計画において土地区画整理事業を施行すべき区域として定められた区域である（都市計画法12条（市街地開発事業）2項）。施行地区はすべての土地区画整理事業が施行される土地の範囲であるが、施行区域は都市計画において土地区画整理事業を施行する区域として定められた土地の範囲である。都市計画事業である土地区画整理事業では施行地区と施行区域が一致するが、それ以外の土地区画整理事業は施行区域と無縁である。施行区域の設定は、① 面的整備の必要性、② 地域的な一体性、③ 土地区画整理事業としての社会的な、また経済的な成立可能性、の3つの観点から設定される。前2つの条件は都市計画法13条1項7号が「市街地開発事業は、市街化区域内において、一体的に開発し、又は整備する必要がある土地の区域につい

て定めること。」と定めていることから明らかである。施行区域が都市計画に位置づけられることはその区域の整備が都市計画上の重要性を有すること、また土地区画整理事業による整備が適切であることの判断を示している。

　そこで問題は施行区域の範囲を超えて複数の土地区画整理事業を結び付けることの適否である。複数の土地区画整理事業の結び付けは施行区域の範囲を超えて宅地を移動させることがある。だがこれは施行区域の増減をもたらすわけではなく、むしろ施行区域の境界を超えた宅地の再配置によって施行区域内の土地利用をより適切にするものである。したがって複数の事業の結び付けは施行区域の都市計画決定の趣旨に反しないと考える。

（2）　宅地の移動と減歩負担の移転の制度化

　複数の土地区画整理事業の施行地区間で宅地の移動や減歩負担の移転を行うためには、それらの制度を土地区画整理事業の中に組み込まなければならない。

〈1〉　施行地区間での宅地の移動については、現行制度の工区間飛び換地に類する規定（土地区画整理法95条（特別の宅地に関する措置）2項）を置くことで足りる。この点は4項で取り上げる。重要な問題は施行地区間の宅地の移動が特定の施行地区の減歩率を上昇させる可能性であるが、この点については（3）で議論する。

〈2〉　減歩負担を引き受ける方法には次の2つがある。

　第一の方法は引き受けるべき減歩負担に相当する額を保留地の処分金から支払うことである。保留地は減歩によって生み出されるから、これは減歩負担を事業間で移転したことと同一の効果を持つ。ところで保留地の設定にはいくつかの要件がある。個人施行者と土地区画整理組合の場合には、保留地は「土地区画整理事業の施行の費用に充てるため」又は「規準、規約若しくは定款で定める目的のため」設定することができる（土地区画整理法96条（保留地）1項）。したがってこれらの施行者の場合には規準などで定めれば減歩負担の引き受けを目的に保留地を設定することができる。もっとも、これは自発的に保留地の追加設定がなされることを保証しない。

　一方、公的施行者の場合には次の2つの要件を満たす場合に保留地を設

定することができる（同条2項）：① 土地区画整理事業の施行後の宅地の価額の総額がその土地区画整理事業の施行前の宅地の価額の総額を越える場合、② 土地区画整理事業の施行の費用に充てる場合。まず宅地価額の総額に関する要件を満たさない土地区画整理事業（いわゆる「減価補償金地区事業」）では、そもそも保留地の設定ができない。また保留地を設定することができる事業でも、追加設定が可能な保留地は減歩負担を引き受けるのに十分であるとは限らない。そして減歩負担の支払が「土地区画整理事業の施行の費用」に当たるかどうかにはやや疑問がある。

第二の方法はすべての施行者の事業について減歩負担に見合う宅地を法律上で新たな種類の土地として設定し、その代金相当額を他の土地区画整理事業に支払うことである。この新たな種類の土地は保留地の設定に関する要件とは無関係に、減歩負担の引き受けのために必要な範囲に限って設定されるべきである。それによってこの方法は保留地に関する制約を回避することができる。

（3）　宅地の移動と減歩負担の移転の限定

施行地区内へ流入する宅地の地積がそこから流出する宅地の地積より多ければ、また減歩負担を引き受けるために多くの保留地や（2）で提案した別の種類の土地を設定すれば、施行地区内の元来の地権者に与えられる換地の総面積は減少する。したがって宅地の流入や減歩の負担は無制限に行われるべきではない。もっとも、元来設定されるべき保留地の全部又は一部の処分に代えてその面積に相当する宅地を他の土地区画整理事業から受け入れ、当該他の土地区画整理事業から宅地の受け入れの対価を得る場合には地権者に新たな負担は生じない。だがこの範囲を超える減歩が必要となるときには、その許容範囲を定めなければならない。

許容範囲の実質的な基準となるのは個々の土地区画整理事業の負担と受益の均衡であるが、これは手続き的には次のいずれかによって対処することができる：① 連結制度における施行者の同意、② 統合制度による配分。この順に説明する。

〈1〉　連結制度における施行者の同意

連結制度ではすべての施行者に他の事業との連結の同意を求めることで特定の事業に負担が偏ることを防止することができる。また連結の内容は定款などや事業計画に定められるので、地権者はそれを元に土地区画整理組合の総会などで意見を反映させることができる。

〈2〉 統合制度による配分

統合制度では制度運用の主体が施行地区間の受益と負担のバランスを参酌して複数の土地区画整理事業に減歩負担を配分することで、事業間の負担の均衡を達成することができる。制度の運用主体が従うべき基準は事前に準備する必要がある。

(4) 施行地区間の飛び換地

施行地区間の飛び換地には、① 地権者にもたらす影響、② 登記との関係、の2つの大きな問題がある。この順に説明する。

〈1〉 地権者にもたらす影響

施行地区間の飛び換地は宅地を取り巻く状況の大きな変化をもたらす。そこで施行地区間飛び換地は飛び換地を受ける宅地の地権者の同意に基づいて行うべきである。工区間飛び換地の場合にも同様の問題が起こるが、工区間飛び換地を行う際には従前地の存在する工区で当該従前地について換地不交付（土地区画整理法90条（所有者の同意により換地を定めない場合））の同意を得ることが運用となっている。次の行政実例がある

「土地区画整理法第95条第2項の規定により換地を定める宅地については、第91条第3項又は第92条第2項の規定によって過小宅地又は過小借地として換地を定めないこととされている場合を除いて、換地を定めないこととされる工区において第90条の規定による同意を得なければならない。」（昭和30年8月11日仙台市長あて建設省都市局都市計画課長回答）（渡部与四郎・相澤正昭1975：142）

工区間飛び換地について地権者に換地不交付の同意を求める理由は次の2つである：① 従前の工区からの転出は宅地の地権者に不利益をもたらす可

第9章 複数の土地区画整理事業の結び付け

能性があること、②従前地の存する工区で換地を与えない根拠は特定の要件に該当するものを除いて土地区画整理法90条以外には存在しないこと、それゆえ換地不交付とするためには同条を根拠としなければならないこと。施行地区間飛び換地もこの趣旨に則って地権者の同意に基づいて行うべきである。

〈2〉 換地処分の時期と登記

8.4.3で述べたように法務省は複数の工区で換地処分の時期が異なるとき、先に換地処分が行われる工区から後に換地処分が行われる工区へ移動する宅地の登記を認めない。このため、事実上、このような工区間飛び換地は不可能となっている。この法務省の見解は施行地区間飛び換地についても適用される可能性が高い。結び付けられた複数の土地区画整理事業が同時に換地処分を行えばこの問題は生じないが、それはいつも可能であるわけではないし、そもそも複数の土地区画整理事業を立ち上げた趣旨にそぐわないことが多いであろう。第8章で説明したように宅地の交換手法の導入によって換地処分とは独立に宅地の移動を行うことは効果的な対処方法であるが、もう1つの現実的な対処方法は宅地の移動を伴わないで減歩負担を移転することである。

（5） 統合制度の問題

統合制度はそれが負担を割り当てたすべての土地区画整理事業が立ち上がらなければ効果がない。だが統合制度の対象区域の一部について土地区画整理事業が施行されなければ、その区域の地権者は統合制度の配分した負担を免れる。実際、地権者は配分された負担を免れるために土地区画整理事業の立ち上げに反対するかもしれない。土地区画整理事業制度の範囲内でこれらの問題に対処するには次の2つの方法がある。

〈1〉 最初の方法は統合制度が対象区域を指定した後、一定の期間内にその区域内で土地区画整理事業が立ち上がらないときには、その区域について公的主体が事業を施行する制度を設けることである。大都市地域における住宅及び住宅地の供給の促進に関する特別措置法（大都市法）に基づく特定土地区画整理事業について同様の制度がある（同法11条（市町村の責務等））。

〈2〉 第二のもっと簡単な方法は、統合制度とそれが対象とするすべての

土地区画整理事業を同時に立ち上げることである。もっとも土地区画整理事業が立ち上がる前に統合制度の内容が明確になっていなければ土地区画整理事業は統合制度から受ける負担を事業計画に織り込むことができない。したがってこのときにはあらかじめ事業間の負担の配分について調整を終了しておかなければならない。なお複数の土地区画整理事業が同時に立ち上がっても、後にそれらの事業のいくつかが頓挫したときにはそれらの事業に配分された負担が宙に浮く。そこで頓挫した事業の施行について公的な事業引き継ぎ制度を創設する必要がある。すなわち個人施行者又は組合が施行する事業がなんらかの理由で頓挫した場合には都道府県知事がその事業を引き継ぐことができるものとし、それによってその事業に配分された負担を引き受ける。都市再開発法第3章第3節（112条（事業代行開始の決定）から118条（先取特権）まで）に事業引き継ぎ制度の例がある。

（6）　その他の問題

連結制度又は統合制度によって結び付けられる複数の土地区画整理事業は互いに独立であるから、それぞれに土地区画整理事業の要件を満たせば足りる。だが照応原則の適用、清算と減価補償金、事業計画の策定手続き、組合施行の土地区画整理事業における地権者同意についていくつかの疑問があるので、これらの点について順に説明する。

〈1〉　照応原則は複数の土地区画整理事業の間で飛び換地が行われるときに問題になるが、（4）で述べたように飛び換地について地権者の同意を得ることにすれば照応原則の適用を排除することができる。一方、飛び換地を受け入れる土地区画整理事業では宅地の受け入れが換地設計に優先する事業計画上の前提となるから、飛び換地の受け入れが照応原則と抵触することはない。

〈2〉　複数の土地区画整理事業が結び付けられるときには事業間における清算と地権者・施行者間における清算の2つの問題が生じる。土地区画整理事業ごとに清算評価の方式が異なっているときは転出し、転入する宅地についてそれぞれの事業で収受される清算金が異なるものとなる可能性がある。したがって複数の土地区画整理事業を結び付ける際には、清算方式について

も調整を取る必要がある。なお減価補償金についても同様の問題があるが、現在では減価補償金相当額で宅地の先買いが行われているので減価補償金についてこの問題が現実化する可能性は低い。

〈3〉 事業計画は土地区画整理事業の立ち上がりの段階で策定されるが、事業計画には転出し、転入する宅地のおよその面積や移転する減歩負担の総額を定める必要がある。これらの点は連結制度によって複数の事業が結び付けられる場合にはそれらの事業の施行者予定者間の協議に基づいて、統合制度によって複数の事業が結び付けられる場合には統合制度の運用主体の決定に基づいて、それぞれの事業計画に定めることになる。

〈4〉 組合施行の土地区画整理事業では地権者の3分の2同意が要求されている。この同意は事業の施行と事業が基づく事業計画又は事業基本方針に対する同意であるが、複数の事業の結び付けは事業計画に反映されるので地権者はそれを前提として土地区画整理事業の施行への賛否を表明する。統合制度によって土地区画整理事業ごとに負担が配分されているにもかかわらず組合施行の土地区画整理事業が立ち上がらない場合の問題は（5）で取り上げた。

9.9 終わりに

この章では広域的な宅地の移動を行う手法のうち① 単独施行・分離工区型、② 共同事業型、③ 複数事業結合型、の3つについて比較検討を行った。このうち複数の土地区画整理事業の施行地区にまたがって宅地の移動や減歩負担の移転を行うのは共同事業型と複数事業結合型であるが、複数事業結合型はさらに連結制度型（複数の土地区画整理事業が同格の事業として結び付く制度）と統合制度型（複数の土地区画整理事業の上位に位置する統合制度が下位の土地区画整理事業を結び付ける制度）の2つに区分される。この章では共同事業型は土地区画整理事業にはそぐわないこと、連結制度と統合制度を土地区画整理事業に導入することが望ましいことを確認した。複数の土地区画整理事業の結び付けは土地区画整理事業の施行地区による制約を超える点で土地区画整理事業制度の有意味な拡張である。これらの制度の導入は地権者に不利

益を与えてはならないが、これはいくつかの点について制度上の配慮を払うことで解決することができる。うまく働かせることができれば複数の土地区画整理事業の結び付けは現行の土地区画整理事業のいくつかの弱点を補完する点で利用価値の高い制度となろう。

第 10 章　土地区画整理事業の清算と土地の評価

10.1　問題と背景

　土地区画整理事業の換地手法の拡張を検討する際には清算の問題を無視することができない。土地区画整理法 94 条（清算金）は換地処分によって生ずる不均衡を金銭によって清算することを定める。金銭による清算を行うには土地と土地にかかわる権利を金銭的に評価しなければならない。ところで 2.3 に述べたように土地区画整理法の体系は実質的な土地の評価基準を定めない。このために土地の評価方法の決定は土地区画整理事業の施行者に委ねられてきた。

　一方、ほとんどの地権者は高額の清算金の支払いに消極的である。そこでたいていの施行者は地権者の抵抗をやわらげることに腐心し、徴収清算金を少なくする方法、すなわち低い土地評価を生み出す非時価評価方式を採用する。建設省区画整理課が監修する「区画整理土地評価基準（案）」（建設省都市局区画整理課監修 1978）も清算を不均衡是正と損失補償に区分し、前者については「時価を基準として算定することを要しない」（同上：22）と述べて非時価評価方式による清算を是認してきた。非時価評価にはさまざまな変амがあるが、利用例が多いのは固定資産税評価額を基礎として評価を行う方法、また相続税評価額を基礎として評価を行う方法である。

　しかしながら非時価評価方式が採用されるとき、権利者が支払わなければならない清算金は清算金に対応して権利者に帰属する利益に比べて少額であり、権利者に支払われる清算金は清算金に対応して権利者に帰属する不利益に比べて少額である。そうするとそれが公平の観点から、また財産権の保護の観点から許容されるかどうかが問題になる。

　清算については法律家のいくつかの議論があるが（たとえば棟居快行 1989、明石孝春 1989、羽柴敬二 1989 など）、制度設計上の議論は乏しい。そこで本章では清算制度にかかわる問題を取り上げ、強減歩と清算、換地と清算の総合

性を中心に清算金の時価評価と非時価評価の問題点を分析する。そして非時価評価を許容することのできる条件について検討する。また非時価評価方式に代わるべき評価方式とその問題点などを検討する。

10.2　清算の意味

　最初の問題は清算の意味である。土地区画整理事業その他の面的整備事業は多くの土地と地権者を包含して施行される。面的整備事業は大がかりな事業であることから、また技術的な制約があることから、不動産の形態による事業成果の配分だけでは地権者間にどれだけかの不均衡が生じることは避けられない。そこで面的整備事業ではこの不均衡を修正するために清算に関する定めが置かれている。この節では土地区画整理事業の清算規定について説明した後、土地区画整理事業に類似する土地改良事業及び市街地再開発事業の清算規定を紹介する。

　（１）　土地区画整理事業の清算の根拠条文

　土地区画整理法94条（清算金）は換地処分が行われた場合に生じる不均衡を金銭によって是正することを次のように定める。

> 第94条（清算金）　換地又は換地について権利（処分の制限を含み、所有権及び地役権を含まない。以下この条において同じ。）の目的となるべき宅地若しくはその部分を定め、又は定めない場合において、不均衡が生ずると認められるときは、従前の宅地又はその宅地について存する権利の目的である宅地若しくはその部分及び換地若しくは換地について定める権利の目的となるべき宅地若しくはその部分又は第九十一条第三項の規定により共有となるべきものとして定める土地の位置、地積、土質、水利、利用状況、環境等を総合的に考慮して、金銭により清算するものとし、換地計画においてその額を定めなければならない。この場合において、前条第一項、第二項、第四項又は第五項の規定により建築物の一部及びその建築物の存する土地の共有持分を与えるように定める宅地又は借地権については、当該建築物の一部及びその建築物の存する土地の位置、

面積、利用状況、環境等をも考慮しなければならない。

　94条の条文に即して説明すると、清算を行うのは「換地又は換地について権利の目的となるべき宅地若しくはその部分を定め、又は定めない場合」で、かつ、「不均衡が生ずると認められるとき」である。したがって清算の対象になるのは、①換地が交付される場合（創設換地（95条3項）が定められる場合を含む。）、②換地が交付されない場合（宅地の共有化及び立体換地が行われる場合を含む。）、のいずれかで、かつ、不均衡が生ずると認められるときである。一方、減歩を受けること自体は不均衡ではない。したがって通常の減歩そのものは清算の対象にならない（同旨最判昭和56年3月19日訟務月報27巻6号1105）。

　94条の規定は一見上は明白であるが、清算は換地設計と密接にかかわっているので換地設計によって不均衡の基準は異なる。さらに不均衡にかかわる多数の要因が不均衡の評価を困難にする。そこでこの規定の適用にはどれだけかのあいまいさがつきまとう。

（2）　他の面的整備事業の清算規定

　土地区画整理事業に類似する面的整備事業の中で施行例が多いのは農業分野では土地改良事業であり、都市計画分野では市街地再開発事業である。これらの事業の清算規定について説明する。

〈1〉　土地改良事業

　土地改良法は土地改良事業で行われる区画整理で換地を定める場合と換地を定めない場合等の両方について「金銭による清算をする」ことを定めている（換地を定める場合について53条（換地）2項、換地を定めない場合等について53条の2の2（換地を定めない場合等の特例）第2項）。これは土地区画整理法の取扱いと同様である。

〈2〉　市街地再開発事業

　市街地再開発事業の根拠法である都市再開発法は91条（補償金等）に従前に有していた権利を失う者に対して与える補償金の根拠を置き、104条（清算）に「施設建築敷地若しくはその共有持分又は施設建築物の一部等」を与

えられる者に対して徴収交付する清算金の根拠を置く。すなわち都市再開発法は補償金と清算金を区別し、補償金は権利を失う者に対するもの、清算金は再開発された建築物について権利を与えられる者に対するものとして位置づける。

土地区画整理法の清算金規定は換地交付と換地不交付の両方について適用される。そうすると土地区画整理法の清算金には都市再開発法で区別された補償金と清算金の両者が含まれていることになる。

10.3 差額清算と比例清算

清算は差額清算と比例清算の2つに区分されてきた。両者の差異は換地設計式の差異に結び付けて理解されている。換地設計式は換地の権利地積又は権利価額のいずれかを算出するが、算出された換地の権利地積又は権利価額が均衡と不均衡の基準点となるからである。順に説明する。

（1）　差額清算

通常の理解では差額清算は従前地の権利価額と換地の価額の差額の清算である。たとえば従前地の権利価額が100であり、換地の価額が130であるとき、その換地の地権者は両者の差額である30（＝130－100）を清算金として施行者に支払う。この意味での差額清算を厳密に適用すれば地権者は土地区画整理事業がもたらす財産的価値の増加分を施行者に引き渡すことになる。このとき地権者は土地区画整理事業に協力するインセンティブを持たない。

しかしながら、もっと一般化した概念では差額清算は従前地を基礎として算出される一定の基準価額と換地の価額の差額の清算である。基準価額の定め方によって地権者に利益が残ることがあるが、基準価額の定め方については定式がない。

（2）　比例清算

比例清算は比例評価式換地設計式とともに利用される清算方式である。比例評価式換地設計式は土地区画整理事業が生み出す宅地の総価額の上昇の割合（比例率）と従前地の権利価額を基礎として、それぞれの換地の権利価額を算出する。このとき理論上で配分すべき換地の権利価額と実際の換地の価

額の差額を清算するのが比例清算である。たとえば増進率（換地の単価と従前地の単価の比率）が1.5であり、100の権利価額の従前地に与えられた実際の換地の価額が148であるとき、その換地の地権者は換地の権利価額と実際の換地の価額の差額である2（＝150－148）を清算金として受け取る。比例清算において徴収される清算金の総額と交付される清算金の総額は理論的に常に等しい。

（3） 差額清算と比例清算の差異

すべての清算はなんらかの基準価額と実際の換地の価額との差額の清算である。いわゆる差額清算は基準価額に従前地の権利価額を取り、比例清算は基準価額に換地の権利価額（従前地の権利価額に対して配分される事業損益）を取る。したがって道本修が「換地清算は、すべて算定権利指数と実際の換地評定指数との差を清算するものである以上、すべての換地清算は『差額清算』を行っていることになる。」（道本修1989：21）と表現するように、いわゆる差額清算も、また比例清算も一般的な差額清算方式の特殊例である。

10.4 換地手法と不均衡

（1） 通常の換地と不均衡

土地区画整理事業の重要な特徴は従前地に対して換地を与えることである。個々の従前地に対する換地は公平に、またさまざまな要素について従前地に対応するように定められることが望ましい。そこで換地設計式によって換地の権利地積又は権利価額が算出され、また土地区画整理法は89条（換地）に照応原則を定めて換地割付において従前地と換地を適切に対応させることを要求する。しかしながら現実には技術上の制約や都市計画上の、また地形上の制約などから、従前地に完全に対応する換地を割り付けることは困難である。このために従前地を基準に比較すると、より有利な条件を持つ換地とより不利な条件を持つ換地が生まれる。この換地にかかわる条件の差が換地間の不均衡である。

（2） 換地不交付と不均衡

換地不交付とは従前地があるにもかかわらず換地を与えないことである。

このとき従前地の地権者は従前地にかかわる財産的価値を失い、その代償を清算金として受け取る。換地不交付は土地区画整理事業の例外であるが、それは財産の形態の変更を伴うから法的な根拠に基づいて行われなければならない（これらの点については 2.7.2 を参照せよ）。

（3）　強減歩と不均衡

強減歩は通常の照応原則によって適用されるべき減歩率を越える減歩をもたらす。土地改良法は 53 条の 2 の 2（換地を定めない場合等の特例）で地権者の同意に基づく強減歩について定めを置いている。土地区画整理法にはこれに匹敵する規定がないが、土地区画整理事業でも強減歩が地権者の個別の同意に基づいて行われることがある。しかしながら土地区画整理事業ではほとんどの強減歩は小規模宅地対策の一環として運用上で（しかも地権者の明確な同意に基づかないで）行われることが多い（これらの点については 6.6 を参照せよ）。土地区画整理事業によって宅地の単価は上昇することが多いので、すべての強減歩が宅地の財産的価値の減少をもたらすわけではない。しかしながら地権者は強減歩によって通常であれば換地として得ることのできた財産的価値の一部を失い、その代償として清算金を受け取ることになる。

10.5　不均衡の意味

土地区画整理法 94 条が定める「不均衡」に関する従来の議論の焦点は金銭による不均衡の清算が損失補償であるのか、それとも損失補償とは別の不均衡是正であるのかであった。憲法の定めによって財産権は保護されなければならず、公的事業によって損失が生み出されたときはその損失を補償しなければならない。したがって清算が損失補償であるか不均衡是正であるかによって時価評価と非時価評価の適否が定まる可能性がある。この節ではこの点に関する論点を取り上げる。なお、「不均衡」は損失補償を含む広義の意味でも、宅地間の利害調整に限定された狭義の意味でも利用されることがある。この点でこの用語の利用には混乱があるが、不均衡是正に関する議論で用いられる「不均衡」は狭義の意味である。

（1）　従来の議論

第10章　土地区画整理事業の清算と土地の評価

　従来の不均衡の性格に関する議論は損失補償説と不均衡是正説に大別される。これらの両者が裁判所の判断に影響を与えており、そのいずれもが判例に現われている。この順に説明する。

〈1〉　損失補償説

　損失補償説はこの不均衡は従前地との不均衡、すなわち換地が従前地に完全に対応しない場合の、縦の照応関係の不均衡を指すものであるとする（渡部与四郎・相澤正昭 1975：247）。おそらくはこの説のもっとも明確な主張者は下出義明である。下出は「施行地区内の宅地について換地処分の結果生ずる不公平を、過不足なく公平ならしめるため、施行者が過不足額を不当に利得した者から徴収し、これを損失を受けた者に交付し、もって金銭で清算しようとするものが清算金の制度である。いうなれば、清算金の徴収は、実質において不当利得金の徴収であり、清算金の交付は、実質的に損失補償金の支払である（従って、この場合の清算金は後述する減価補償金と共通の性質を有する）といえる。」（下出義明 1984：147）とする。

〈2〉　不均衡是正説

　不均衡是正説は不均衡を換地間の相対的な有利・不利の関係として限定的にとらえる。そしてこの不均衡は他の地権者との不均衡、すなわちある地権者の従前地について定められた換地と他の地権者の従前地について定められた換地の間に存在する横の照応関係の不均衡を指すものであるとする（渡部与四郎・相澤正昭 1975：247）。不均衡是正説を損失補償説に対抗して明確に主張するのは渡部与四郎・相澤正昭である。渡部・相澤は「清算金は個々の宅地の利用増進の差、すなわち換地相互間の利用増進の不均衡を是正するものと解すべきであろう。」（同上：248）とする。そして「差額清算方式をとる場合は清算金の交付は損失補償金の交付であり、清算金の徴収は不当利得金の徴収であるとみても間違いではないが、比例清算方式をとるかぎり、清算金の交付はすべて損失補償金の交付とはいえない。」（同上：250）。比例清算方式の場合には「換地不交付の場合の従前の宅地の価額に相当する分および換地の価額が従前の宅地の価額に充たない場合のその差額に相当する分のみを損失補償と解すのが妥当と考える」（同上）とする。

233

（2） 損失補償と清算

　損失補償は地権者が従前に有していた財産的価値の全部又は一部を喪失することを前提とする概念である。そうすると地権者が宅地について有する財産的価値が減少しない場合には、この意味での財産的価値の喪失がない。そこでこのときには損失補償の概念が当てはまらない。

　実際、多くの土地区画整理事業では事業の施行によって地権者の有する財産的価値は増加する。そして公的施行者による土地区画整理事業の施行によって地権者に帰属する施行地区内の宅地の総価額が減少するときには減価補償金として補償が支払われることになっている（土地区画整理法109条（減価補償金））。このために現在では通常の換地の清算については不均衡是正説が判例・通説となっている（（1）で紹介した渡部与四郎・相澤正昭のほか、松浦基之（松浦基之1992：448）など）。棟居快行は（1）に掲げた下出義明の主張のような「損失補償説的な理解が一般的であろうと思われる」と述べるが、この理解が「本来の意味での損失補償説と言いうるかには、疑問の余地がある。」とし、損失補償という表現によって「実質的には不均衡調整金説的な理解が漠然となされてきているとも言えよう。」とする（棟居快行1989：89）。そして「照応原則の建前は損失補償が問題となるような『損失』の発生をそもそも予期していない。従って概念の正確な意味における損失補償説は、現行清算金制度の理解としては成立しないと言うべきであろう。」（同上）とする。

　この棟居の見解は清算の性格を巡る主張の適切な要約である。もっとも（1）に掲げた渡部与四郎・相澤正昭の主張から明らかであるように、不均衡是正説も損失補償の意味合いを持つ清算があることは認める。建設省監修の「区画整理土地評価基準（案）」も不均衡是正になじまない清算があることを認める（建設省監修1978：21、22）。そして損失補償である清算に時価評価が必要であることについてはほぼ異論がない。

（3） 残された問題

　こうして土地区画整理事業の清算と評価の問題については意見が集約されてきている（表10－1に従来の議論の大まかな見取り図を示した）。だがまだいく

第 10 章　土地区画整理事業の清算と土地の評価

表 10－1：清算の含意と清算方式に関する議論

換地手法	清算の含意	現在の通説
通常の換地交付	不均衡是正	非時価清算の許容
強減歩	グレーゾーン	議論なし
換地不交付	損失補償	非時価清算の不許容

つかの問題が残されている

〈1〉　第一の問題は不均衡是正について非時価評価が許容される範囲、特に強減歩に対する清算の非時価評価の問題である。小規模対策に付随する強減歩の問題について次節で説明する。

〈2〉　第二の問題は換地と清算の総合性である。地権者間の公平と財産権の保護は地権者に帰属するすべての財産的価値（換地と清算金の総和）について判断すべきだろうか、それとも換地と清算金を切り離して判断すべきだろうか？　換地と清算金を総合して判断すべきであるなら非時価評価を許容する余地があるが、両者を切り離して判断すべきであるなら非時価評価を許容すべきではないかもしれない。この点についても次節に掲げる例によって議論するが、換地、清算金そして減価補償金はすべて地権者が有した従前地に由来するから地権者間の公平と財産権の保護はその総和について判断すべきであると考える。

10.6　強減歩と清算

　時価評価と非時価評価が地権者間の公平や財産権にもたらす問題は強減歩に対する清算に典型的に現れる。そこで以下に小規模宅地対策における清算を例に取って説明する。なお 6.13 の説明を参照せよ

　〈1〉　図 10－1：小規模宅地対策と清算のモデル（1）

　図 10－1 で小規模宅地対策によって地積 100 の宅地 E は無減歩となり、宅地 F は強減歩を受けて地積が 200 から 100 に減少したとする。土地区画整理事業施行前の宅地単価がともに 1 であり、事業施行後の宅地単価がとも

に1.5であるとすると、宅地Eの評価額は100から150へ上昇し、宅地Fの評価額は200から150へ低下する。

このとき時価評価方式の清算では宅地Eの地権者は清算金40を支払い、宅地Fの地権者は清算金40を受け取るが、非時価評価方式の清算では宅地Eの地権者は清算金20を支払い、宅地Fの地権者は清算金20を受け取るものとする。

清算金の収受を総合すると、事業施行後に宅地Eに帰属する評価額は時価評価方式の清算では110（＝150−40）であり、宅地Fに帰属する評価額は190（＝150+40）である。非時価評価方式の清算では宅地Eに帰属する評価額は130（＝150−20）であり、宅地Fに帰属する評価額は170（＝150+20）である。

いずれの評価方式を利用したときにも宅地Fの地権者は事業施行前に有した財産的価値のどれだけかを失う。一方、宅地Eの地権者は事業の施行

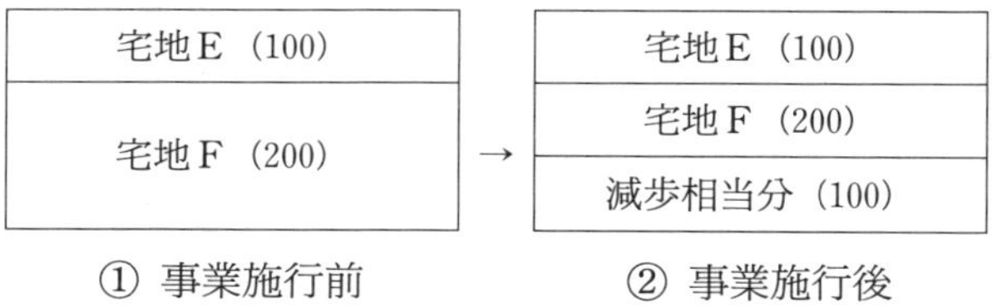

	宅地評価		清算金		地権者に最終的に帰属する評価額
	事業前	事業後			
宅地E	100	150	時価評価	−40	110
	100	150	非時価評価	−20	130
宅地F	200	150	時価評価	40	190
	200	150	非時価評価	20	170

注：かっこ内の数字は宅地の地積

図10−1：小規模宅地対策と清算のモデル（1）

第10章　土地区画整理事業の清算と土地の評価

によって従前地の権利価額とは直接に結び付かない財産的価値を取得することになる。これは土地区画整理事業の趣旨に反する財産の再配分である。公的施行者の施行する土地区画整理事業によって地権者に帰属する施行地区内の宅地の総価額が減少する場合にはその補償が減価補償金として支払われるが（土地区画整理法109条（減価補償金））、その趣旨は地権者が有する財産的価値の保持を保証することにある。その趣旨を延長すると一方の地権者の有する財産的価値を収奪して他方の地権者に与えることを許容すべきではない。このとき問題は単に清算の評価の適切さだけではなく、換地設計を含めた換地計画の適切さなのである。

〈2〉　図10－2：小規模宅地対策と清算のモデル（2）

図10－2に示す小規模宅地対策では地積100の宅地Gは無減歩となり、宅地Hは強減歩を受けて地積が300から200に減少したとする。土地区画整理事業施行前の宅地単価が両方の宅地について1であり、事業施行後の宅地単価がともに2であるとすると、宅地Gの評価額は100から200へ、宅地Hの評価額は300から400へ上昇する。

このとき時価評価方式の清算では宅地Gの地権者は清算金60を支払い、宅地Hの地権者は清算金60を受け取るが、非時価評価方式の清算では宅地Gの地権者は清算金40を支払い、宅地Hの地権者は清算金40を受け取るものとする。

清算金の収受を総合すると、時価評価方式の清算では事業施行後に宅地Gに帰属する評価額は140（＝200－60）であり、宅地Hに帰属する評価額は460（＝400＋60）である。非時価評価方式の清算では事業施行後に宅地Gに帰属する評価額は160（＝200－40）であり、宅地Hに帰属する評価額は440（＝400＋40）である。

比率からすれば時価評価方式の清算では宅地Hが宅地Gより多くの利益を得（宅地Gに帰属する財産の増加率は140／100、宅地Hに帰属する財産の増加率は460／300）、非時価評価方式の清算では宅地Gが宅地Hより多くの利益を得（宅地Gに帰属する財産の増加率は160／100、宅地Hに帰属する財産の増加率は440／300）。しかし、いずれの場合も地権者は土地区画整理事業の施行に

237

よって財産的価値を上昇させているから、このような事業損益の配分の変異は許容することのできないものではない。それを許容するかどうかは土地区画整理事業ごとに判断すれば足りる。

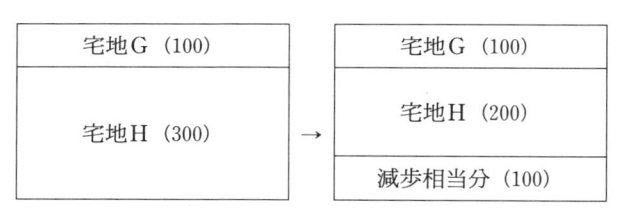

```
┌─────────────────┐        ┌─────────────────┐
│  宅地G（100）   │        │  宅地G（100）   │
├─────────────────┤   →    ├─────────────────┤
│                 │        │  宅地H（200）   │
│  宅地H（300）   │        ├─────────────────┤
│                 │        │ 減歩相当分（100）│
└─────────────────┘        └─────────────────┘
   ① 事業施行前                ② 事業施行後
```

	宅地評価		清算金		地権者に最終的に帰属する評価額
	事業前	事業後			
宅地G	100	200	時価評価	−60	140
	100	200	非時価評価	−40	160
宅地H	300	400	時価評価	60	460
	300	400	非時価評価	40	440

注：かっこ内の数字は宅地の地積

図10−2：小規模宅地対策と清算のモデル（2）

10.7 非時価評価の許容範囲

（1） 時価評価の主張と非時価評価の主張

不均衡是正についての時価評価と非時価評価に関する従来の主張に、この章で示した争点を加えて要約すると下記の通りである。

〈1〉 時価評価の主張

時価評価の主張の根拠は、当然ながら、清算が土地にかかわる財産的価値の不均衡な利得又は損失の対価であることである。換地処分は財産的価値の得失をもたらすが、その評価は適正に行うべきであり、時価評価が適正な評

価であることには異論がないから、不均衡な利得又は損失の評価も時価評価で行うべきであることになる。

時価評価の技術上の問題は次の2つである：①時価評価には時間がかかり、費用もかかること、②従前地や換地について時価評価が行われないときに清算だけを時価評価することは不適切であること。時価評価の実務上の問題は清算金の額が高額になりやすく、清算金を支払う地権者の抵抗を受けやすいことである。

〈2〉 非時価評価の主張

非時価評価の主張の根拠は次の3つである：①土地区画整理法には清算金の算定方法についての定めがなく、清算方法の決定は施行者に委ねられていること、②清算が換地間の不均衡是正を目的とする限り財産権の完全な補償が必要であるわけではないこと、③（実務上では）非時価評価の採用について地権者の明示的な、あるいは暗黙の了解があること。

非時価評価の最大の効用は地権者の抵抗をやわらげることであり、それに次ぐ効用は時価評価にかかる時間と費用の節約である。

（2） 非時価評価の正当性の条件

上記のように時価評価と非時価評価にはそれぞれに長短があるが、非時価評価が地権者に帰属すべき財産的価値の一部を奪う可能性は無視することができない。しかしながら時価評価には長い時間や多くの費用がかかることを考慮すると、次の3つの条件が満たされるときに限り、不均衡是正のために非時価評価を行うことが許容されると考える：①事前・中立性、②適正な換地設計、③財産的価値の保持。

〈1〉 第一の事前・中立性の条件は事前にだれが、どの程度の損益を受けるかがわからない状態で清算の評価方法が定められることをいう。評価方式の差異から地権者が受ける損益が確定していない段階で評価方式が決定されれば、非時価評価から利益を受ける地権者がそれから不利益を受ける地権者に非時価評価を強制することは不可能になる。

〈2〉 第二の適正な換地設計の条件は換地設計が適正であることをいう。これは換地設計が照応原則その他の換地設計基準に則っていること、さらに

換地と権利地積又は権利価額の差異が極小化されていることを意味する。この条件は清算金が土地区画整理事業の換地設計上、不可避的に生ずる程度の限定的なものであることを保証する。換地設計が適切であれば地権者に与えられるべき換地と実際の換地の間に大きな差異は生じないから、不均衡是正のための清算金が高額になることはないはずである。逆に不均衡是正のための清算金が高額であることは地権者に与えられるべき権利地積又は権利価額と実際の換地の間に大きなかいりがあること、すなわち換地設計が不適切であることを示唆する。

〈3〉 第三の財産的価値の保持の条件は換地の価額とその換地について交付される清算金及び減価補償金の合計額がその換地の従前地の価額以上であることをいう。この条件は換地に帰属するすべての財産的価値を総合して見れば、非時価評価の採用が地権者に実質的な損失を与えないことを保証する。

10.8 可能な代替案

非時価評価は不均衡是正のための清算において上記の条件下で許容することができるとしても、それが最善の清算方法でないことは明らかである。そこで非時価評価に代わるべき清算方式について検討する必要がある。非時価評価に代わる代替案として現実的であるのは、おそらくは次の3つである：① 一律時価評価方式、② 別種事業方式、③ 二重清算方式。この順に説明する。

（1） 一律時価評価方式

一律時価評価方式とはすべての清算の算定に時価評価を用いることである。この方式はきわめて明解であり、公正であるが、前節に掲げた問題がある。このためにこの方式を採用することができるのは地権者の数や従前地の評価の容易さなどの点で時価評価を行う条件に恵まれた土地区画整理事業に限られる可能性が高い。

（2） 別種事業方式

別種事業方式とは換地不交付や強減歩を換地処分とは別種の財産権の移転（たとえば土地の双方向の、又は一方向の、また全面的な、又は部分的な交換）とし

て行い、そのための土地評価と不均衡是正のための土地評価を区別することである（8.4.4を参照せよ）。別種事業における土地評価を時価評価とし、換地処分における土地評価を非時価評価とすることで、時価評価と非時価評価を容易に使い分けることができる。土地区画整理事業制度に別種事業を取り込むことができれば、この方式は有力な選択肢になる可能性がある。

（3）　二重清算方式

二重清算方式とは損失補償と不均衡是正を区分し、損失補償についていったん時価評価に基づく清算を行った上で不均衡是正について非時価評価に基づく清算を行うことである。二重清算方式の適用可能性は損失補償と不均衡是正を明確に区分することができるかどうかにかかっている。換地不交付は換地交付と区分することが容易であるが、強減歩は換地交付の特殊例であるので一般の換地交付の場合と区分することは困難である。強減歩を受ける従前地から強減歩分を分筆することができれば、その部分について換地不交付と同様の取扱いをすることが可能になるが、これには時間と費用がかかる。そこで二重清算方式の実際の適用は強減歩以外の換地手法に限られる可能性が高い。

中部地方の組合施行の土地区画整理事業における二重清算の事例を紹介する（1998年9月25日当該土地区画整理事業関係者からの聴取）。この事業では換地設計方式を説明した段階で、一部の地権者から従前地の買い取り希望の申出があった。土地区画整理組合の理事会は協議の結果、次のように定めた：① 組合が買い取り希望のあった宅地を換地不交付の手続きによって買い取ること、② 地権者から土地区画整理法90条の換地不交付の申出書を徴収すること、③ 買い取りの費用は事業費から仮払いすること、④ 買い取り後の宅地は組合の保留地として扱うこと、⑤ 当該保留地が処分された段階でその売上を事業費へ繰り入れること、⑥ 買い取り価格は従前農地（田および畑）の価格とすること、⑦ この換地不交付の単価の取扱いは通常の清算単価とは別個のものであること。組合はこの取扱いについて土地区画整理事業の認可権者の了解を得た。この事業はまだ施行中であるので清算の取扱いが確定したわけではないが、この例は二重清算方式や組合による宅地の買収の事例

241

として参考になると考える。

10.9 終わりに

（1） この章の要旨

　清算は地権者間の公平や地権者の財産に大きな影響を与える。一方、土地区画整理事業の清算における非時価評価には長い歴史があり、また数多くの適用例がある。そして非時価評価による清算に改善すべき点があることは認識されていながら、それが制度設計上の検討の対象になることはまれであった。この章では清算にかかわる重要な問題のいくつかを取り上げて検討したが、その要旨は次の通りである。

〈1〉 損失補償である清算金については時価評価を行う必要がある。一方、① 事前・中立性、② 適正な換地設計、③ 財産的価値の保持、の3つの条件が満たされる限り、土地区画整理事業の換地間の不均衡是正について非時価評価を行うことが許容される。

〈2〉 土地区画整理事業の換地処分は（地権者の同意がない限り）宅地の財産的価値の減少をもたらすべきではないが、換地処分が宅地の財産的価値の減少をもたらすかどうかは換地の価額と清算金と減価補償金を総合して判断すべきである。強減歩に対する清算についてもこれらの条件によって判断すべきであるが、もし強減歩が特定の地権者に不公平な損失を与えるのであれば、それは換地設計そのものが不適正なのであり、したがってその換地設計を許容すべきではない。だがどのように事業損益を配分すべきかは土地区画整理事業ごとの条件によって異なるので、宅地の財産的価値が保持される限りは清算方法を含む事業損益の配分方法を土地区画整理事業ごとに定めることを許すべきである。

（2） 今後の課題

　清算は換地設計の手法と深くかかわっている。もっと正確に言えば清算の問題は換地設計の土地評価に含まれる問題の一部である。それゆえ清算を換地設計の手法から独立して解決することは困難である。そこで清算を適正化するためには換地設計手法とそれに伴う清算方式が地権者にもたらす効果を

第10章　土地区画整理事業の清算と土地の評価

総合して分析しなければならないし、両者をともに適正化する方法について検討しなければならない。これはそれほど容易なことではないが、土地区画整理事業の事業手法を改善するためにはいつかは取り組まなければならない課題であろう。

第11章　要約と展望

11.1　議論の要約

　土地区画整理事業は次に掲げるすぐれた特徴を備えている：① 施行地区内を面的に整備すること、② 事業の施行後も施行地区内の宅地に関する地権者の権利を施行地区内に存続させること、③ すべての地権者に相応の負担を求めるとともに、相応の利益を配分すること。これらの特徴によって土地区画整理事業には市街地整備手法としての大きなポテンシャルがある。それゆえこの事業を市街地整備に利用しないのは不合理である。

　戦後の日本の都市計画において最初の重要な課題は戦災復興であったが、その後には既成市街地の整備のほか、新市街地の開発による住宅地や工業用地の供給が大きな課題となってきた。土地区画整理事業はこれらの期間を通じて市街地の整備と宅地の供給に重要な役割を果たしてきたが、バブル経済の後、市街地整備を取り巻く状況は急速に変化し、土地区画整理事業を取り巻く環境は冷え込んでいる。だが都市を取り巻く環境がどのように変化するにしても市街地の整備は重要な政策課題であり続けるであろうし、この事情は新市街地についても既成市街地についても変わらない。そして面整備の重要性、施行地区内の土地を全面的に買収することの困難さ、事業費負担の配分などを考慮すると、土地区画整理事業に取って代わることのできる事業手法は存在しそうにない。

　しかしながら土地区画整理事業の換地制度はいくつかの点で自らに制約を課している。これらの制約の多くは財産権の保護などのもっともな理由に根拠を持っているが、その中には目的との関係で不必要なものがある。また明らかな利益をもたらす手法であってもなんらかの理由で土地区画整理事業への採用の検討が行われたことのないものがある。もっとも事業施行上の現実的な必要や利便性から運用上の工夫によってこれらの制約の解除や新たな手法の採用が行われることも少なくなかったが、運用による制度の拡張には恣

意性のリスクがつきまとう。そこで制度的にこれらの制約を修正し、土地区画整理事業として許容される範囲を明確に示すべきであるし、新たな手法の採用によって土地区画整理事業の未利用のポテンシャルを利用すべきである。このために本書は土地区画整理事業の換地制度とその実態を分析して換地手法の制約を指摘し、それに対処するいくつかの方法を提案した。主要な提案は次の通りである。

〈1〉 照応原則に代わる換地割付基準の導入

照応原則の制約を乗り越えるために、それに代わる換地割付基準を採用すること。この換地割付基準の概要は次の通りである：①財産的価値の照応と地権者間の公平の2つの原則を定めること、②法令上に公益性要件を列挙し、事業ごとに換地設計において配慮する公益性とそれに基づく換地割付の方法を定めること、③公的施行者が弱い公益性に基づいて換地割付を行う際には地権者の3分の2同意を得ること。

〈2〉 一般的な申出換地制度の導入

広域的な観点から宅地の再配置を行うとともに照応原則との抵触を回避するために、一般的な申出換地制度を導入すること。

〈3〉 小規模宅地対策の拡充

小規模宅地対策の実施主体を拡大するとともに、地権者間の公平が満たされるようにその内容を限定的に拡大すること。

〈4〉 権利の再編成手法の導入

既成市街地の整備を推進するために換地手法を拡張し、底地権や借地権の集約などの権利の再編成手法を取り入れること。

〈5〉 交換手法の導入

施行地区内外にわたって宅地を移動するとともに工区間飛び換地にかかわる問題などを解決するため、土地区画整理事業に交換手法を導入すること。

〈6〉 複数の土地区画整理事業の結び付け制度の導入

複数の土地区画整理事業の間で宅地を移動したり、減歩負担を移転したりするために、複数の土地区画整理事業の連結制度と統合制度を導入すること。

〈7〉 清算制度の改善

清算金の算定を適正にするために損失補償の清算金と不均衡是正の清算金を区分すること。また宅地の財産的価値を保持することを前提として清算方法を含む事業損益の配分方法を土地区画整理事業ごとに定めること。

11.2 潜在的な争点と今後の課題

土地区画整理事業制度について本書が（少なくとも十分には）取り上げなかった2つの問題がある。最初の問題は公益性の問題であり、第二の問題は市街地再開発事業との調整である。土地区画整理事業制度の変更と拡張の提案はこれらの問題に現実に、あるいは潜在的に直面する。この順に説明する。

（1）公益性

面的な市街地整備は広範な範囲にわたって、そして多くの地権者を巻き込んで行われる。このとき施行地区内のすべての地権者の同意を得ることは不可能に近い。したがってほとんどの面的整備事業の施行地区内にはどれだけかの反対者が存在するが、土地区画整理事業もその例外ではない。このために土地区画整理事業は反対者にとっては自らの意思に無とんちゃくに財産形態の変更をもたらす横暴な事業であり、他方で推進者にとっては反対者の無理解と利己的な主張への忍耐を試される事業であった。

結局、土地区画整理事業は大胆さと小心さの奇妙な混合である。この大胆さと小心さは土地区画整理事業が追求する公益性に由来する。土地区画整理事業が大胆であるのは施行地区内の宅地の再編成が都市計画上の公益性を有するからであり、それが小心であるのは施行地区内の宅地の再編成が限定的な公益性を有するにとどまるからである。すなわち土地区画整理事業の施行に高い公益性があるとき土地区画整理事業は施行地区内の大幅な再編成を行うことができるが、それに限定的な公益性しかないとき土地区画整理事業は施行地区内の最小限度の再編成を行うことができるにとどまる。そこで問題は土地区画整理事業がもたらす公益性がどこまでの再編成を許容するかであり、逆に一定の再編成を行うことを許容する公益性をどのように満たすかである。

土地区画整理事業の換地設計は都市計画や事業計画を前提として行われる。

そこで土地区画整理事業の換地制度における公益性は、①与件的公益性（上位計画によって与件として与えられた公益性）、②自己創出的公益性（換地設計において生み出すべき公益性）、の2つに区分することができる。与件的公益性は上位計画が指示する換地設計の内容の枠組み、すなわち上位計画に定められた現実の換地の枠組みである。この公益性の最終的な根拠は土地利用計画の都市計画上の適切さであり、換地設計は与件的公益性に違背することはできない。これに対して自己創出的公益性は換地設計の適切さを確保する基準、すなわち換地設計の段階で手続き的に、あるいは実質的に満たさなければならない基準を具体化することによって、換地設計の過程で生み出される。財産権の保護や地権者間の公平はこれらの基準が具体化された自己創出的公益性の例である。換地設計はこの2つの公益性を満たさなければならないが、これらの公益性を満たすことによって換地設計はそれ自体の公益性を獲得する。したがって換地設計の公益性の一部は与件的公益性に由来し、他の一部は換地設計自体に由来する。そこで換地設計の有する公益性の高さはこの2つの源泉によって決定される。

公益性には地権者間の公平の問題がかかわっている。土地区画整理事業に地権者の希望を取り入れることは望ましい。それは換地設計が追求すべき公益そのものである。他方で地権者間の公平は重要な法的理念（すなわち公益）であるから、地権者の希望への対応は他の地権者を不公平に取り扱うものであってはならない。そこで換地設計を柔軟化する際には地権者の希望への対応と他の地権者の保護の間で折り合いをつける必要がある。だがこれらの間の折り合いをつける実質的な基準は現在の換地制度には準備されていない。それをすべて施行者に委ねるのは適切ではないから、どこかに制度的基準を定める必要がある。

公益性に関する問題のうちいくつかの論点については本書で議論した。たとえば新たな換地割付基準において考慮すべき公益性の問題や一般的な申出換地制度において考慮すべき公益性の問題である。だが公益性に関する問題には土地区画整理事業だけにとどまらない争点が含まれている。これらの争点については都市計画や公共事業に関するもっと広範な枠組みの下で検討を

重ねる必要がある。

　（3）　土地区画整理事業と市街地再開発事業の間の調整

　実務上の重要な問題は土地区画整理事業と市街地再開発事業の間の調整である。市街地再開発事業は借地権と底地権を取り込んで土地の高度利用を図る。このために土地区画整理事業への権利の再編成手法の取り込みは土地区画整理事業と市街地再開発事業の衝突を生み出す可能性がある。

　もっとも市街地再開発事業には厳しい施行地区要件が定められているので、その要件を満たす地区以外の地区で土地区画整理事業による権利の再編成を行う限りは両者の現実的な競合は起こらない。しかしながら次の2つの理由によって土地区画整理事業制度の拡張は市街地再開発事業の（そしてそれに類似する新たな事業の）潜在的な施行地区の消滅をもたらす可能性がある。

　〈1〉　高度利用が行いやすい部分が権利の再編成によって先取りされることで当該地区が市街地再開発事業の地区要件を満たさなくなる可能性があること。

　〈2〉　市街地再開発事業が個別の土地利用の高度化から取り残された土地や建築物を対象とするとき、その市街地再開発事業は採算的にも、また地権者の事業への協力確保の点でも困難になる可能性があること。

　この潜在的な競合は土地区画整理事業を所管する行政部局と市街地再開発事業を所管する行政部局の間に対立を招く可能性がある。そして部局間の対立はしばしば制度の変更を阻止する。部局間の対立はそれらの部局より高次の決定権を有する機関が裁定すべきであるが、日本の社会的文脈ではこのような組織上の権限は機能しないことが通常である。そこでこれは現実的には市街地再開発事業と土地区画整理事業の間で調整を図るルールを定めなければならないことを意味するかもしれない。

11.3　今後の展望

　かつて石田頼房は「土地区画整理制度は、日本の都市計画技術手法の中で最も重要でかつ手法としての完成度の高いものと考えられて〔いる〕」（石田頼房 1986：45）と述べたことがある。土地区画整理事業が重要な事業であり、

またさまざまな状況への適用可能性が高いことは確かであるが、この事業制度はそれほど洗練されたものではない。だがこの事業は施行地区内の個々の宅地を再配置することを可能にするきわめて限られた数の事業の1つであり、しかもその中でもっとも広く利用されている事業である。また事業手法が原始的であることは一方では事業の利用を容易にし、他方では制度の応用を容易にする。これらの点はこの事業制度のかけがえのない資産である。本書は土地区画整理事業にかかわる主要な制度と実態を分析し、いくつかの点についてドラスティックな制度改正の提案を行った。土地区画整理事業をめぐる社会情勢は時代によって変化するが、いくつかの領域における事業手法の追加と適正化は土地区画整理事業を現代の社会的条件により適合させることになろう。実際に土地区画整理事業制度を変更したり、拡張したりする際には多くの論点についてさらに検討を加えなければならないが、土地区画整理事業が今後も市街地整備に大きな役割を果たすであろうことは疑いがない。それだからこそ土地区画整理事業制度の改善には重要な意味があるのであり、従前の枠組みにとらわれないで制度の改正を検討することに意味があるのである。時代の変化に対応して土地区画整理事業制度が進化を重ねることを期待するゆえんである。

参 照 文 献

明石孝春（1989）「清算金の算定と時点修正の要否」 別冊ジュリスト No. 103 『街づくり・国づくり判例百選』pp. 90-91

浅見泰司（1993）「土地区画整理事業における敷地形状評価関数の不適切性」 『総合都市研究』（東京都立大学）pp. 67-79

石田頼房（1986）「日本における土地区画整理制度史概説　1870〜1980」 総合都市研究 28 号（東京都立大学都市研究センター）pp. 45-87

井上孝（1995）「土地区画整理への提案」『建設月報』1995 年 4 月号 pp. 24-25

井上俊宏・内田雅夫（1986）「私の提案――第 2 種土地区画整理事業――」『土地区画整理法施行 30 周年記念論文集』 pp. 334-338　大阪市都市整備局区画整理部

今西一男・福川裕一（1996）「土地区画整理事業施行地区における小規模宅地の共同化――東京都江戸川区瑞江を事例に――」 1996 年度第 31 回『日本都市計画学会学術研究論文集』pp. 661-666

岩見良太郎（1978）『土地区画整理の研究』　自治体研究社

植田光彦（1980）「土地区画整理法制の改善方策について」『区画整理』（日本土地区画整理協会）1980 年 12 月号 pp. 11-17, p. 54

鵜飼一郎（1993）「土地区画整理事業と住民の合意形成」『都市計画』181 号 pp. 30-35

内田雅夫・渡瀬誠（1993）「密集市街地における新たな土地区画整理事業の展開――『第 2 種土地区画整理事業』試案――」『都市計画』181 号　pp. 67-72

大阪市都市整備協会編（1995）『まちづくり 100 年の記録――大阪市の区画整理』 大阪市都市整備協会

大阪まちづくりフォーラム事務局（1996）「土地区画整理法施行 40 周年記念事業について――大阪まちづくりフォーラム――」『区画整理』（日本土地区画整理協会）1996 年 5 月号 pp. 51-66

大谷一幸（1996）「第 3 回実務研究会の報告――申出・集約換地の適用について――」『区画整理士会報』63 号 pp. 31-34

大場民男（1990）『新版土地改良法換地　下』　一粒社

参 照 文 献

大場民男（1995）『新版　縦横土地区画整理法　上』　一粒社
大場民男（1998 a）「建付地の換地設計、土地評価の問題点（その１）」『街路樹』40 号 pp. 7-12（愛知県土地区画整理研究会）
大場民男（1998 b）「宅地整備度と換地設計土地評価（その２）」『街路樹』41 号 pp. 3-13（愛知県土地区画整理研究会）
大宮市事業局西口開発部（1991）『大宮駅西口土地区画整理事業の記録』　大宮市事業局西口開発部
大村謙二郎（1993）「都市計画の実現システムと事業法制」　原田純孝・広渡清吾・吉田克己・戒能通厚・渡辺俊一編『現代の都市法——ドイツ・フランス・イギリス・アメリカ——』　東京大学出版会　所収
岡部哲夫（1993）「複合式土地区画整理事業について」『都市計画』（日本都市計画学会）181 号 pp. 77-80
小澤英明（1995）「区画整理における換地計画の目的と制約——原位置主義の批判と申出換地の検討——」　ジュリスト No. 1076 pp. 64-69
川手昭二（1981）「港北ニュータウンにおける換地計画」『区画整理』（日本土地区画整理協会）1981 年 7 月号 pp. 20-26
岸井隆幸（1993 a）「土地区画整理事業の変遷に関する考察」『都市計画』（日本都市計画学会）181 号 pp. 10-16
岸井隆幸（1993 b）「高密度市街地における土地区画整理事業の現状と今後」『区画整理』（日本土地区画整理協会）1993 年 10 月号 pp. 4-13
北原鉄也（1987）「土地区画整理事業の研究——分析枠組と都市別分析——」『愛媛法学会雑誌』（愛媛大学）14（1・2）
『区画整理』（日本土地区画整理協会）1970 年 9 月号 pp. 3-26
『区画整理』（日本土地区画整理協会）1980 年 12 月号 pp. 4-10
『区画整理』（日本土地区画整理協会）1981 年 9 月号 pp. 4-8
『区画整理』（日本土地区画整理協会）1985 年 9 月号 pp. 20-23
「区画整理技術 40 年のあゆみ」編集委員会（1997）『公団のまちづくりにおける区画整理技術 40 年のあゆみ』　住宅・都市整備公団都市開発事業部
久保光弘（1993）「新型土地区画整理事業の提案——新条里制土地区画整理事業——」『都市計画』（日本都市計画学会）181 号 pp. 62-66
来栖豊（1995）「土地区画整理事業における宅地利用の促進——加須インター周辺土地区画整理事業——」『区画整理』（日本土地区画整理協会）1995 年 7 月号 pp. 58-67

参照文献

来栖豊（1997）「アイウエオ換地について——（流通業務団地の造成における申出換地の事例報告——」『組合区画整理』54号 pp. 70-73
建設省編（1991）『戦災復興誌第1巻計画事業編』 大空社 （復刻版：初版は戦災復興誌（1959）都市計画協会）
建設省都市局区画整理課（1987）「土地区画整理基本問題部会の提言について」『区画整理』（日本土地区画整理協会）1987年4月号 pp. 4-12
建設省都市局区画整理課（1990）「土地区画整理法及び改正経緯」『区画整理』（日本土地区画整理協会）1990年4月号 pp. 22-91
建設省都市局区画整理課（1993）「都市計画中央審議会の答申について」『区画整理』（日本土地区画整理協会）1993年3月号 pp. 4-18
建設省都市局区画整理課監修（1978）『区画整理土地評価基準（案）』 日本土地区画整理協会
越海興一（1989）「『土地区画整理事業施行地区内の計画的宅地利用促進のための換地手法の検討調査報告書』について」『区画整理』（日本土地区画整理協会）1989年1月号 pp. 18-29
小平申二（1982）「換地計画はどのような手続によりどのような内容が定められるか。照応の原則とは」 下出義明編『土地区画整理法50講 第2版』 有斐閣所収 pp. 74-80
小寺稔（1991）『都市再開発の計画策定に関する方法論的研究』 京都大学工学部博士論文
小寺稔（1993）「21世紀の日本の区画整理」『都市計画』（日本都市計画学会）181号 pp. 81-91
小浪博英・小畑雅裕・松川隆行（1981）「解説」『区画整理』（日本土地区画整理協会）1981年9月号 pp. 8-12
最高裁判所事務総局編（1985）『公用負担関係事件執務資料』法曹会
沢田俊作・新垣清・高江州広美（1997）「申し出換地による街づくり～那覇新都心地区における施行例から～」『区画整理フォーラム'97——区画整理の新たな展開に向けて——』 区画整理フォーラム実行委員会 pp. 112-115
清水浩（1981）『土地区画整理のための換地計画の進めかた』 東京法経学院出版部
清水浩（1998）『区画整理とのかかわり』 区画整理研究会（SSC）
下出義明（1982）『換地処分の諸問題』 酒井書店
下出義明（1984）『換地処分の研究 改訂版』 酒井書店

参 照 文 献

下村郁夫（1989）「共有換地と照応原則」 別冊ジュリスト No. 103『街づくり・国づくり判例百選』pp. 108-109

下村郁夫（1990 a）「土地区画整理法の要点（8）」『区画整理』（日本土地区画整理協会）1990 年 8 月号 pp. 61-72

下村郁夫（1990 b）「土地区画整理法の要点（9）」『区画整理』（日本土地区画整理協会）1990 年 9 月号 pp. 52-63

下村郁夫（1991）「土地区画整理法の要点（12）」『区画整理』（日本土地区画整理協会）1991 年 1 月号 pp. 85-94

下村郁夫（1998 a）「土地区画整理事業と宅地の移動」『都市住宅学』（都市住宅学会）No. 22 pp. 105-116

下村郁夫（1998 b）「土地区画整理事業の照応原則とそれに代わる換地割付基準」 1998 年度第 33 回『日本都市計画学会学術研究論文集』pp. 91-96

下村郁夫（1998 c）「土地区画整理事業の照応原則と運用上の申出換地」『都市住宅学』（都市住宅学会）No. 23 pp. 199-210

下村郁夫（1999 a）「土地区画整理事業の照応原則と換地設計基準」『都市住宅学』（都市住宅学会）No. 25 pp. 85-96

下村郁夫（1999 b）「土地区画整理事業の清算と土地の評価」『資産評価政策学』（資産評価政策学会）2 号 pp. 73-86

下村郁夫（1999 c）「土地区画整理事業の小規模宅地対策」『都市住宅学』（都市住宅学会）No. 27 pp. 153-159

下村郁夫（1999 d）「底地権と借地権を再編成するための土地区画整理事業の拡張提案」『都市住宅学』（都市住宅学会）No. 28 pp. 86-97

下村郁夫（2000）「複数の土地区画整理事業の結び付け」『区画整理士会報』（全日本土地区画整理士会）No. 86 pp. 13-19

下山健司（1993）「龍ケ岡地区の宅地利用促進方策——申出換地による土地利用について——」『区画整理』（日本土地区画整理協会）1993 年 6 月号 pp. 55-61

白井皓喜（1986）「換地処分・清算金をめぐる諸問題」『自由と正義』37 巻 11 号 pp. 34-39

高橋周五郎（1971）「都市改造事業における墓地移転の実例——高崎都市計画南部第一土地区画整理事業——」『区画整理』（日本土地区画整理協会）1971 年 2 月号 pp. 13-19

高橋寿一（1993）「開発利益の還元と都市法制」 原田純孝ら編『現代の都市法——ドイツ・フランス・イギリス・アメリカ——』 東京大学出版会　所収

参照文献

多胡久（1983）『実例　土地区画整理』　都市計画センター
田中清（1990）「土地改良法に基づく換地と照応の原則」　行政判例研究会編『昭和63年度行政関係判例解説』ぎょうせい所収 pp. 196-205
田中耕平（1992）「区画整理による望ましい土地利用の実現―〔事例-1〕集約換地による事例――浜松市東第一地区――」『区画整理』（日本土地区画整理協会）1992年9月号 pp. 4-16
千葉県企業庁（1997）『流山地区申出換地方式の検討調査報告書』　千葉県企業庁
都市計画研究会（1955）『土地区画整理法施行令・土地区画整理法施行規則詳解』都市計画協会
都市整備研究会編著（1977）『土地区画整理の換地設計』　理工図書
都市整備研究会編（1991）『土地区画整理大意　全訂新版』　理工図書
土地区画整理誌編集委員会編（1996）『土地区画整理のあゆみ――土地区画整理法施行40年記念――』　日本土地区画整理協会
土地区画整理法制研究会（1995）『逐条解説　土地区画整理法』　ぎょうせい
冨岡隆・藤澤昌弘（1986）「大都市と土地区画整理事業」『土地区画整理法施行30周年記念論文集』　pp. 381-396　大阪市都市整備局区画整理部
中村哲明（1991）「集約換地の法制度とその実際について」『区画整理』（日本土地区画整理協会）1991年8月号 pp. 76-86
長瀬龍彦（1983）「換地設計基準作成のための調査――昭和56年度直轄調査報告――」『区画整理』（日本土地区画整理協会）1983年2月号 pp. 6-12, p. 38
西建吾（1993）「土地区画整理事業を取り巻く社会経済情勢の変化と今日的課題」『都市計画』181号 pp. 26-29
西建吾（1997）「区画整理事業における市街化促進方策に関する研究」　1997年度第32回『日本都市計画学会学術研究論文集』pp. 217-222
西ドイツ土地法制研究会編（1989）「西ドイツ建設法典（仮訳）(8)」季刊不動産研究31巻2号
日本都市計画学会（1993）「都市計画」181号「特集：土地区画整理事業の系譜と展望」
日本土地区画整理協会（1984）『土地区画整理事業定型化（改訂版）』　日本土地区画整理協会
日本土地区画整理協会（1993）「土地区画整理基本問題部会の提言について」『区画整理』（日本土地区画整理協会）1993年2月号 pp. 4-20
日本土地区画整理協会（1999）「土地区画整理基本問題部会『換地手法の拡充』

参照文献

ワーキング報告書」

羽柴敬二（1989）「清算金決定のための土地の評価方法」 別冊ジュリスト No. 103 『街づくり・国づくり判例百選』pp. 92-93

波多野憲男（1994）『二段階区画整理の提案——都市農地と計画的市街化との調整——』 自治体研究社

藤原洋（1993）「計画自由度をもった大街区方式区画整理の提案」『都市計画』（日本都市計画学会）181号 pp. 73-76

復興事務局（1932年）『帝都復興誌土地区画整理編』 復興事務局

松浦基之（1992）『土地区画整理法』 第一法規出版

丸谷浩明（1987）「『土地区画整理事業における小規模宅地の取扱いに関する基礎調査』について」『区画整理』（日本土地区画整理協会）1987年3月号 pp. 17-31

丸山正（1986）「既成市街地における土地区画整理事業」『土地区画整理法施行30周年記念論文集』 pp. 353-362 大阪市都市整備局区画整理部

道本修（1989）「やさしい評価式換地配分の考え方」『区画整理士会報』25号（全日本土地区画整理士会）pp. 15-23

道本修（1995）「折衷式を探る——道路加算の淵源——」『区画整理士会報』52号（全日本土地区画整理士会）pp. 24-33

棟居快行（1989）「清算金の性格」 別冊ジュリスト No. 103 『街づくり・国づくり判例百選』pp. 88-89

Müller-Jökel, Rainer (1993) "Land Readjustment in the Federal Republic of Germany—Strategies and Case Studies—" *6th International Seminar on Land Readjustment & Urban Development* pp. 89-104 Urban Land Readjustment Division, Department of Town and Country Planning (Bangkok)

村田夏来・金井正樹（1997）「港北ニュータウンのまちづくりにおける申出換地の適用プロセスに関する研究」『都市住宅学』（都市住宅学会）19号 pp. 147-150

村田夏来・小林重敬・高見沢実（1999）「土地区画整理事業における申出換地の運用形態に関する考察」 1999年度日本都市計画学会学術研究論文集 pp. 823-828

森田勝（1992）『要説土地改良換地』 ぎょうせい

森田勝（1993）「土地改良法による交換分合の法構造」『農政調査時報』1993年7月号 pp. 19-27

参 照 文 献

簗瀬範彦（1996）『土地区画整理事業における開発利益と費用負担の配分方式に関する研究』 北海道大学工学部博士論文
矢野進一（1989）「定款に定めるべき地積決定の方法」 別冊ジュリスト No. 103『街づくり・国づくり判例百選』所収
山中哲夫（1979）「民間による自主的共同ビル建設の事例——大宮駅西口土地区画整理事業——」『区画整理』（日本土地区画整理協会）1979年5月号 pp. 10-18
山本哲（1986）『換地計算理論』 愛知県都市整備公社
横浜市都市計画局管理課（1991）「横浜市新本牧地区土地区画整理事業」『区画整理』（日本土地区画整理協会）1991年4月号 pp. 118-126
渡辺孝夫（1968）「土地区画整理に関する新提案——小宅地の換地計画における取扱い基準——」『区画整理』（日本土地区画整理協会）1968年10月号 pp. 2-8
渡部与四郎（1985）「都市空間整序論」『都市問題研究』37巻 pp. 3-20
渡部与四郎・相澤正昭（1975）『土地区画整理法の解説と運用』 日本経営出版会
和田祐之（1979）「土地区画整理事業の現状と課題」『区画整理』（日本土地区画整理協会）1979年7月号 pp. 10-19（『新都市』1979年2月号から転載）

事項・人名索引
(五十音順)

あ 行

アイウエオ換地 …………………105,119
相澤正昭 …………61,67,70,121,140,
　194,195,222,233,234
愛知県 ……………………………133
愛知県土地区画整理組合換地規程
　(案)・土地評価基準(案)………125
明石孝春 …………………………227
浅見泰司 ……………………………33
新垣清 ……………………………113
石田頼房 ………………………81,249
市川市 ……………………………113
一律時価評価方式 …………………240
一体型土地区画整理事業 …6,38,101
井上孝 ………………………………12
井上俊宏 ……………………………14
今西一男 …………………………105
岩見良太郎 ……………123,126,132
植田光彦 ……………………………12
鵜飼一郎 …………………………125
内田雅夫 …………………14,15,90
内房線 ……………………………213
裏指定 ……………………………156
江戸川区 ……………………105,119,125
大阪市都市整備協会 ………………17
大阪まちづくりフォーラム事務局…14
大谷一幸 …………………………113
大場民男 ………61,67,68,70,125,215
大宮駅西口 ……………………105,119
大村謙二郎 ………………………193
岡部哲夫 ……………………………16
奥行逓減 ……………………………32
小澤英明 …………………12,97,113
押し出し効果 …………………107,115
小畑雅裕 ……………………………12

か 行

買い増し合併換地 ………123,125,128
加重要件 ……………………116,118
過小床対策 …………………131,141
過剰収用 …………………………190
春日井市 …………………………125
加須市 ………………………105,113
合併施行 …………6,9,16,124,151
金井正樹 …………………………103
仮立体換地 …………………10,14,178
川手昭二 …………………………103
神田 …………………………166,168
換地設計基準(案) …………………29
換地操作 ………………………55,89,90
関東大震災 …………………50,82,166
議決事項 ……………………………44,141
岸井隆幸 ……………………………15
基準価額 ……………………230,231
基準地積 ……………30-32,48,49,129,132
基礎控除方式 ……………………132

事項・人名索引

北原鉄也 ……………………87
機能補償 ……………………14
義務教育施設用地 …………26,38
旧耕地整理法 ………………81
旧都市計画法 ………………81,82
行政実例 ……………35,39,41,222
行政処分 ………………27,70,185
強制力 ……………50,137,202,204
協　定 ………………………216
共同化事業 …………105,117,165
共同減歩 ……………………146
共同事業街区 ………………105
共同事業型 …………211,215,225
共同住宅区 …………5,6,37,39,44,
　90,92,94,100,101,124,178
共同施行者 …………………212
共同施行型事業 ……………102
拠点業務市街地整備土地区画整理事業
　……………………………6,38
拒否権 ………………51,88,137,141
区画整理 ……………7,8,9,12
区画整理課 …………4,8,11,33,41,42,
　102,103,111,121,122,135,227
区画整理技術40年のあゆみ
　………33,51,99,103,107,112,133,213
区画整理土地評価基準(案)
　……………………32-33,227,234
久保光弘 ……………………15
来栖豊 ………………………105,113
下水道用地 …………………6,26
建設大学校 …………………50
建設大臣 ……………………43,68,112
減歩率の緩和 ………………18,54,124

憲　法 ……35,36,78,79,137,194,232
原　野 ………………25,103,117
権利変換
　………9,84,85,88,154,165,173,177
権利変換計画 ………84,85,165,173
広域的な公共施設 ……18,18-19,217
公益的施設用地 ……………6,38
交換計画 ……………194,201,202,204,206
交換分合 ……182,184-187,192,199,
　202,203,206
交換分合計画 ………………185
公共施設用地 …25,27,37,40,47,53,
　55,79,107,108,192,216,218
公共施設用地である宅地 …………37
公共負担 ……………………1,17,18,19
工区間飛び換地 ………11,107,191,
　194-196,214,220,222,223,246
工作物 ……94,123,172,189,203,204
耕地整理法 …………4,40,58,81,82
公的負担 ……………………52,168
高度地区 ……………………5,155
神戸市 ………………………213
港北ニュータウン ……53,103,111,119
高齢者,身体障害者等の公共交通機関
　を利用した移動の円滑化の促進に関
　する法律(交通バリアフリー法)
　……………………………5,6,39
越海興一 ……………………89
小平申二 ……………………58,70,71
固定資産税評価額 …32,178,196,227
小寺稔 ………………………16,90,91,97
小浪博英 ……………………12
小林重敬 ……………………107

ごぼう抜き買収通達 ……………39,40

さ 行

最高裁判所事務総局 ……………71,72
財産的価値 ………………………77-80
埼玉県 ………………………105,123,132
裁定者 …………………………………68
再評価式換地設計式 ………45,46,47
差額清算 …………………230,231,233
先買い …11,53,123,125,128,192,225
先取り効果 …………………107,115
沢田俊作 …………………………113
市街地再開発事業区 ………5,6,101
滋賀県 …………………………102
資金計画 …………………………27
事業損益 ………2,19,22,45,48,144,
　145,231,238,242,247
事業法 ……………………………21,151
事業目的 ………………………44,94,217
資産価値 ………………15,78,79,90
事前・中立性 ………………239,242
清水浩 ………51,97,103,104,111,112
市民農園整備促進法 …………184
下出義明 ……55,58,70,195,233,234
下村郁夫 ………13,55,61,67,70,165
下山健司 ……………………………107
自由換地 ……77,86-89,91,92,94,95
自由再編 …158,160,161,165,166,177
借家契約 ……………………174,175
借家権 …8,151,166,167,169,174-176
借家人 …………11,167,169,174-176
集合農地区 ………5,37,44,90,92,101

住宅街区整備事業 ……85,86,153,183
住宅先行建設区 ………5,6,37,44,101
住宅・都市整備公団
　………33,103,112,123,132,133,213
集約換地 ……12,15,88,89,90,93,99,
　103,104,107,123,124,125,128
集落地域整備法 …………………184
受益者負担金 ……………………190
首都圏 …………………103,132,133
準工業地域 ………………………66
準土地証券 …………………189,190
使用収益権 ………10,111,131,155,156
使用収益の停止 …………………156
上位計画 ………………22,28,248
照応度 …59,64,65,68,69,74,75,115
商業的土地利用 ……………60,100
証券化手法 …3,181,182,**188**,191,207
条里制地割 …………………………15
除　却 ………27,40,94,151,152,
　172,173,174,203,204
所得税法 ……………………………184
白井皓喜 ……………………………69
新耕地整理法 …………………81,82
震災復興土地区画整理事業 50,82,166
新条里制土地区画整理事業 ………15
新都市基盤整備法 ……………85,183
水　田 …………………………43-44,44
水　道 …………………………62,67
水利施設 ……………………43,67
生産緑地 ………………………10
税制特例 …………156,170,174,206
整　地 ……………………91,189,190
正当性 ……………86,108,109,239

事項・人名索引

税　法 ……………………181,184,202
折衷式換地設計式 ………………45-47
接道義務 ……………………………126
0減歩 ……………123,124,127,128
戦災復興院 …………………… 41,188
戦災復興誌 …………………………188
戦災復興事業 ………………… 91,188
仙台市 ………………………… 102,222
増進率 …………………………46,231
創設換地 ………6,11,25,27,30,37,
　38,108,146,147,229
相続税評価額 …146,165,178,196,227
総　和 ………………………………235
底地権の集約 …158,159,162-164,176
その他項目 ………………65,68,72,73
その他の権利 …………………11,36,37
損失補償 ………94,173,227,232,233,
　234,235,241,242,247

た 行

第一種市街地再開発事業
　………………………84,85,154,171,
大街区 ……………………………15,16
大規模宅地 ………52,54,135,139,141
代替的土地利用制度 ………………119
大都市地域における住宅及び住宅地の
　供給の促進に関する特別措置法(大
　都市法) ……5,26,37,44,85,86,94,
　100,112,119,124,178,183,223
大都市地域における宅地開発及び鉄道
　整備の一体的推進に関する特別措置
　法(宅鉄法) ………………………5,6,38

第二種市街地再開発事業
　………………16,84,85,171-172,173,174
第二種土地区画整理事業 ………15,90
高江州広美 …………………………113
高崎市 ………………………………213
高橋寿一 ……………………………193
高橋周五郎 …………………………213
高見沢実 ……………………………107
多胡久 …………………………………51
建付地 ………………………………125
田中清 ……………………………58,59,70
田中耕平 ……………………………107
単一要因 ……2,57,61,62-65,67,68,72,
段階土地区画整理事業
　………………39,41,102-103,111
短冊換地 ……………………… 119,165
単独施行・分離工区型 …210-214,225
地区計画 …9,28,29,94,126,149,178
地先加算地積 ………………… 45,46,47
地上権 …………………154,163,164,189
地積式換地設計式 …………45,46,47
千葉市 ………………………………213
地方拠点都市地域の整備及び産業業務
　施設の再配置の促進に関する法律
　(拠点都市法) ……………5,6,26,38
中心市街地における市街地の整備改善
　及び商業等の活性化の一体的推進に
　関する法律(中心市街地活性化法)
　…………………………………5,6,39
抽　選 ………………………93,99,189
中部地方 ……………………………241
中立性 …………………………155,239,242
調整ルール ………………………92,93

事項・人名索引

重複施行 ……………………206,209
ツイン区画整理 ………………10,214
付け換地 ……………54,123,128,139
付け保留地
　………54,122,123,127,128,138,139
鉄道施設区 …………………6,38,101
等　位 …………………40,81,83,190
同意要件
　………51,87,88,94,115,118,141,186
登記簿地積 ……………………31,32
統合制度 ……3,19,211,212,**216**,219,
　222-225,246
特定土地区画整理事業 ……5,37,85,
　90,92,101,119,124,223-224
特別都市計画法 ……………41,82,188
特別法 …………4,33-38,42,82,85,176
独立宅地化 …………158-162,166,176-178
都市計画研究会 ………………135
都市計画事業
　…91,103,117,140,141,188-190,219
都市計画中央審議会 ……7,11,12,214
都市計画法 ……7,21,41,81,82,126,
　140,149,188,219,220
都市再開発法 …84,88,131,141,154,
　165,170,171,173,177,224,229,230
都市整備研究会
　………………32,45-47,61,67,68,195
都市的土地利用
　………………15,61,71,78,93,100,151
土地改良区 …………88,146,186,215
土地改良区連合 ……………………215
土地改良法 …………………………82
土地区画整理基本問題部会

　……5,7,**8**,11,12,121,134,178,214
土地区画整理誌編集委員会 …………8
土地区画整理事業定型化案 ………42
土地区画整理事業定型化改訂検討委員
　会 ……………………………………42
土地区画整理事業定型化(改訂版)…92
土地区画整理設計標準 …40,45,49,81
土地区画整理登記令 ………………195
土地区画整理法制研究会 …………135
土地収用法 …………………78,83,146
土地証券 …………89,91,**188**,189,190
土地評価方式 ………………31,32,33
土地利用計画
　…21,22,28,93-95,112,120,149,248
土地利用の整序
　………………17,86,**100**,117,193,194
飛び出し効果 …………………107,115
飛び農地 ……………………………212
冨岡隆 ………………………………14
富山県 …………………………132,133
豊明市 ………………………………103
トレードオフ ………………64,65,66,72

な　行

内在的制約 ……………………88,110
内務次官通達 ………39,**40**,45,49,81
中村哲明 ………………………89,90
長瀬龍彦 ………………………29,50
那覇市新都心地区 …………………113
西建吾 …………………………………12
西ドイツ …………………48,49,192
西ドイツ土地法制研究会 …………49

263

事項・人名索引

二重清算方式 …………………240,241
日本都市計画学会 ……………7,13,14
日本土地区画整理協会 ……7,8,42,92
認可権者 …………………52,94,216,241
農業委員会 ……………………………186
農業協同組合 …………………………186
農業収益性 ……………………………78
農業振興地域の整備に関する法律
　　…………………………………184,204
農業的土地利用 ………67,71,93,100
農業分野 ……………………182,183,192,229
農業法 ……………82,182,184,202,203
農住組合法 …………102,184,204,212
農地保有合理化法人 …………………186
農用地整備公団法 ………………183,184
農林事務次官通達 ……………………215

は 行

廃止法 ……………………………………4,81
羽柴敬二 …………………………………227
波多野憲男 …………………12,102,103
浜松市 ……………………………………107
パレート最適 …………53,86,101,166
阪神大震災 ………………………………38
汎用性 …………………………………197,198
引き継ぎ制度 ……………………………224
被災市街地復興特別措置法
　　……………………………5,6,38,101,206
被災市街地復興土地区画整理事業
　　…………………………………6,38,39,101
一人立体換地 …160,163,164,168,177
日野町 ……………………………………102

標準画地 …………………………………136
比例評価式換地設計式
　　………………45-47,49,50,133,230
比例清算 ……………………197,230,231,233
不均衡 ……………………………………232
福川裕一 …………………………………105
複合式土地区画整理事業 ……………16
複合的要因 ……………………61,63,65
複数事業結合型 ………………211,216,225
藤沢市 ……………………………………103
藤澤昌弘 …………………………………14
藤原洋 ……………………………………15
付帯事業型 ………………………199,200,201
復興共同住宅区 ………………6,39,101
復興事務局 ……………………………82,166
不適格建築物 ……………………………15
平均減歩率 ……………………………53,54,66
平面換地 ………………3,16,18,86,94,
　　153,155,172,174,179,247
別種事業方式 ……………………………240
法務省 ……………………………194,195,223
墓地 …………………………………44,99,213
保留地減歩 …………………………………25,46
保留地予定地 ……………………………206
本体事業型 ………………………………199,200

ま 行

間口 ………………………………33,46,47,60
増し換地 …46,123,124,127,128,129
まちづくり ………………………13,14,15,17
松浦基之 32,59,61,68,70,80,135,234
松川隆行 …………………………………12

丸谷浩明 …………121,122,127,128	横浜市 ………………………103,107
丸山正 ……………………14,178	
瑞江駅北部土地区画整理事業 105,119	**ら 行**
道本修 ………………………46,231	龍ケ岡地区 ………………………107
Müller-Jökel, Rainer …………49	利用ポテンシャル …………59,80,95
民　法 ……………163,182,184,185	連結制度 ……………3,19,211,212,
棟居快行 ……………………227,234	216,222,224,225,246
村田夏来 ……………………103,107	路線価 ………………………32,40,46
森田勝 ………67,83,146,185-187,192	

や 行

簗瀬範彦 ……………45,46,47,48,50	**わ 行**
矢野進一 ………………………32	ワーキング …………………5,8,11
山中哲夫 ………………………105	渡瀬誠 ……………………14,15,90
山本哲 …………………………48	渡辺孝夫 ………………12,136,143
湯沢市 …………………………102	渡部与四郎 ………12,61,67,70,121,
用途純化 ………………………93	140,194,195,222,233,234
	和田祐之 …………………11,12,121

判例索引

(年月日順)

最判昭和 32 年 12 月 25 日 ………… 32
最判昭和 40 年 3 月 2 日 …………… 32
福岡高判昭和 41 年 5 月 14 日 …60,80
広島高判昭和 48 年 6 月 26 日 …… 165
福岡高判昭和 49 年 3 月 28 日 …59,71
最判昭和 55 年 7 月 10 日 …………… 32
最判昭和 56 年 3 月 19 日 ………… 229
最判昭和 59 年 1 月 31 日 ………… 205

神戸地判昭和 61 年 4 月 16 日 …… 59
名古屋地判昭和 61 年 11 月 28 日 …71
仙台高判昭和 62 年 8 月 7 日 ……… 72
福岡高判昭和 62 年 12 月 17 日 …… 79
最判平成元年 10 月 3 日 …………… 71
高松地判平成 2 年 4 月 9 日 ……… 66
千葉地判平成 4 年 3 月 27 日 …… 214
広島高判平成 6 年 9 月 28 日 ……… 45

〈著者紹介〉

下 村 郁 夫（しもむら いくお）

1952 年（昭和 27 年）	10 月	岐阜県郡上郡八幡町で出生
1971 年（昭和 46 年）	3 月	岐阜県立岐阜高等学校普通科卒業
1976 年（昭和 51 年）	3 月	東京大学法学部政治学科卒業
1976 年（昭和 51 年）	4 月	建設省入省
1988 年（昭和 63 年）	8 月	埼玉大学大学院政策科学研究科助教授
1997 年（平成 9 年）	10 月	政策研究大学院大学政策研究科教授、埼玉大学大学院政策科学研究科助教授併任。
2001 年（平成 13 年）	5 月	政策研究大学院大学政策研究科教授

土地区画整理事業の換地制度

2001年（平成13年）7 月30日　第 1 版第 1 刷発行

3301-0101

著　者　　下　村　郁　夫
発 行 者　　今　井　　貴
発 行 所　　信山社出版株式会社
〒113-0033　東京都文京区本郷 6-2-9-102
電話 03（3818）1019
FAX 03（3818）0344

Printed in japan

Ⓒ下村郁夫、2000．

印刷・製本／共立プリント・大三製本

ISBN 4-7972-3301-X C 3333

3301-012-050-010

NDC 分類 323.914

都市計画法規概説	荒　秀・小高　剛　編　五〇〇〇円
行政計画の法的統制	見上　崇洋　著　一〇〇〇〇円
大規模施設設置手続の法構造	山田　洋　著　一二〇〇〇円
日韓土地行政法制の比較研究	荒　秀　編　一二〇〇〇円
裁判制度 ―やわらかな司法の試み―	笹田　栄司　著　二六〇〇円
日本の経済成長とその法的構造	川原　謙一　著　二五〇〇円
行政負担調整法	庄司　実　著　一二〇〇〇円

信山社

予算・財政監督の法構造　　　　　甲斐　素直著　　九八〇〇円

わが国市町村議会の起源　　　　　上野　裕久著　　一二九八〇円

法の中の男女不平等　　　　　　　陸路　順子著　　一五五三円

行政裁判の理論　　　　　　　　　田中舘　照橘著　一五五三四円

受益者負担制度の法的研究　　　　三木　義一著　　五八〇〇円

行政裁量とその統制密度　　　　　宮田　三郎著　　六〇〇〇円

税法講義（第二版）　　　　　　　山田　二郎著　　四八〇〇円
　──税法と納税者の権利義務──

信山社

租税債務確定手続　　　　　　　　　　　　　　　　占部　裕典 著　四三〇〇円

消費税法の研究　　　　　　　　　　　　　　　　湖東　京至 著　一〇〇〇〇円

日本をめぐる国際租税環境　　　　　　　明治学院大学法学部立法研究会 編　七〇〇〇円

固定資産税の現状と課題　　　　　　占部　裕典監・全国婦人税理士連盟 編　五六〇〇円

土地利用の公共性（土地法制研究Ⅰ）
　土地法制研究会編 奈良次郎・吉牟田勲・田島裕 編集代表　一四〇〇〇円

環境影響評価の制度と法
　―環境管理システムの構築のために―　　　　　浅野　直人 著　二六〇〇円

――― 信山社 ―――

情報公開条例集	秋吉健次 編	(上)―東京都23区― 八〇〇〇円 (中)―東京都2723各市― 九八〇〇円 (下)―政令指定都市・都道府県― 一二〇〇〇円
情報公開条例の運用と実務	自由人権協会 編	(上) 五〇〇〇円 (下) 六〇〇〇円
不動産登記手続と実体法	日本司法書士連合会 編	二八〇〇円
私道通行権入門	岡本詔治 著	二八〇〇円
隣地通行権の理論と裁判	岡本詔治 著	二〇〇〇〇円
相隣法の諸問題	東孝行 著	六〇〇〇円

信山社

留置権の研究	関 武志 著	一三八〇〇円
借地借家法の実務	都市再開発法制研究会 編	二二三六円
定期借家権	阿部泰隆・野村好弘・福井秀夫 編	四八〇〇円
マンション管理法セミナー	山畑 哲世 著	二三二二円
マンション管理法入門	山畑 哲世 著	三六〇〇円
不動産仲介契約論	明石 三郎 著	一二〇〇〇円
損害額算定と損害限定	ヘルマン・ランゲ 著　西原道雄・齋藤修 訳	二五〇〇円

――― 信山社 ―――